●統計ライブラリー

ベイズ統計モデリング

安道知寛
[著]

朝倉書店

＊ ＊ ＊

本書の数値計算はRを利用して実行した．関連するプログラムソースを朝倉書店ホームページ（http://www.asakura.co.jp/）からダウンロードすることができる．

まえがき

　情報化時代を迎え，自然科学，社会科学をはじめとする諸科学のあらゆる分野において大規模データが日々取得・蓄積されている．情報の多様化，データ収集・蓄積技術の発達等と相俟って，観測されたデータはさまざまな様相を呈しており，単純構造をもつデータ，複雑な非線形構造を内在するデータ，時系列的に観測されるデータ，超高次元データなどさまざまな特徴をもった情報の塊に現代社会は直面している．データという言葉からは数値化された情報を想起するが，現実社会においては，そのような比較的取り扱いが容易な情報もあれば，新聞などの文字情報，景観などの視覚情報，楽曲などの聴覚情報などさまざまな情報に接する場面がある．しかし，このように多種多様かつ大規模な情報から我々が知りたい情報を引き出す場合，人間の能力のみで処理することには限界がある．そのため，観測データに内在する情報からその背後にある構造を把握し，現象の予測，知識発見，構造探索などに有効な統計的モデリング手法が脚光を浴びつつある．本書において取り扱う題材は，統計的モデリング手法のなかでも，特に，ベイズ的統計モデリング手法である．

　ベイズ的統計モデリング手法は，観測データの情報と事前知識を融合して目的に沿った情報解析をおこなうことができ，非常に便利な道具である．建前上（現実とは対照的に），ベイズ的統計モデリングのプロセスはきわめて単純である．観測データに対して確率密度関数を，その確率密度関数に含まれるパラメータなどすべての未知量に対しては事前分布を設定する．これにより，すべての未知量と観測データの情報の関係を同時確率分布で表す．すべての未知量に関する推測は，観測データ，および事前分布の情報が与えられた下での未知量に関する条件付きの確率分布，すなわち事後分布により実行される．事後分布により得られた未知量に関する情報は，意思決定問題，現象予測，確率的な構造

探索などのさまざまな目的に使用される．現在，ベイズ的統計モデリング手法は計量経済学，ファイナンス，マーケティング，バイオインフォマティクスをはじめとするさまざまな学術分野で応用されている．

従来から，ベイズ推測に関する理論研究はおこなわれていたものの，計算機の利用環境が整っていなかったため，解析的に取り扱いが容易なベイズ的統計モデリングの話題が中心であった．実際，1950年代には，マルコフ連鎖モンテカルロ法等はすでに考案されていたが，その展開はいずれも計算環境の進歩と不可分であったため，ベイズ的統計モデリングの理論・応用研究に制約がかけられていた．しかし，現在，計算機の技術的発展と利用環境の飛躍的な向上により，マルコフ連鎖モンテカルロ法等の計算機利用を前提としたベイズ的統計モデリングが主流となっている．

マルコフ連鎖モンテカルロ法は，柔軟な統計モデルの構成に大きな展望をもたらしたが，同時に新たな問題も浮き彫りにしている．例えば，さまざまな事前分布を設定することが可能となったことにより，適切な事前分布を選択するという問題が認識されるようになった．また，観測データが生成される確率構造を適切に表現する統計モデルの設定や，事前情報や事前知識などの統合方法なども検討する必要がある．言い換えれば，ベイズ的統計モデリングにより抽出された情報の精度・品質は，いま指摘した設定等に依存する．一般にこれらの問題はモデル選択問題と呼ばれている．本書の目的の一つは，ベイズ的統計モデリング手法のためのモデル評価基準を紹介することにある．

Schwarz (1978) により提案されたベイズ情報量規準 (Bayesian information criteria, BIC) は，ベイズモデルのモデル選択問題に中心的な役割を果たしており，科学的な手法を自然科学，社会科学をはじめとする非常に幅広い学術領域において提供してきた．伝統的ベイズアプローチに基づいたモデル選択の枠組みにおいては，競合する統計モデルの事後確率を計算し，モデルの事後確率が最大となるモデルが選択される．本書では，Schwarz (1978) のベイズ情報量規準に加え，伝統的ベイズアプローチに基づくモデル評価基準としてベイズファクター (Bayes factor, Kass and Raftery (1995))，拡張ベイズ情報量規準 (extended Bayesian information criteria, Konishi et al. (2004))，修正ベイズ情報量規準 (modified Bayesian information criteria, Eilers and Marx (1998)) について，具体例を織り交ぜながら解説していく．また，伝統的ベイ

ズアプローチに関連するさまざまなモデル評価基準についても紹介する．

モデルの事後確率最大化以外にもさまざまなモデル評価法がある．本書では，偏差情報量規準 (deviance information criteria, Spiegelhalter et al. (2002))，ベイズ予測情報量規準 (Bayesian predictive information criteria, Ando (2007)) など最近提案されたモデル評価法も紹介する．伝統的なベイズアプローチによるモデル選択とは対照的に，例えば，ベイズ予測情報量規準は予測の観点からモデルの良さを評価しようとする基準である．本書では，ベイズ予測情報量規準の解説をおこない，一般化状態空間モデリング，生存時間解析モデリングなどへの応用例を紹介する．

計量経済学分野などの学術分野においてモデルアベレージングの研究が急速に進んでいるが，本書も，ベイズモデルアベレージングについて解説している．一般に，モデル選択過程においては，競合する統計モデルのなかから最も適切なモデルを選択し，それ以外のモデルは通常利用されない．それとは対照的に，ベイズモデルアベレージングでは，競合する統計モデル各々の事後確率を考慮して，それらを統合する統計的モデリングをおこなう．また，さまざまなモデルアベレージング法についても紹介している．

シカゴ大学ビジネススクールへの留学機会を与えて頂いた，慶應義塾大学大学院経営管理研究科の諸兄には感謝したい．Arnold Zellner 教授，Ruey Tsay 教授らをはじめとするシカゴ大学ビジネススクール教員との議論は，本書執筆の上で大変参考となっている．また，博士過程の指導教官であった九州大学・小西貞則教授をはじめとし，日頃からお世話になっている方々，国際会議，学会，研究集会等で議論させていただいている方々のおかげで本書を執筆できていることは言うまでもない．最後に，編集・校正の労をとられた朝倉書店編集部に深く御礼申し上げたい．

近年，ベイズ的統計モデリング手法が注目を浴びており，さまざまなベイズ分析に関する書籍が出版されている．既述のとおり，ベイズ的統計モデリングにおいて，ベイズモデルの評価が本質的となるもののモデル評価に基軸を置いた書籍は見受けられなかった．これが本書を執筆した理由である．本書が，ベイズ的統計モデリング手法の研究・応用に際して役立てば幸いである．

2010 年 1 月

安 道 知 寛

目　　次

1. はじめに ··· 1
   1.1 統計モデルとは ··· 1
   1.2 統計的モデリング ··· 4
   1.3 ベイズ的統計モデリング ··· 9
   1.4 本書の構成 ··· 10

2. ベイズ分析入門 ··· 14
   2.1 確率とは ··· 14
   2.2 ベイズの定理 ··· 15
   2.3 統計モデルのベイズ推定 ··· 19
   2.4 統計モデルの設定 ··· 20
     2.4.1 株価収益率に対するさまざまな確率密度関数の設定 ········ 21
     2.4.2 価格弾力性の計量化 ··· 22
     2.4.3 株式投資収益率の計量化とその予測 ························· 23
     2.4.4 信用リスクの計量化 ··· 24
     2.4.5 マーケティングにおける選択コンジョイント分析 ·········· 25
     2.4.6 顧客生涯価値の計測 ··· 27
   2.5 事前分布の設定 ··· 28
     2.5.1 無情報事前分布 ·· 28
     2.5.2 ジェフリーの事前分布 ·· 30
     2.5.3 自然共役事前分布 ·· 31
     2.5.4 報知事前分布 ··· 33

- 2.6 ベイズ推定結果の要約法 ･････････････････････････････････ 34
  - 2.6.1 点　推　定 ･･ 34
  - 2.6.2 区 間 推 定 ･･ 34
  - 2.6.3 密 度 関 数 ･･ 35
  - 2.6.4 予 測 分 布 ･･ 36
- 2.7 ベイズ線形回帰分析 ･････････････････････････････････････ 36
- 2.8 モデル選択とは ･･･ 41
- 2.9 ベイズに関連する書籍 ･･･････････････････････････････････ 46

3. 漸近的方法によるベイズ推定 ･･････････････････････････････････ 47
   - 3.1 事後分布の正規近似 ･････････････････････････････････････ 47
     - 3.1.1 ベイズ中心極限定理 ････････････････････････････････ 47
     - 3.1.2 ベイズ中心極限定理の応用例：自然共役事前分布によるポアソンモデルの分析 ･･････････････････････････････････ 48
   - 3.2 ラプラス近似法 ･･･ 50
     - 3.2.1 パラメータの関数の事後期待値 ･･････････････････････ 51
     - 3.2.2 ラプラス近似法の応用例：一様事前分布によるベルヌーイモデルの分析 ･･ 53
     - 3.2.3 予測分布の近似 ････････････････････････････････････ 56
     - 3.2.4 周辺事後分布の計算 ････････････････････････････････ 57
   - 3.3 事後モードの漸近的性質 ･････････････････････････････････ 57
     - 3.3.1 一　致　性 ･･ 58
     - 3.3.2 漸近正規性 ･･ 59

4. 数値計算に基づくベイズ推定 ･･････････････････････････････････ 61
   - 4.1 モンテカルロ積分 ･･･････････････････････････････････････ 61
   - 4.2 マルコフ連鎖モンテカルロ法 ･････････････････････････････ 63
     - 4.2.1 ギブスサンプリング法 ･･････････････････････････････ 63
     - 4.2.2 メトロポリス-ヘイスティング法 ･･････････････････････ 64
     - 4.2.3 収束判定・効率性 ･･････････････････････････････････ 66

4.2.4　表面上無関係な回帰モデルのベイズ推定 ………… 69
　　　4.2.5　自己相関をもつ回帰モデルのベイズ推定 ………… 74
　4.3　データ拡大法 ……………………………………………… 77
　4.4　階層モデル ………………………………………………… 79
　　　4.4.1　ラッソ法による超高次元回帰分析 ………………… 79
　　　4.4.2　ギブスサンプリング法によるラッソ法の実行 …… 80
　4.5　さまざまな事後サンプリングアルゴリズム …………… 81
　　　4.5.1　ダイレクトモンテカルロ法 ………………………… 82
　　　4.5.2　重点サンプリング …………………………………… 82
　　　4.5.3　棄却サンプリング …………………………………… 83
　　　4.5.4　重み付きブートストラップ ………………………… 84

5. ベイズ情報量規準 ……………………………………………… 86
　5.1　伝統的ベイズアプローチに基づいたモデル選択 ……… 86
　5.2　ベイズファクター ………………………………………… 88
　　　5.2.1　ベイズファクターによる仮説検定 ………………… 89
　　　5.2.2　ベイズファクターによる線形回帰モデリング …… 91
　　　5.2.3　ベイズファクターによる多変量目的変数回帰モデリング … 92
　5.3　ラプラス近似法による周辺尤度の評価 ………………… 95
　5.4　ベイズ情報量規準 ………………………………………… 97
　　　5.4.1　ロジスティック回帰モデリング：リンク関数の選択 …… 98
　5.5　拡張ベイズ情報量規準 …………………………………… 101
　　　5.5.1　非線形回帰モデリング ……………………………… 102
　　　5.5.2　非線形多項ロジスティックモデリング …………… 108
　5.6　修正ベイズ情報量規準 …………………………………… 113
　5.7　ベイズファクターの改良 ………………………………… 117
　　　5.7.1　本質的ベイズファクター …………………………… 118
　　　5.7.2　部分的ベイズファクター …………………………… 119
　　　5.7.3　分割的ベイズファクター …………………………… 119
　　　5.7.4　事後ベイズファクター ……………………………… 120

5.7.5　交差検証法によるベイズファクター ･････････････････ 120
　5.8　ベイズ情報量規準の導出 ････････････････････････････ 120
　　　5.8.1　ベイズ情報量規準の導出 ･･････････････････････････ 120
　　　5.8.2　拡張ベイズ情報量規準の導出 ･･････････････････････ 122

6. 数値計算に基づくベイズ情報量規準の構築 ･･････････････ 124
　6.1　ラプラス-メトロポリス推定量 ･･････････････････････ 125
　6.2　調和平均推定量,ゲルファンド-デイ推定量 ･････････････ 126
　6.3　ギブスサンプリング法に基づく推定量 ････････････････ 126
　6.4　表面上無関係な回帰モデリングへの応用 ･･････････････ 129
　6.5　メトロポリス-ヘイスティング法に基づく推定量 ･･･････ 132
　6.6　カーネル推定量 ････････････････････････････････････ 134
　6.7　密度関数比に基づく推定量 ･･････････････････････････ 134
　6.8　リバーシブルジャンプマルコフ連鎖モンテカルロ法 ････ 138

7. ベイズ予測情報量規準 ･･････････････････････････････････ 140
　7.1　事後期待対数尤度と事後対数尤度 ････････････････････ 140
　7.2　ベイズ予測情報量規準 ･･････････････････････････････ 142
　7.3　正規分布への応用 ･･････････････････････････････････ 144
　7.4　一般化状態空間モデリング ･･････････････････････････ 149
　7.5　生存時間解析モデリング ････････････････････････････ 156
　7.6　ベイズ予測情報量規準の導出 ････････････････････････ 163
　　　7.6.1　ベイズ予測情報量規準のバイアス項の導出 ･････････ 163
　　　7.6.2　ベイズ予測情報量規準の簡単化 ････････････････････ 166
　7.7　偏差情報量規準 ････････････････････････････････････ 168
　7.8　予測尤度に基づくモデル選択 ････････････････････････ 169
　7.9　さまざまなベイズモデル評価基準 ････････････････････ 171

8. モデルアベレージング ･･････････････････････････････････ 172
　8.1　ベイズモデルアベレージング ････････････････････････ 172

8.2 オッカムの剃刀 ………………………………………… 173
8.3 線形回帰モデルのアベレージング ………………………… 174
8.4 さまざまなモデルアベレージング法 ……………………… 175
　8.4.1 AIC の利用 ……………………………………… 176
　8.4.2 BIC の利用 ……………………………………… 176
　8.4.3 予測尤度の利用 ………………………………… 176

文　献 …………………………………………………………… 177
索　引 …………………………………………………………… 185

1

は じ め に

1.1 統計モデルとは

　統計的モデリングの研究は，計算機環境の飛躍的な発展，科学技術の進歩を背景に，継続的な進化を遂げている．高性能計算機の利用環境向上により，統計的モデリングの研究の発展は，規模・次元など多様な情報の解析を可能にし，学術分野の進歩を広範囲にわたり促進している．日進月歩の情報化時代において，複雑・膨大な情報に対する解析への挑戦は，さまざまな統計モデルの開発につながり，統計的モデリングに対する需要は今後も一層増していくものと予想される．本節では，まず統計モデルとは何かについて触れたい．

　一言でいえば，統計モデルとは複雑な様相を呈する現実の社会現象・自然現象等を簡略化して表現したものである．本来，観測データの背後にある構造は未知であるがためにその検証は難しいが，本書でも，統計モデルは現実の近似であるという立場を採用して議論を進めている．一般的には，観測データの性質のみならず，過去の文献，経験・知見，解析結果の解釈，計算機環境などさまざまな要因を考慮して，特定の統計モデルを採用する場合が多い．統計モデルを介して現実を解釈することにより，確率論的な議論，現象予測，情報抽出，因果推測などが簡便になるなど，統計モデル援用による便益は計り知れない．数学的には，統計モデルは標本空間の上で定義される確率分布族として定義され (Cox and Hinkley (1974))，現在，統計モデルは，経済学，ファイナンス，マーケティング，心理学，社会学，政治学，医学，工学等，さまざまな学術分野において応用されている．

本書では，特にパラメトリックな確率分布族 $\{f(x|\theta); \theta \in \Theta\}$ を統計モデルに利用するものとする．ここで $f(x|\theta)$ はある確率密度関数，θ は確率密度関数に含まれるパラメータであり，Θ は θ の定義域である．統計モデル $f(x|\theta)$ を利用し，観測データの背後にある未知の構造を推測するには，適切な確率分布族を設定し，確率密度関数に含まれるパラメータ θ を推定する必要がある．このような統計モデルを構築するプロセスを総称したものを統計的モデリングという．詳細は，次章以降に譲るとして，ここでは，次の例を利用して統計モデルについての概念理解を深めたい．

例 1.1：株価収益率の分析

図 1.1 (a) は，2005 年 4 月〜2009 年 4 月の日経平均株価月次収益率の時系列データである．縦軸は月次収益率，横軸は時間である（以降，収益率は月次収益率を意味する）．収益率は，株価の対数値の差分で定義している．すなわち，y_t を時刻 t における株価とすると，時刻 t における収益率 x_t は $x_t = \{\log(y_t) - \log(y_{t-1})\} \times 100\%$ と定義される．収益率の標本平均，標本標準偏差はそれぞれ，標本平均：$\hat{\mu} = -0.569$，標本標準偏差：$\hat{\sigma} = 6.538$ である．

平均，標準偏差などの基礎統計量も有用な情報ではある．しかし，それ以上に収益率 x_t に関する確率的な情報，例えば収益率が -5% 以下となる確率で

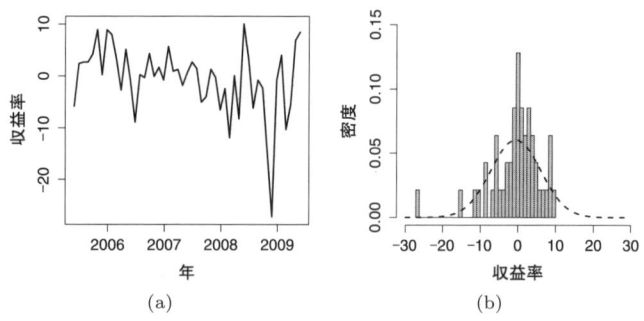

図 1.1 (a) 2005 年 4 月〜2009 年 4 月の日経平均株価月次収益率（%）の時系列データ．(b) 正規分布に基づく統計モデルの確率密度関数 $f(x|\hat{\mu}, \hat{\sigma}^2)$ と収益率データのヒストグラム．ここでは，収益率データの標本平均：$\hat{\mu} = -0.569$，標本標準偏差：$\hat{\sigma} = 6.538$ を利用している．

あったり，収益率がある区間 $[a,b]$ に入る確率等を知りたい場面もあろう．そのような際，統計モデルは非常に有用な道具となる．ここでは，説明のために，統計モデルとして，正規分布

$$f(x|\mu,\sigma^2) = \frac{1}{\sqrt{2\pi\sigma^2}} \exp\left\{-\frac{(x-\mu)^2}{2\sigma^2}\right\}$$

を利用して収益率の確率的構造を記述する．ここで，μ は収益率の平均，σ は収益率の標準偏差を規定するパラメータであり，なんらかの方法で適切なパラメータの値を推定する必要がある．

現在，さまざまなパラメータ推定方法が提案されているが，ここでは単純に標本平均，標本標準偏差をパラメータの値 μ, σ に利用する．つまり，正規分布のパラメータ μ, および σ を，標本平均: $\hat{\mu} = -0.569$, 標本標準偏差: $\hat{\sigma} = 6.538$ で置き換える．

$$f(x|\hat{\mu},\hat{\sigma}^2) = \frac{1}{\sqrt{2\pi\hat{\sigma}^2}} \exp\left\{-\frac{(x-\hat{\mu})^2}{2\hat{\sigma}^2}\right\}.$$

このオペレーションの意味するところは，定式化した統計モデルが観測データとある程度整合的になるようにパラメータ値を調整したことである．対応する確率密度関数 $f(x|\hat{\mu},\hat{\sigma}^2)$ は，図 1.1（b）に図示している．また，収益率データのヒストグラムも同時に図示している．推定した統計モデルの分布の裾のところでは収益率データの特徴を捉えきれていないものの，収益率データの背景にある構造の（粗い）近似モデルといえるであろう．この統計モデルを通じて，収益率が -5% 以下となる確率，収益率がある区間 $[a,b]$ に入る確率等は，正規分布の性質から即座に計算できる．

ここまでの議論を要約すると，日経平均株価収益データの確率的な構造を記述するために，統計モデルとして正規分布 $f(x|\mu,\sigma^2)$ を設定した．しかし，そのままでは，正規分布に含まれるパラメータ μ, σ が未知であったため，標本平均，標本標準偏差をモデルに含まれるパラメータに利用した．ここでは統計モデルについての概念理解を深めるために正規分布を利用したが，実際には，収益率の分散は日々変動し，さらにその分布の裾が正規分布より厚いなどの特徴をもっているため，なんらかの時系列モデルを利用する場合が頻繁にあることを付記しておく．さらに議論を深めると，収益率が -5% 以下となる確率な

どは採用する統計モデルによって異なり，その予測精度は，現実の収益率に対する統計モデルの近似精度に依存している．そのため，どの統計モデルを利用するかという問題を取り扱うモデル評価が非常に重要となる．次節では，統計的モデリングの概念を紹介する．

1.2 統計的モデリング

前節では，日経平均株価月次収益率データの分析を通して統計的モデリングの断片を垣間みた．本節では，統計的モデリングの概念を抽象的に解説したい．

まず，観測データ $X_n = \{x_1, ..., x_n\}$ が取得される．問題によっては，観測データの背後にある真のモデル $g(x)$ が，統計モデル $\{f(x|\theta); \theta \in \Theta\}$ のなかに含まれている場合もあろう (Bernardo and Smith (1994))．本書においては，対照的に「すべての統計モデルは真のモデルと違っているが，ある統計モデルは真のモデルの構造解明に役立つ」という立場をとる (Box (1976))．つまり，考慮している統計モデル $f(x|\theta)$ はどれも真のモデルを完璧には記述できないが，統計的モデリングを上手くおこなうことで，真のモデルを精度よく近似しようという立場である．実際には，真のモデル $g(x)$ は未知であるがゆえに，統計モデル $f(x|\theta)$ との比較が不可能であるが，現実的視点からは，これはきわめて自然である．本書では，真のモデル $g(x)$ の存在については仮定し，特に断らない限り，観測データ X_n は，統計モデル $f(x|\theta)$ からではなく，真のモデル $g(x)$ から発生されたものとする．

図1.2に，真のモデル $g(x)$，観測データ X_n によって構成された経験分布関数 $\hat{g}(X_n)$ 統計モデル $\{f(x|\theta); \theta \in \Theta\}$ に関する位置関係のイメージを示した．ここで，観測データ X_n が1次元データとすると，経験分布関数は

$$\hat{g}(x; X_n) = \frac{1}{n}\sum_{\alpha=1}^{n} I(x \leq x_\alpha),$$

で定義される．ここで，$I(x \leq x_\alpha)$ は定義関数で，$x \leq x_\alpha$ が真ならば $I(x \leq x_\alpha) = 1$，それ以外は0をとる関数である．

まず，観測データの背後にある真のモデル $g(x)$ があり，そこから観測データ X_n という情報が得られる．真のモデル $g(x)$ を近似するために，統計モデル

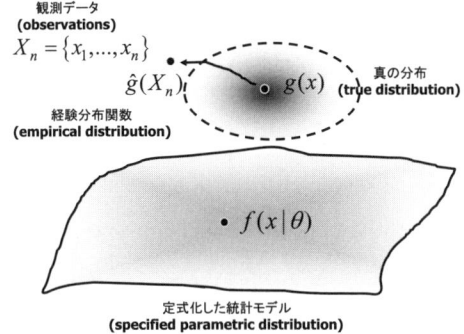

図 1.2 真のモデル $g(x)$, 観測データ X_n によって構成された経験分布関数 $\hat{g}(X_n)$, 統計モデル $\{f(x|\theta); \theta \in \Theta\}$ に関する位置関係のイメージ. 統計モデルのパラメータを θ を固定することは, 曲面上のある 1 点に統計モデルを固定することに対応している.

$\{f(x|\theta); \theta \in \Theta\}$ を利用する. もちろん, 真のモデル $g(x)$ と統計モデル $f(x|\theta)$ は乖離している設定のため, 真のモデルは統計モデルの曲面上 $\{f(x|\theta); \theta \in \Theta\}$ にはない. しかし, 真のモデル $g(x)$ がある θ_0 に対して統計モデル $f(x|\theta_0)$ と同じになる場合, つまり統計モデル $\{f(x|\theta); \theta \in \Theta\}$ に属している場合には, 図 1.2 の $g(x)$ が位置する点は, 統計モデル $\{f(x|\theta); \theta \in \Theta\}$ の曲面上にある. また, 統計モデルのパラメータ θ を固定すると, 曲面上のある 1 点に統計モデルを固定することに対応する.

当然ながら, 図 1.3 にあるように, さまざまな確率分布族 $\{f(x|\theta); \theta \in \Theta\}$ に基づく統計モデルを考えることができる. 1.1 節の株式収益率の例では, 正規分布を統計モデルとして利用した. 自明ではあるが, ステューデントの t 分布, コーシー分布などの統計モデルも利用可能である. すなわち, 図 1.3 において, 例えば $f_1(x|\theta_1)$ に正規分布, $f_2(x|\theta_2)$ にはステューデントの t 分布, $f_3(x|\theta_3)$ にはコーシー分布というようにさまざまな分布族を設定できる. では, どの統計モデルを利用するべきかという疑問が自然に生じるが, 統計的モデリングにおいてはモデル選択の過程があり, 構築した統計モデルのなかで最も適切なモデルを選択するのが通常である. 統計モデルの適切さはモデル評価基準に依存し, 評価基準によって最も適切な統計モデルが異なる場合が生じる. では, どのモデル評価基準を利用すればいいのかと疑問に思うであろうが, 分析の目的

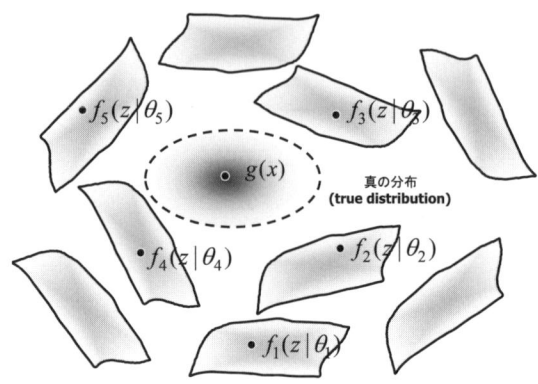

図 1.3 さまざまな確率分布族 $\{f(x|\theta); \theta \in \Theta\}$ に基づく統計モデルを考えることができる. 例えば, $f_1(x|\theta_1)$: 正規分布, $f_2(x|\theta_2)$: ステューデントの t 分布, $f_3(x|\theta_3)$: コーシー分布などが考えられよう.

に照らし合わせて考えることとなる. 本書のテーマはベイズ的統計モデリングであるが, ベイズ情報量規準等のベイズモデルの適切さを評価するモデル選択基準が非常に重要な役割を果たしている. ベイズモデルのモデル選択基準について, 次章以降詳しく触れていく.

以降では, ある統計モデル $f(x|\theta)$ を定式化したとし, そのパラメータ推定に触れていく. 理想的には, パラメータの値 θ を, 統計モデル $f(x|\theta)$ と真のモデル $g(x)$ との距離が最も近くなるようにしたい. しかしながら, 図 1.2 に描写された真のモデル $g(x)$ の位置は実際には未知であり, 観測データ X_n によって構成された経験分布関数 $\hat{g}(X_n)$ に関する情報のみを我々は知っている. そのため, 観測データ X_n の情報を利用して, パラメータ推定を一般的におこなう. 頻繁に利用されるパラメータ推定法としては, 最尤推定法, 一般化モーメント法, 罰則付き最尤推定法, ロバスト推定法, ベイズ推定法などがある.

図 1.4 は, 最尤推定法のイメージを図示している. 以降, 観測データに独立性を仮定して議論を進める. 最尤推定法においては, 経験分布関数 $\hat{g}(X_n)$ と統計モデル $\{f(x|\theta); \theta \in \Theta\}$ の距離を尤度関数

$$f(X_n|\theta) = \prod_{\alpha=1}^{n} f(x_\alpha|\theta)$$

によって計測し, 尤度関数を最大化することでパラメータを推定する. 推定量

1.2 統計的モデリング

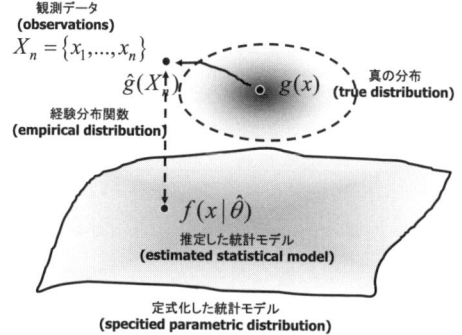

図 1.4 最尤推定法のイメージ．統計モデル $f(x|\theta)$ のパラメータは尤度関数最大化による．それは，経験分布関数 $\hat{G}(X_n)$ との距離を最小化することに対応する．ただし，距離は尤度関数で計測されている．

$\hat{\theta}$ は，最尤推定量と呼ばれる．パラメータの推定後，統計モデル $f(x|\theta)$ のパラメータ θ を，推定したパラメータ値 $\hat{\theta}$ で，置き換えることにより，統計モデル $f(x|\hat{\theta})$ が構成される．

ここで注意すべきは，経験分布関数 $\hat{g}(X_n)$ との距離を最小化することにより構成した統計モデル $f(x|\hat{\theta})$ の良さは，真のモデル $g(x)$ との距離で評価すべきことにある．これは，問題の出発点に戻ればごく自然な考え方である．なぜならば，我々の目的は観測データに内在する情報からその背後にある構造を把握して，現象の予測，知識発見，構造探索などをおこなうことにあるからである．無限個の観測データがあれば，経験分布関数 $\hat{g}(X_n)$ は真のモデル $g(x)$ とみなせるが，現実には観測データは有限個である．そのため，経験分布関数 $\hat{g}(X_n)$ と真のモデル $g(x)$ は一致せず，その結果，経験分布関数 $\hat{g}(X_n)$ との距離が最小となるように構成した統計モデル $f(x|\hat{\theta})$ は，真のモデル $g(x)$ との距離が最小となるように構成した統計モデルとは通常一致しないこととなる．

真のモデル $g(x)$ との距離を小さくするように統計モデル $f(x|\hat{\theta})$ を選択する理論に情報量規準 AIC (Akaike information criteria; Akaike (1973, 1974)) がある．情報量規準 AIC の枠組みでは，モデルのパラメータは最尤推定法によって推定され，真のモデル $g(x)$ と構成された統計モデル $f(x|\hat{\theta})$ との距離は，カルバック-ライブラー情報量 (Kullback and Leibler (1951))

$$KL(g,f) = \int \log g(\boldsymbol{x})g(\boldsymbol{x})d\boldsymbol{x} - \int \log f(\boldsymbol{x}|\hat{\boldsymbol{\theta}})g(\boldsymbol{x})d\boldsymbol{x}$$

によって計測される．そして，このカルバック-ライブラー情報量を最小とする統計モデル $f(\boldsymbol{x}|\hat{\boldsymbol{\theta}})$ を，さまざまな統計モデルの候補のなかから選択する．AIC の導入以降，情報量規準に関するさまざまな研究がなされている．本書ではベイズモデルのモデル評価を扱っているが，情報量規準 AIC に興味がある読者は，小西・北川 (2004) 等を参照されたい．

ここまでの流れを整理するために，一般的な統計的モデリングの手順を以下に示す．

統計的モデリングの手順

Step 1. 観測データ $\boldsymbol{X}_n = \{\boldsymbol{x}_1, ..., \boldsymbol{x}_n\}$ に対して，ある統計モデル $f(\boldsymbol{x}|\boldsymbol{\theta})$ を設定する．

Step 2. あるモデル推定法（例えば，最尤推定法，一般化モーメント法，罰則付き最尤推定法，ロバスト推定法など）により，統計モデル $f(\boldsymbol{x}|\boldsymbol{\theta})$ に含まれるパラメータを推定し，得られた推定値 $\hat{\boldsymbol{\theta}}$ を統計モデルのパラメータに利用する．

Step 3. Step 2 で構成された統計モデルの良さをなんらかのモデル評価基準（例えば，AIC）により評価する．構成された統計モデルが十分満足するものであればそれを利用し，逆に，統計モデルのさらなる改善が必要な場合などは，それを反映させて Step 1 に戻り，この手順を繰り返す．

特に情報量規準 AIC の枠組みでは，Step 2 においては最尤推定法，Step 3 においては AIC が利用される．また，Step 2 においては罰則付き最尤推定法，ロバスト推定法なども利用可能である．しかし，これらの手法を利用した場合には「最尤推定法によりモデルを推定する」という AIC を利用するための仮定が崩れてしまうため，Step 3 においては，情報量規準 GIC (generalized information criteria; Konishi and Kitagawa (1996)) 等のその他のモデル評価基準を使用する必要がある．小西・北川 (2004) は，GIC に基づくモデル選択について詳しく論じている．

本書ではベイズ的統計モデリングを解説しているが,その手順自体は上記とほぼ同様である.しかし,さまざまな情報を統合可能とするベイズ的統計モデリングの手順は上記手順よりも若干複雑となる.次節では,ベイズ的統計モデリングのフレームワークについて解説する.

1.3 ベイズ的統計モデリング

前節で議論したように,統計モデルの構築には確率分布族 $\{f(x|\theta); \theta \in \Theta\}$ の定式化,およびそれに対応するパラメータ θ の推定が必要となる.ベイズ的統計モデリングの枠組みでは,パラメータ θ も確率変数とみなし,観測データ X_n に対してのみならず,パラメータ θ に対しても確率分布 $\pi(\theta)$ を設定する.この確率分布 $\pi(\theta)$ のことを事前分布と呼ぶ.また,パラメータ θ 以外の未知の量にも事前分布を設定することがある.例えば,さまざまな確率分布族が利用可能と述べたが,それぞれの確率分布族そのものに対しても事前確率を設定可能である.つまり,r 種類の確率分布族に基づく統計モデル $M_1, ..., M_r$ を考えたとき,それぞれの統計モデル $M_1, ..., M_r$ がどの程度の確率で現れるか事前に設定するのである.また,パラメータの事前分布 $\pi(\theta)$ のなかにも,$\pi(\theta|\psi)$ のように未知パラメータ ψ が含まれる場合があり,確率分布 $\pi(\psi)$ をさらに階層的に設定する場合もあり,階層型ベイズモデルと呼ばれる.これらについては,次章以降に触れていく.

事前分布 $\pi(\theta)$ には,観測データ以外の先験的な情報が組み込まれる.ここで先験的な情報とは,経験,直観,信念,関連する知識,以前に得られた観測データ,以前に推定したパラメータ θ の値などさまざまである.すなわち,観測データ X_n の情報を確率分布族 $f(x|\theta)$ により,先験的情報を事前分布 $\pi(\theta)$ により表現し,これらを統合してパラメータ θ の推定が実行される.こうした手順を経た推定を以降,ベイズ推定と呼ぶこととする.

ベイズ推定は,観測データ X_n の情報,および事前分布 $\pi(\theta)$ が与えられた条件下でのパラメータ θ の条件付き確率分布 $\pi(\theta|X_n)$ によりおこなわれる.この条件付き確率分布 $\pi(\theta|X_n)$ を一般に事後分布と呼ぶ.ベイズ推定は,特に,観測データ X_n の情報が非常に少ないものの,先験的情報が利用可能な

場合などに非常に便利な手法である．ベイズ的統計モデリングの手順を以下に示す．

ベイズ的統計モデリングの手順
Step 1. 観測データ $\boldsymbol{X}_n = \{\boldsymbol{x}_1, ..., \boldsymbol{x}_n\}$ に対して，ある統計モデル $f(\boldsymbol{x}|\boldsymbol{\theta})$ を設定し，先験的情報を事前分布により表現する（例えば，パラメータ $\boldsymbol{\theta}$ には事前分布 $\pi(\boldsymbol{\theta})$ を設定する．）
Step 2. 未知の量についてのベイズ推定を，その事後分布によりおこなう（例えば，パラメータ $\boldsymbol{\theta}$ のベイズ推定には，事後分布 $\pi(\boldsymbol{\theta}|\boldsymbol{X}_n)$ を利用する）．
Step 3. Step 2 で構成された統計モデルの良さをなんらかのモデル評価基準により評価する．構成された統計モデルが十分満足するものであればそれを利用し，逆に，統計モデルのさらなる改善をしたい場合などは，それを反映させて Step 1 に戻り，これを繰り返す．

本書では，このベイズ的統計モデリングを取り扱っていく．次節では，ベイズ的統計モデリングの手順 Step 1 〜 Step 3 について解説しつつ，本書の構成を述べていく．

1.4 本書の構成

2 章では，ベイズ的統計モデリングのための基礎概念を網羅する．ベイズ的統計モデリングの手順 Step 1 においては統計モデル $f(\boldsymbol{x}|\boldsymbol{\theta})$，およびパラメータ $\boldsymbol{\theta}$ の事前分布 $\pi(\boldsymbol{\theta})$ の設定が要求される．2 章では，確率の概念・およびベイズの定理から出発し，パラメータ $\boldsymbol{\theta}$ の事前分布の設定方法（無情報事前分布，ジェフリーの事前分布，自然共役事前分布，報知事前分布）を解説する．また，さまざまな学術分野で利用されている統計モデル $f(\boldsymbol{x}|\boldsymbol{\theta})$ の例を紹介し，その定式化についても解説していく．これらについて述べた後，事後分布に基づいたベイズ推定法の結果を解釈・要約する方法について触れ，その実際例をベイズ線形回帰分析を通して説明する．また，ベイズ的統計モデリングにおいて，なぜモデル選択が必要となるかを，線形回帰，多項式回帰を例に解説する．

1.4 本書の構成

非常に限られた条件下では，パラメータ $\boldsymbol{\theta}$ の事後分布 $\pi(\boldsymbol{\theta}|\boldsymbol{X}_n)$ は解析的に表現可能であるものの，一般には事後分布 $\pi(\boldsymbol{\theta}|\boldsymbol{X}_n)$ を解析的に求められない場合がほとんどである．そのような場合，漸近的方法，もしくは計算機を利用した数値計算による方法によりパラメータ $\boldsymbol{\theta}$ の事後分布 $\pi(\boldsymbol{\theta}|\boldsymbol{X}_n)$ を近似計算する必要がある．3章では漸近的方法について，4章では数値計算による方法について解説している．

3章の漸近的方法の解説では，正規分布に基づく事後分布 $\pi(\boldsymbol{\theta}|\boldsymbol{X}_n)$ の漸近的近似，ラプラス法に基づいた事後分布，予測分布，および周辺事後分布の漸近的近似を紹介する．4章は，数値計算によるベイズ推定法についてである．マルコフ連鎖モンテカルロ法 (Markov chain Monte Carlo)，ギブスサンプリング法 (Gibbs sampling)，メトロポリス-ヘイスティング法 (Metropolis-Hastings sampling) などを取り上げ，マルコフ連鎖モンテカルロ法に関連する収束判定，効率性などについて解説する．また，重点サンプリング (importance sampling)，棄却サンプリング (rejection sampling)，重み付きブートストラップ (weighted bootstrap)，ダイレクトモンテカルロ法 (direct Monte Carlo) などについても触れる．

3章，および4章にあるように，尤度関数 $f(\boldsymbol{X}_n|\boldsymbol{\theta})$，およびパラメータ事前分布 $\pi(\boldsymbol{\theta})$ 等を設定すると解析的方法，漸近的方法，もしくは計算機上の数値計算に基づく方法などによりパラメータ $\boldsymbol{\theta}$ の事後分布 $\pi(\boldsymbol{\theta}|\boldsymbol{X}_n)$ を構成することができる．ベイズ推定の結果として構成された統計モデルは，確率論的な議論，現象予測，情報抽出，因果推測などさまざまな目的に利用される．しかしながら，これらの問題に対しての解の良し悪しは構成された統計モデルに依存するため注意が必要となる．すなわち，ベイズ推定によって構成された統計モデルが真のモデル $g(\boldsymbol{x})$ とまったく違う場合，ある問題に対しての解が仮に得られたとしても，その解の意味は示唆に乏しく，その結果，当初の予想とはまったく違う現実に直面する可能性が非常に高くなる．このきわめて重要な問題は研究者，実務家の両方とも認識しており，その結果，ベイズ的統計モデリングにおいて，Step 3，モデル選択評価基準が重要な役割を占めているのである．本書では，ベイズモデルの良さを評価するためのさまざまなベイズモデル評価基準をカバーしている．5章から7章には，モデル評価の概念に関する包括的説

明とともに,さまざまな実例を交えながら,ベイズモデル選択評価基準を紹介していく.

5章では,ベイズ情報量規準 (Bayesian information criteria BIC; Schwarz (1978)),ベイズファクター (Bayes factor; Kass and Raftery (1995)),拡張ベイズ情報量規準 (extended Bayesian information criteria, Konishi et al. (2004)),修正ベイズ情報量規準 (modified Bayesian information criteria, Eilers and Marx (1998)) などを紹介する.伝統的ベイズアプローチに基づいたモデル選択の枠組みにおいては,いくつかの競合する統計モデルの事後確率を計算し,モデルの事後確率が最も高いモデルを選択する.これらの基準は,尤度関数 $f(\boldsymbol{X}_n|\boldsymbol{\theta})$ を事前分布 $\pi(\boldsymbol{\theta})$ で積分した周辺尤度

$$\int f(\boldsymbol{X}_n|\boldsymbol{\theta})\pi(\boldsymbol{\theta})d\boldsymbol{\theta}$$

の最大化を試みている.一般には,周辺尤度が解析的に求まらない場合がほとんどである.そのため,漸近的方法,もしくは数値計算による方法などで近似計算をおこなう場合がほとんどである.

5章では漸近的方法による周辺尤度の近似計算,6章では数値計算に基づいて周辺尤度を計算する方法を解説する.また,非正則事前分布[*1]を利用する場合,周辺尤度に基づいたモデル選択が困難になる.この際には,周辺尤度に基づくモデル選択基準に注意が必要となる.そこで,5章ではさまざまな拡張ベイズファクター,事後ベイズファクター (posterior Bayes factor; Aitkin (1991)),本質的ベイズファクター (intrinsic Bayes factor; Berger and Pericchi (1996)),交差検証法によるベイズファクター (pseudo Bayes factor based on cross validation; Gelfand and Dey (1994)),部分的ベイズファクター (partial Bayes factor; O'Hagan (1995)),分割的ベイズファクター (fractional Bayes factor; O'Hagan (1995)) についても紹介する.

6章では数値計算による周辺尤度の近似法を紹介する.さまざまな研究がなされているが,本書では,ラプラス-メトロポリス推定量 (Laplace-Metropolis estimator; Lewis and Raftery (1997)),調和平均推定量 (harmonic mean estimator; Newton and Raftery (1994)),ゲルファンド-デイ推定量 (Gelfand

---

[*1] 2.5.1項を参照のこと.

and Dey's estimator; Gelfand and Dey (1994)),ギブスサンプリング法に基づく推定量 (Chib (1995)),メトロポリス-ヘイスティング法に基づく推定量 (Chib and Jeliazkov (2001)),カーネル推定量 (Kernel density approach; Kim et al. (1998)),密度関数比に基づく推定量 (Dickey (1971)) などを紹介する.また,パラメータ推定のみならずモデル選択を同時におこなう研究もある.本書では,リバーシブルジャンプマルコフ連鎖モンテカルロ法 (reversible jump Markov chain Monte Carlo; Green (1995)) についても取り上げた.

7章では,最近提案された新しいモデル評価基準,ベイズ予測情報量規準 (Ando (2007)) を紹介する.伝統的なベイズアプローチによるモデル選択は,周辺尤度を利用し,モデルの事後確率最大化をおこなっている.それとは対照的に,ベイズ予測情報量規準は,統計モデル $f(x|\theta)$ が,真のモデル $g(x)$ とは乖離している状況下で,事後期待対数尤度の推定量として定義される.定義,性質などについて説明し,一般化状態空間モデリング,生存時間解析モデリングなどへの応用例を紹介していく.

最後に,8章ではベイズモデルアベレージングについて紹介する.モデル選択においては,競合する統計モデルのなかから最も適切なモデルを選択していたのに対し,ベイズモデルアベレージングでは,競合する統計モデル各々の事後確率を考慮し,統計的モデリングをおこなう.ベイズモデルアベレージングにおいて,予測能力が低い統計モデル等はアベレージングする統計モデルのセットから取り除いておこなう場合が多い.これは,オッカムの剃刀 (Madigan and Raftery (1994)) と呼ばれている.概念理解のために,線形回帰モデルのアベレージングを応用例として取り上げ,また,さまざまなモデルアベレージング法について紹介している.

2

ベイズ分析入門

本章では，ベイズ分析の基礎から出発し，ベイズ流の統計的推測の基本的なトピックを解説していく．

2.1 確率とは

ベイズ分析法は不確実性をもつ現象の統計的推測において，非常に便利な道具である．ベイズ分析の特徴の一つとして，ある情報が与えられた下での主観的な確率に基づいて，分析対象の不確実性を取り扱うことが挙げられる．一般に，確率とはある事象の不確かさを表す量であるが，確率にも客観確率，および主観確率が存在する．両者の違いは，客観確率においては不確かさはある事象の不確実性のみに起因するのに対し，主観確率は事前情報が不足していることに基づいている．

例えば公平なコイン投げを考える．コインを一回投げて，表（裏）が出る確率は？と問われたとき，一般に，表（裏）が出る確率は 0.5 と答えるのが自然であろう．この確率は客観確率であり，事象が生起する頻度に基づき（もしくは論理的に）定義されている．

一方，ベイズ分析における確率の特徴は，ある事象の不確かさは，その事象を観察する分析者の事前情報に起因すると捉えることにある．例えば，数字の $\pi = 3.141\cdots$ を考える．π の 17 桁目が 3 である確率は？と問われたときどのように答えるであろうか．よくよく考えると π の 17 桁目そのものには不確実性はない．つまり，17 桁目が 3 であるかないかどちらかなのだから，そもそも確率という概念の入り込む余地はない．実際に調べてみると，π の 17 桁目は 3

であるので，その確率は1である．しかし，ベイズ分析における確率は，事象を観察する分析者の事前知識に依存する．仮に数字の $0 \sim 9$ が $1/10$ の確率で17桁目となるという事前情報（信念）を分析者がもっているのであれば，π の17桁目が3である確率は $1/10$ となる．この確率は主観確率と呼ばれ，ある事象が生起する信頼の度合を表す数値としての確率である．そのため，それぞれの主体がもつ主観確率は異なる場合が十分にありうる．

次節では，簡単な例を通してある事象の不確かさは，その事象を観察する分析者の事前情報に依存し，事前情報に依存してある事象に対しての確率が変化していくことをみていく．

2.2 ベイズの定理

ベイズ分析において，根本的な道具はベイズの定理である．ここでは，条件付き確率，およびベイズの定理をまず紹介する．ある事象 A, B があり，$P(A|B)$ を事象 B が起きた後での事象 A の確率，$P(B) > 0$ を事象 B が発生する確率とする．このとき，事象 B が与えられたときの事象 A の条件付き確率は

$$P(A|B) = \frac{P(A \cap B)}{P(B)}$$

で与えられる．ここで，$P(A \cap B)$ は，事象 A かつ B が起こる確率である．事象 A の条件付き確率は事象 B を条件づけているので，事象 B が与えられたときの A の条件付き確率は事象 B が発生する確率 $P(B)$ で調整されている．条件付き確率の式を変形すると $P(A \cap B) = P(A|B)P(B)$ が得られ，これを確率の乗法定理という．

条件付き確率をさらに変形して，ベイズの定理を与える．$A_1, A_2, ..., A_m$ を互いに素な事象 $(P(A_i \cap A_j) = 0, i \neq j)$ で，かつ全事象 Ω $(P(\Omega) = 1)$ の分割 $(P(A_1 \cup \cdots \cup A_m) = 1)$ とする．ここで考えたい確率は，事象 B が与えられたとき，それぞれの事象 $A_1, A_2, ..., A_m$ が起こっている確率である．まず，以下が成り立つことに注意する．

$$P(B) = P(B|\Omega) = \sum_{j=1}^{m} P(B|A_j)P(A_j).$$

すなわち，全事象 Ω を m 個の互いに素な事象に分割し，それぞれの分割した事象が与えられたときの B の条件付き確率を足し合わせている．

このとき，事象 B $(P(B) > 0)$ が与えられたときの事象 A_k の条件付き確率は

$$\begin{aligned} P(A_k|B) &= \frac{P(A_k \cap B)}{P(B)} \\ &= \frac{P(A_k \cap B)}{\sum_{j=1}^m P(B|A_j)P(A_j)} \\ &= \frac{P(B|A_k)P(A_k)}{\sum_{j=1}^m P(B|A_j)P(A_j)}, \quad k=1,...,m \end{aligned} \qquad (2.1)$$

で与えられる．この式をベイズの定理という．以下の例を利用して，ベイズの定理に対する理解を深めたい．

例 2.1：ウイルス感染確率の分析

ここでは，ベイズの定理を利用した分析例を紹介する．いま，世界全体の人を母集団とし3%の人が特定のウイルスに感染していると仮定する．いま，この母集団から1人を無作為に抽出し，ある初期検査Xを受けてもらう．この初期検査Xは，98%の確率で感染した人を特定でき，40%の確率で感染していない人を感染していると診断するものとする．また，V_+ を感染しているという事象，V_- を感染していない事象とする．ベイズの定理 (2.1) 式において，A_1 を感染しているという事象 V_+，A_2 を感染していないという事象 V_- と置き換え，B を現在手元にある情報と対応させてもらいたい．このとき

$$P(V_+) = 0.03, \quad P(V_-) = 0.97$$

が事前にある知識からわかっている．同様に，X_+ を初期検査Xで感染していると診断される事象，X_- を初期検査Xで感染していないと診断される事象とすると

$$P(X_+|V_+) = 0.98, \quad P(X_+|V_-) = 0.40$$

も事前情報としてある．

2.2 ベイズの定理

一般的に，ベイズ分析の枠組みでは，条件付き確率，例えば V_+ で条件づけられた X_+ の確率 $P(X_+|V_+)$ などを頻繁に利用する．いま，知りたい確率は，初期検査Xで感染していると診断された (X_+) いう条件の下での，実際に感染している (V_+) 確率 $P(V_+|X_+)$ であろう．ベイズの定理から，

$$\begin{aligned}P(V_+|X_+) &= \frac{P(X_+|V_+)P(V_+)}{P(X_+)} \\ &= \frac{P(X_+|V_+)P(V_+)}{P(X_+|V_+)P(V+)+P(X_+|V_-)P(V-)} \\ &= \frac{(0.98)\times(0.03)}{(0.98)\times(0.03)+(0.40)\times(0.97)} \\ &\approx 0.07\end{aligned}$$

となる．結果的に，初期検査Xで感染していると診断された (X_+) という情報はその人が実際に感染している確率を 3% から 7% に押し上げたこととなる．

さらにベイズの定理を利用する．いま，初期検査Xにおいて感染していると診断されたので，精密検査Yをさらに受けてもらう．この精密検査Yは，99%の確率で感染した人を特定でき，4%の確率で感染していない人を感染していると診断する．Y_+ を精密検査Yで感染していると診断される事象，Y_- を精密検査Yで感染していないと診断される事象とすると

$$P(Y_+|V_+) = 0.99, \quad P(Y_+|V_-) = 0.04$$

である．

精密検査Yを実行する前に，初期検査Xで感染していると診断された (X_+) という条件の下で，精密検査Yで感染していると診断される確率を計算できる．

$$\begin{aligned}P(Y_+|X_+) &= P(Y_+|X_+,V_+) + P(Y_+|X_+,V_-) \\ &= P(Y_+|V_+)\times P(V_+|X_+) + P(Y_+|V_-)\times P(V_-|X_+) \\ &= (0.99)\times(0.07) + (0.04)\times(0.93) \\ &\approx 0.11.\end{aligned}$$

また，$P(Y_-|X_+) = 1 - P(Y_+|X_+) \approx 0.89$ である．

いま，精密検査 Y で感染していないと診断されたとする．明らかに，知りたい確率は，初期検査 X で感染していると診断され (X_+)，かつ精密検査 Y では感染していないと診断された (Y_-) という条件の下で，実際に感染している (V_+) 確率 $P(V_+|X_+, Y_-)$ であろう．ベイズの定理から，

$$P(V_+|X_+, Y_-) = \frac{P(Y_-|V_+)P(V_+|X_+)}{P(Y_-|X_+)}$$
$$= \frac{P(Y_-|V_+)P(V_+|X_+)}{P(Y_-|V_+)P(V_+|X_+) + P(Y_-|V_-)P(V_-|X_+)}$$
$$= \frac{(0.01) \times (0.07)}{(0.01) \times (0.07) + (1 - 0.04) \times (1 - 0.07)}$$
$$\approx 0.00079.$$

結果的に，精密検査 Y では感染していないと診断されたという情報はその人が感染しているという確率を 3% から 0.079% に小さくした．

以上をまとめると，

$$P(V_+|\text{Information}) = \begin{cases} 3\% & \text{before } X \text{ and } Y \\ 7\% & \text{after } X_+ \text{ and before } Y \\ 0.079\% & \text{after } X_+ \text{ and } Y_- \end{cases}$$

という結果が得られた．

初期検査，および精密検査を受ける前には，人があるウイルスに感染している確率に関する先験的情報があった．次に，初期検査 X に関するデータが観測され，初期検査 X で感染していると診断された (X_+) いう条件の下で，実際に感染している (V_+) 確率 $P(V_+|X_+)$ で情報を更新した．また，精密検査 Y では感染していると診断される確率も予測した．最後に，精密検査 Y では感染していないという診断情報を取り入れ，実際に感染している (V_+) 確率 $P(V_+|X_+, Y_-)$ を計算した．すなわち，利用可能な情報によって，人があるウイルスに感染しているという確率は変化している．

注意すべきは，ある人があるウイルスに感染している，もしくはしていないという真実は 1 つであり，この事象は不確実性を含まない．つまり，ある人があるウイルスに感染しているという情報の下では，その人があるウイルスに感

染している確率は1である．すなわち，いままで計算してきた確率は，利用可能な情報を活用して，合理的に計算された確率で，検査者自身が考える確率である．

最後に，初期検査Xで感染していると診断され (X_+), かつ精密検査Yでは感染していないと診断された (Y_-) という条件の下で，実際に感染している (V_+) 確率 $P(V_+|X_+, Y_-)$ は初期検査，精密検査 (X, Y) の結果を同時に考えたとしても同じ結果となることを示す．

$$P(X_+, Y_-|V_+) = P(X_+|V_+)P(Y_-|V_+) = 0.098.$$

また

$$P(X_+, Y_-|V_-) = P(X_+|V_-)P(Y_-|V_-) = 0.384.$$

これらに注意すると，ベイズの定理から

$$\begin{aligned}P(V_+|X_+, Y_-) &= \frac{P(Y_-, X_+|V_+)P(V_+)}{P(Y_-, X_+|V_+)P(V_+) + P(Y_-, X_+|V_-)P(V_-)} \\ &= \frac{(0.098) \times (0.03)}{(0.098) \times (0.03) + (0.384) \times (0.97)} \\ &\approx 0.00079\end{aligned}$$

となる．すなわち，逐次的に確率を更新しても，同時に確率を更新しても同じ結果が得られる．

2.3 統計モデルのベイズ推定

観測データ $\boldsymbol{X}_n = \{\boldsymbol{x}_1, ..., \boldsymbol{x}_n\}$ が取得されたとする．平均，標準偏差などの統計量も有用な情報であるが，ここでは統計モデル $\{f(\boldsymbol{x}|\boldsymbol{\theta}); \boldsymbol{\theta} \in \Theta\}$ に基づき，観測データの背後にある未知の構造を推測することを考える．ベイズ推定法以外で，頻繁に利用されている統計モデルの推定法は最尤推定法である．一般に，最尤推定法においては，観測データの独立性を仮定して尤度関数

$$f(\boldsymbol{X}_n|\boldsymbol{\theta}) = \prod_{\alpha=1}^{n} f(\boldsymbol{x}_\alpha|\boldsymbol{\theta})$$

を最大化することによりパラメータの推定をおこなう.最尤推定法により得られる統計量を最尤推定量という.そして,実際に観測されたデータ $\boldsymbol{X}_n$ の値を最尤推定量に代入して得られる最尤推定値 $\hat{\boldsymbol{\theta}}_{\mathrm{MLE}}$ で,統計モデル $f(\boldsymbol{x}|\boldsymbol{\theta})$ に含まれる未知パラメータを置き換え,統計モデル $f(\boldsymbol{x}|\hat{\boldsymbol{\theta}}_{\mathrm{MLE}})$ を構成する.

一方,ベイズ推定の枠組みでは,観測データ $\boldsymbol{X}_n$ のみならず,パラメータ $\boldsymbol{\theta}$ にも確率分布 $\pi(\boldsymbol{\theta})$,事前分布を設定する.前節と同様,未知のパラメータ $\boldsymbol{\theta}$ に関する推定は,ベイズの定理に基づいた事後分布

$$\pi(\boldsymbol{\theta}|\boldsymbol{X}_n) = \frac{f(\boldsymbol{X}_n|\boldsymbol{\theta})\pi(\boldsymbol{\theta})}{\int f(\boldsymbol{X}_n|\boldsymbol{\theta})\pi(\boldsymbol{\theta})d\boldsymbol{\theta}} \propto f(\boldsymbol{X}_n|\boldsymbol{\theta})\pi(\boldsymbol{\theta}) \qquad (2.2)$$

を利用しておこなわれる.ここで,記号 $\propto$ は比例を意味する.また,尤度関数 $f(\boldsymbol{X}_n|\boldsymbol{\theta})$ には独立性を必ずしも仮定しないことを注意する.(2.1) 式と対応させるためにパラメータ $\boldsymbol{\theta}$ が離散的な値 $\{\boldsymbol{\theta}_1, ..., \boldsymbol{\theta}_m\}$ をとる場合を考える.(2.1) 式において,A_k を パラメータ $\boldsymbol{\theta}$ が $\boldsymbol{\theta} = \boldsymbol{\theta}_k$ となる事象,B をデータ $\boldsymbol{X}_n$ が観測される事象とすると,

$$P(\boldsymbol{\theta} = \boldsymbol{\theta}_k|\boldsymbol{X}_n) = \frac{P(\boldsymbol{X}_n|\boldsymbol{\theta}_k)P(\boldsymbol{\theta}_k)}{\sum_{j=1}^{m} P(\boldsymbol{X}_n|\boldsymbol{\theta}_j)P(\boldsymbol{\theta}_j)}$$

$$\left[P(A_k|B) = \frac{P(B|A_k)P(A_k)}{\sum_{j=1}^{m} P(B|A_j)P(A_j)} \right]$$

となることがわかる.観測データ $\boldsymbol{X}_n$,および事前情報に基づいて,パラメータ $\boldsymbol{\theta}$ の確率分布を事後的に推測している.

(2.2) 式からわかるように,事後分布は,事前分布,および尤度関数に依存している.次節以降では,さまざまな統計モデルの定式化法,事前分布の設定法などを紹介する.

2.4 統計モデルの設定

統計的モデリングにおいては,統計モデルの定式化も非常に重要である.一つの重要な考え方としては,統計モデル $f(\boldsymbol{x}|\boldsymbol{\theta})$ が真のモデル $g(\boldsymbol{x})$ の近似モデルとして使用できることにあろう.しかし,ある解析目的があり,その目的

に基づいて統計モデルを定式化したい場合もある．本節では，統計モデルの定式化の例を紹介する．

2.4.1 株価収益率に対するさまざまな確率密度関数の設定

1章では，2005年4月～2009年4月の日経平均株価月末終値の収益率の時系列データに正規分布を当てはめた．しかし，収益率の標本尖度を計算すると，$\hat{\tau} = 6.746$ であり，正規分布の尖度 $\tau = 3$ と比較すると標本尖度は大きく，正規分布より分布の裾が厚い特徴をもっているものと推察される．確かに，図1.1には，正規分布では外れ値とみなすようなデータも観測されている．ここでは，正規分布より分布の裾が厚い分布を当てはめてみる．

ステューデントの t 分布

$$f(x|\mu, \sigma^2, \nu) = \frac{\Gamma(\frac{\nu+1}{2})}{\Gamma(\frac{1}{2})\Gamma(\frac{\nu}{2})\sqrt{\nu\sigma^2}} \left\{ 1 + \frac{(x-\mu)^2}{\sigma^2\nu} \right\}^{-\frac{\nu+1}{2}}$$

コーシー分布

$$f(x|\mu, \gamma) = \frac{1}{\pi} \left[\frac{\gamma}{(x-\mu)^2 + \gamma^2} \right]$$

ここで，ステューデントの t 分布において，自由度パラメータを $\nu = \infty$ とすれば，正規分布である．

図2.1は最尤推定法により推定されたそれぞれの確率密度関数である．収益率データのヒストグラムも同時に図示している．図2.1の点線は正規分布である．それぞれの統計モデルの最大対数尤度は以下のとおりである．

1) 正規分布： -162.3731
2) コーシー分布： -171.5974
3) ステューデントの t 分布： -161.0601

この結果から，これら3つの確率密度関数を比較した場合，ステューデントの t 分布が観測データ X_n への当てはまりが良いといえる．

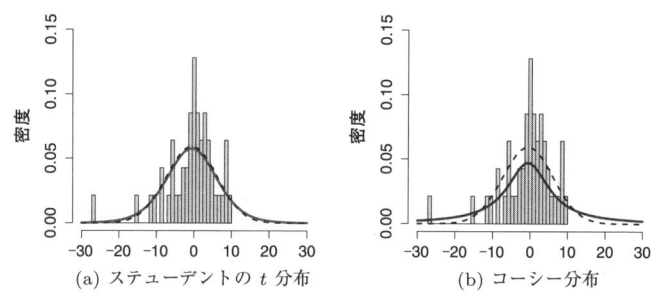

図 2.1 (a) ステューデントの t 分布に基づく統計モデルの確率密度関数と収益率データのヒストグラム (b) コーシー分布に基づく統計モデルの確率密度関数と収益率データのヒストグラム
点線は正規分布の確率密度関数である.

2.4.2 価格弾力性の計量化

経営学,経済学でよく扱われる話題として,価格弾力性 (PE; price elasticity) という概念がある.我々は,さまざまな商品・サービスを日常購入しているが,価格が変化した際にそれが購買行動に影響を与える場合が頻繁にある.価格弾力性とは,ある商品・サービスの価格 (P) の変化に対する需要 (Q) の変化を計量化した概念である.一般に,価格が上がると需要が減るので,需要と価格は反比例の関係が想定される.しかし,この限りではないことは注意しておく.

数学的には,ある商品・サービス需要に対する価格弾力性は,以下で定義される.

$$\mathrm{PE} = \frac{\Delta Q / Q}{\Delta P / P} = \frac{\% \Delta Q}{\% \Delta P}.$$

ここで,ΔP,および ΔQ はそれぞれ,商品・サービスの価格変化,および需要の変化である.

価格弾力性の計量化においては,対数線形需要モデルがよく利用される.

$$\log(Q) = \beta_0 + \beta_1 \log(P).$$

実際には,広告の効果であったり,代替品・補完品の価格変化による効果などさまざまな要因を考えるが,その際にはこのような要因を右辺の式に加えれば

よい．いま，$\Delta \log(Q) \approx \%\Delta Q$, $\Delta \log(P) \approx \%\Delta P$ に注意すると，価格弾力性は，

$$\mathrm{PE} = \frac{\%\Delta Q}{\%\Delta P} \approx \beta_1.$$

と近似できる．すなわち，パラメータ β_1 を推定することで価格弾力性を計量化できる．

実際にモデルを推定する際には，さまざまな価格レベルに対する商品・サービスの購入数に関する観測データ $\{(Q_\alpha, P_\alpha), \alpha = 1, ..., n\}$ を利用して統計モデル

$$\log(Q_\alpha) = \beta_0 + \beta_1 \log(P_\alpha) + \varepsilon_\alpha, \quad \varepsilon_\alpha \sim N(0, \sigma^2)$$

を推定すればよい．この統計モデルのベイズ推定法は，2.7 節に紹介されている．

2.4.3　株式投資収益率の計量化とその予測

ここでは，ファイナンスの分野でよく知られている統計モデルを紹介する．株式ポートフォリオの管理等において，株式の収益率（特に，リスクフリー金利に対する超過収益率）を説明したい場合が頻繁にある．一言で述べると，株式ポートフォリオとは投資した株式銘柄の投資比率である．株価の収益率を説明するための最もよく知られているモデルの一つとして，CAPM (capital asset princing model; Sharpe (1964)) がある．

$$r_p = r_f + \beta_1(r_m - r_f) + \varepsilon.$$

ここで，r_p はある株式の収益率，r_f はリスクフリー金利，r_m は市場インデックスのリターンである．誤差項 ε に正規分布を仮定した場合，この統計モデルのベイズ推定は，2.7 節に紹介されている方法で実行可能である．

近年，実証的な観点から，株価の収益率に対しての CAPM の説明力を向上させる研究がなされている．有名なモデルの一つとして挙げられるのは，Fama and French (1993) の 3 ファクターモデルである．

$$r_p - r_f = \alpha + \beta_1(r_m - r_f) + \beta_2 \mathrm{SMB} + \beta_3 \mathrm{HML} + \varepsilon.$$

ここで，r_p はある株式の収益率，r_f はリスクフリー金利，r_m は市場インデッ

クスのリターン，SMB (small minus big) は小型株，大型株の分類に基づいたファクター HML (high minus low) はバリュー株，グロース株の分類に基づいたファクターである．ここで，小型株（大型株）とは株式時価総額が小さな（大きな）株式である．また，グロース株とは，高い収益の伸びと成長が期待されている株式であり，バリュー株は，企業本来の価値が市場で過少評価されている株式のことである．一般には，資産簿価／株式時価総額などによりグロース株，バリュー株の判断をすることになる．SMB，HML についての詳細は，Fama and French (1993) を参照されたい．この3ファクターモデルは，ポートフォリオを構成するときなどにおいても参考となる．また，投資信託分野においてはファンドの投資スタイルの分類や，運用者の運用能力を計測することにも使用可能であることから，さまざまな便益を兼ね備えたモデルといえる．

平均分散アプローチ (Markowitz (1952)) を利用してポートフォリオを構成する場合，m 銘柄の収益率 $\{r_{1p}, ..., r_{mp}\}$ の分散共分散行列 Σ が必要となる．いま株式ポートフォリオ，すなわち投資する株式銘柄の組み合わせ比率を $\bm{w} = (w_1, ..., w_m)^T$ とすると，最適ポートフォリオは

$$\text{maximize} \quad \bm{w}^T \bm{\mu} - \frac{\gamma}{2} \bm{w}^T \Sigma \bm{w}, \quad \text{s.t.} \quad \sum_{j=1}^{m} w_j = 1$$

により求められる．ここで $\bm{\mu} = (\mu_1, ..., \mu_m)^T$ は m 銘柄それぞれの期待収益率，Σ は収益率の分散共分散行列である．この場合，期待収益率，および分散共分散行列を計量化する統計モデルの一つとして

$$r_{jp} - r_f = \alpha_j + \beta_{j1}(r_m - r_f) + \beta_{j2}\text{SMB} + \beta_{j3}\text{HML} + \varepsilon_j, \quad j = 1, ..., m$$

を考えることができる．このモデルは，5.2 節に紹介されている方法によりベイズ推定が可能である．

2.4.4 信用リスクの計量化

世界規模でのグローバル競争の進展，規制緩和，技術革新等で企業の経済環境は激変し，信用リスク計量化の重要性が一層認識されている．一般に，信用リスクとは「デフォルトが発生し，投下資本を回収できないリスク」を意味し，

デフォルト確率，デフォルト時回収率，デフォルトの相関，デフォルト時貸出額の変動などさまざまな要因が信用リスク量に影響を与えている．一般に，デフォルト事象とは法的倒産またはそれに準ずる行為とされ，法的倒産には会社更生，和議，破産，商法整理および特別清算等を含み，それに準ずる行為とは，銀行取引停止処分，金融機関による債務放棄，債務の株式化などを含むことが多い．

ロジットモデルは，デフォルト確率の計量化において頻繁に利用されている．いま，経営の収益性，効率性，安全性，規模などを考慮して p 個の財務指標 $\bm{x} = (x_1, ..., x_p)^T$ に基づきデフォルト確率を計量化することを考える．財務指標としては，株主資本利益率，負債比率，売上高，キャッシュフロー，有形固定資産回転率などさまざまな指標が考えられよう．ロジットモデルはデフォルト確率 $\Pr(y=1|\bm{x})$ と非デフォルト確率 $\Pr(y=0|\bm{x})$ の対数オッズ比に p 個の財務指標の線形和

$$\log\left\{\frac{\Pr(y=1|\bm{x})}{\Pr(y=0|\bm{x})}\right\} = \alpha + \sum_{j=1}^{p} \beta_j x_j$$

を仮定する．

ロジットモデルの利点としては，観測された財務指標をモデルに代入することで，デフォルト確率を即座に計量化できることが挙げられる．また，各財務指標にかかる推定されたパラメータの大きさを調べることで，デフォルト予測におけるその指標の影響度を調べられることも有用な点として挙げられよう．この統計モデルのベイズ推定は，5.5 節に解説されている．現実には，その企業がどの産業（建設業，金融業，製薬業など）に属するかで，デフォルト予測に関連する財務指標は違う可能性があり，デフォルト確率の精緻化の観点からは，どの財務指標を採用するかという問題も生じる．そのような場合には，5 章以降に紹介されているモデル評価基準を利用する方法も考えられよう．

2.4.5 マーケティングにおける選択コンジョイント分析

マーケティング分野などでは，顧客の選好を計量化する研究がおこなわれている．いま，顧客がいくつかの商品・サービス（ここでは G 種類の商品・サービス）から 1 つの商品を選択するとする．以降，商品とは，商品もしくはサービ

スを指す.この場合,顧客がそれぞれの商品を選択する確率をモデル化することが多い.いま,x をそれぞれの商品の特徴を表す変数とし,顧客がそれぞれの商品 k を選択する確率を $P(k|x)$ とする.商品の特徴 x は,ブランド名,品質,価格などであろう.そのモデル化において広く知られている選択モデルは,多項ロジスティックモデル

$$\Pr(k|\boldsymbol{x}) = \frac{\exp\{\boldsymbol{\beta}_k^T \boldsymbol{x}\}}{\sum_{j=1}^{G} \exp\{\boldsymbol{\beta}_j^T \boldsymbol{x}\}}, \quad k = 1, \ldots, G$$

である.ここで $\boldsymbol{\beta}_k = (\beta_{k1}, \ldots, \beta_{kp})^T$ はパラメータで,それぞれの特徴を表す変数の重要度を表している.この統計モデルのベイズ推定は,5.5 節に解説されている.

経営分野においては,多項ロジスティックモデルをコンジョイント分析に利用する場合がある.コンジョイント分析とは,ある商品の購入に関して,顧客がどの要因をどの程度重視しているかを分析する手法で,新製品開発,商品のバージョンアップ,適正価格の算定,新製品投入後のマーケットシェア予測,ブランド価値の計量化,顧客のセグメント化等に利用できる.例えば,ノートパソコンを考えた場合,要因とはメーカー,スペック,価格,デザイン等であろう.多項ロジスティックモデルをコンジョイント分析に利用する場合には,考えられる要因の組み合わせに基づき(仮想的な)商品をいくつか作成する.想定する顧客にアンケートを実施して,作成した複数の商品の中から1番好む商品を選択してもらうことでデータを得る.あとは,5.5 節に解説されている方法等を利用して多項ロジスティックモデルの推定をおこなうことができる.

本書では,入門のため単純な多項ロジスティックモデルを取り扱っているが,顧客の異質性を考慮したさらに複雑なモデルのベイズ推定も可能である.いま,ある顧客が商品 k を選択したときに得られる効用 $U(k)$ が確定的に説明される効用 $V(k)$ と それ以外の効用 ε により

$$U(k) = V(k) + \varepsilon$$

表現されるとする.ここで,ε に第1種極値分布(グンベル分布)を仮定すると,顧客が商品 k を選択する確率は

$$\Pr(k) = \frac{\exp\{V(k)\}}{\sum_{j=1}^{G} \exp\{V(j)\}}, \quad k = 1, \ldots, G$$

となる．いま，$V(k) = \beta_k^T \boldsymbol{x}$ とすることで多項ロジスティックモデルが得られることは自明であろう．つまり，$V(k)$ の構造に何らかの仮定を置くことでさまざまな統計モデルの定式化が可能となる．顧客の異質性を考慮したい場合，阿部・近藤 (2005) に紹介されている階層ベイズ推定法も参考となろう．

2.4.6　顧客生涯価値の計測

経営において，提供する商品・サービスを購入してくれる顧客は重要な存在である．それぞれの顧客が，将来の期間にわたってどの程度利益をもたらすかという概念として，顧客生涯価値 (CLV; customer lifetime value) がある．簡単に述べると，顧客から得られる利益の割引現在価値[*1)]である．つまり，商品・サービスに対する売上からコスト（マーケティングにかかるコストなど）を引いた後の利益を計測したものといえる．

各年度 t における顧客からの利益を $P(t)$，年度 t においても顧客が商品・サービスを購入してくれている確率を $S(t)$，年度 t に発生するキャッシュフローにかかる割引率を $D(t)$ とする．これらに独立性を仮定した場合，数学的には，顧客生涯価値は以下のように与えられよう．

$$\text{CLV} = \sum_{t=1}^{\infty} P(t) \times S(t) \times D(t).$$

一般に，割引率 $D(t)$ は各企業内部であらかじめ設定されているため，上式からわかるように，$P(t)$，および $S(t)$ が顧客生涯価値に影響を与えている．年度 t においても顧客が商品・サービスを購入してくれている確率 $S(t)$ を計量化する手法の一つに生存時間モデルがある．生存時間モデルにおいては，顧客が商品・サービスを購入してくれているという意味での生存時間を非負の確率変数 T で表現する．密度関数を $f(t)$ すると，生存確率 $S(t)$ は

[*1)] 割引現在価値とは，将来発生するキャッシュフローを現在時点での価値にしたものである．例えば，金利が5%の日本国債（デフォルトがないと仮定して）に100万円投資したとする．その投資した100万円は，10年後には163万円 ($100 \times 1.05^{10} \approx 163$) となっている．同様の議論から，10年後の100万円を現在時点での価値に換算すると61万円 ($100/1.05^{10} \approx 61$) である．この61万円のことを割引現在価値といい，$1/1.05^{10}$ の値を割引率という．

$$S(t) = \Pr(T > t) = \int_t^\infty f(x)dx$$

で与えられる．一般には，顧客特性，顧客の社会・経済状況に関連する変数，過去の取引履歴などの変数 $\boldsymbol{x}$ を，生存確率 $S(t)$ とリンクさせることが多い．例えば，生存時間 T がワイブル分布に従うとすると，その生存確率 $S(t)$ は以下で定式化される．

$$S(t|\boldsymbol{x}, \boldsymbol{\theta}) = \exp\left\{-t^\alpha \exp\left(\boldsymbol{\beta}^T \boldsymbol{x}\right)\right\}.$$

ただし，$\boldsymbol{\theta} = (\alpha, \boldsymbol{\beta}^T)^T$ とする．推定されたパラメータ $\boldsymbol{\beta}$ を検討することで各変数の重要度を分析でき，また，それぞれの顧客の生存確率 $S(t)$ を予測できたりする．この統計モデルのベイズ推定は，7.5 節に解説されている．

2.5 事前分布の設定

2.5.1 無情報事前分布

頻繁に利用される事前分布として無情報事前分布 (non-informative prior)

$$\pi(\boldsymbol{\theta}) = \text{Const.}, \quad \boldsymbol{\theta} \in A$$

がある．つまり，パラメータ $\boldsymbol{\theta}$ が特定の値をとる確率が比較的高いなどの情報はないものの，(例えば理論的な観点から) 領域 $\boldsymbol{\theta} \in A$ に含まれる事前情報があることに対応している．この無情報事前分布を利用した場合，(2.2) 式の事後分布は，尤度関数に比例している．

$$\pi(\boldsymbol{\theta}|\boldsymbol{X}_n) \propto f(\boldsymbol{X}_n|\boldsymbol{\theta}), \quad \boldsymbol{\theta} \in A.$$

しかし，事前分布による制約から領域 $\boldsymbol{\theta} \in A$ 上でパラメータ $\boldsymbol{\theta}$ の事後分布が定義されていることに注意する．また，領域 $\boldsymbol{\theta} \in A$ をパラメータ空間全体 $A = \Theta$ にとる場合には，事前分布の影響は皆無となるので，最尤推定法と同様の分析となる．

ただし，無情報事前分布は規格化定数が発散することがあることに注意する．

$$\int \pi(\boldsymbol{\theta})d\boldsymbol{\theta} = \infty.$$

このような場合,無情報事前分布は非正則事前分布 (improper prior) と呼ばれ,ベイズ的統計モデリングのさまざまな点において,特に,ベイズファクターに基づいたモデル選択を実行する場合などには注意が必要となる.この点は,5章で詳しく解説されているので読み進まれたい.

例 2.2:二項分布の無情報事前分布

いま,独立な観測データ $\boldsymbol{X}_n = \{x_1, x_2, ..., x_n\}$ が,パラメータ p のベルヌーイ分布から得られたとする.このとき,$y_n = \sum_{\alpha=1}^{n} x_\alpha$ は,パラメータ n, p の二項分布に従うことが知られている.いま,パラメータ p が特定の値をとる確率が比較的高いなどの情報などがない状況を考える.理論的に p は $p \in (0,1)$ の範囲に収まるので事前分布

$$\pi(p) = \text{Const.}, \quad p \in (0,1)$$

を考える.つまり,パラメータ $(a,b) = (0,1)$ の一様分布

$$f(p|a,b) = \frac{1}{(b-a)}, \quad p \in (a,b)$$

を仮定している.

このとき,パラメータ p の事後分布は,尤度関数に比例する.

$$\begin{aligned}\pi(p|\boldsymbol{X}_n) &\propto f(\boldsymbol{X}_n|p) \times \pi(p) \\ &\propto \binom{n}{y_n} p^{y_n}(1-p)^{n-y_n} \times \text{Const.} \\ &\propto p^{y_n}(1-p)^{n-y_n}\end{aligned}$$

ここで

$$\binom{n}{y_n} = \frac{\Gamma(n+1)}{\Gamma(y_n+1)\Gamma(n-y_n+1)}$$

で $\Gamma(\cdot)$ はガンマ関数である.いま,パラメータ (α, β) のベータ分布に従う確

率変数 x の確率密度関数は

$$f(x|\alpha,\beta) = \frac{\Gamma(\alpha+\beta)}{\Gamma(\alpha)\Gamma(\beta)}x^{\alpha-1}(1-x)^{\beta-1}$$

として与えられることに注意すると，パラメータ p の事後分布は，パラメータ $(y_n+1, n-y_n+1)$ のベータ分布となることがわかる．

$$\pi(p|\boldsymbol{X}_n) = \frac{\Gamma(n+2)}{\Gamma(n-y_n+1)\Gamma(y_n+1)}p^{y_n}(1-p)^{n-y_n}.$$

2.5.2 ジェフリーの事前分布

Jeffreys (1961) は，事前情報がない場合

$$\pi(\boldsymbol{\theta}) \propto |J(\boldsymbol{\theta})|^{\frac{1}{2}}$$

と事前分布を設定することを提案している．この事前分布をジェフリーの事前分布という．ここで，$J(\boldsymbol{\theta})$ はフィッシャー情報行列

$$J(\boldsymbol{\theta}) = -\int \left[\frac{\partial^2 \log f(\boldsymbol{x}|\boldsymbol{\theta})}{\partial \boldsymbol{\theta} \partial \boldsymbol{\theta}^T}\right] f(\boldsymbol{x}|\boldsymbol{\theta})d\boldsymbol{x}$$

である．すなわち，観測データへの確率密度関数を定式化すれば，それに対応して事前分布も同時に設定されることとなる．ジェフリーの事前分布の利点は，パラメータの 1 対 1 変換 $\boldsymbol{\psi} = (r_1(\boldsymbol{\theta}),...,r_p(\boldsymbol{\theta}))^T$ に対して不偏となることにある．つまり，$\pi(\boldsymbol{\psi}) \propto |J(\boldsymbol{\psi})|^{\frac{1}{2}}$．詳しくは Jeffreys (1961) などを参照されたい．

例 2.3：二項分布に対するジェフリーの事前分布

例 2.1 と同様，観測データ $\boldsymbol{X}_n = \{x_1, x_2, ..., x_n\}$ が，パラメータ p のベルヌーイ分布から独立に得られたとする．すなわち，$y_n = \sum_{\alpha=1}^{n} x_\alpha$ は，パラメータ (n,p) の二項分布に従うこととなる．このとき，尤度関数は

$$\log f(\boldsymbol{X}_n|p) = \log \binom{n}{y_n} + y_n \log p + (n-y_n)\log(1-p)$$

で与えられ，その一階微分は

2.5 事前分布の設定

$$\frac{\partial \log f(\boldsymbol{X}_n|p)}{\partial p} = \frac{y_n}{p} - \frac{n - y_n}{1 - p}$$

となる．また，二階微分は

$$\frac{\partial^2 \log f(\boldsymbol{X}_n|p)}{\partial p^2} = -\frac{y_n}{p^2} - \frac{n - y_n}{(1-p)^2} = \left[\frac{y_n}{p^2} + \frac{n - y_n}{(1-p)^2}\right]$$

である．y_n の期待値は $E[y_n] = np$ に注意すると

$$-\int \left[\frac{\partial^2 \log f(\boldsymbol{X}_n|p)}{\partial p^2}\right] f(\boldsymbol{X}_n|p) d\boldsymbol{X}_n = \frac{np}{p^2} + \frac{n(1-p)}{(1-p)^2} = \frac{n}{p(1-p)}$$

となる．結果的に，ジェフリーの事前分布は

$$\pi(p) \propto \left[\frac{n}{p(1-p)}\right]^{\frac{1}{2}} \propto p^{-\frac{1}{2}}(1-p)^{-\frac{1}{2}}$$

の形で得られる．これは，パラメータ $(0.5, 0.5)$ のベータ分布である．

2.5.3 自然共役事前分布

ある尤度関数に対して事前分布を設定し，それから導かれる事後分布も事前分布と同じ分布に属するとき，この事前分布を自然共役事前分布 (natural conjugate prior) と呼ぶ．一般には，事後分布の確率密度関数が解析的に得られ，計算の容易さという観点から非常に便利な事前分布である．

例 2.4：二項分布の自然共役事前分布

観測データ $\boldsymbol{X}_n = \{x_1, x_2, ..., x_n\}$ が，パラメータ p のベルヌーイ分布から独立に得られたとする．この尤度関数に対応する自然共役事前分布はパラメータ (α, β) のベータ分布であることが知られている．

$$\begin{aligned}
\pi(p|\boldsymbol{X}_n) &\propto f(\boldsymbol{X}_n|p) \times \pi(p) \\
&\propto \binom{n}{y_n} p^{y_n}(1-p)^{n-y_n} \times \frac{\Gamma(\alpha+\beta)}{\Gamma(\alpha)\Gamma(\beta)} p^{\alpha-1}(1-p)^{\beta-1} \\
&\propto p^{y_n+\alpha-1}(1-p)^{n-y_n+\beta-1}
\end{aligned}$$

ただし，$y_n = \sum_{\alpha=1}^{n} x_\alpha$ とする．

結果的に，事後分布もパラメータ $(y_n+\alpha, n-y_n+\beta)$ のベータ分布となる．

いま，$n = 10$ 回の独立な賭け $\boldsymbol{X}_{10} = \{x_1, ..., x_{10}\}$ を考え，その賭けに勝つ確率を p とする．いま，賭けに勝つ自信が大きい場合，p の事前的な期待値は 0.5 より大きく，逆に賭けに勝つ自信がない場合，p の事前的な期待値は 0.5 より非常に小さいであろう．いま，パラメータ (α, β) のベータ分布の期待値は $\alpha/(\alpha+\beta)$ となることを利用して，以下のベータ分布を事前分布として考える．

1) 事前分布 M_1: $\alpha = 1$, $\beta = 4$
2) 事前分布 M_2: $\alpha = 2$, $\beta = 4$
3) 事前分布 M_3: $\alpha = 4$, $\beta = 4$
4) 事前分布 M_4: $\alpha = 8$, $\beta = 4$

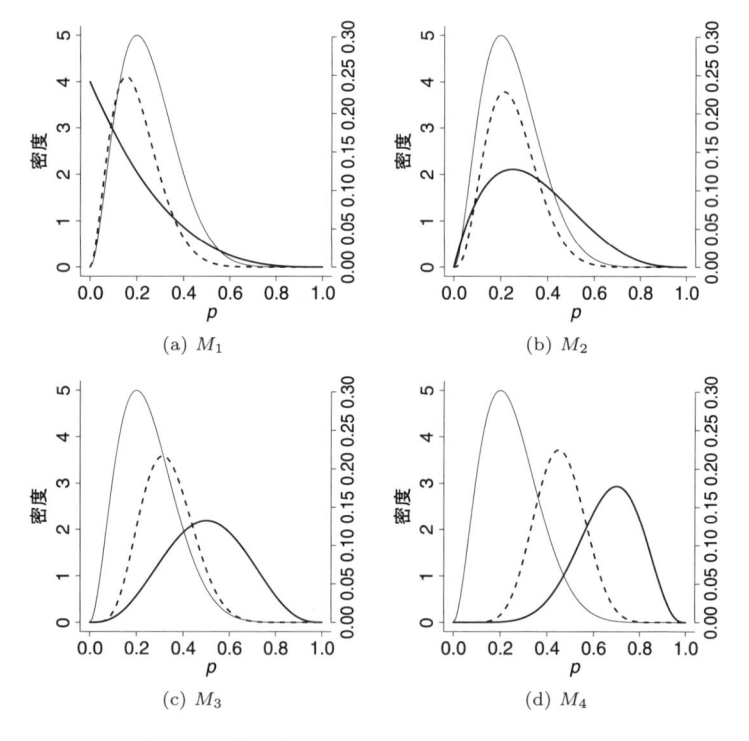

図 2.2 尤度関数 (—)，事前分布 (–)，事後分布 (- - -) の比較．ここで (a) M_1, (b) M_b, (c) M_3, (d) M_4 において M_1: $\alpha = 1$, $\beta = 4$, M_2: $\alpha = 2$, $\beta = 4$, M_3: $\alpha = 4$, $\beta = 4$, M_4: $\alpha = 8$, $\beta = 4$.

例えば，事前分布 M_1 では，賭けに勝つ確率は $1/(1+4) = 20\%$ と期待しているが，対照的に，事前分布 M_4 では，賭けに勝つ確率は $8/(8+4) = 67\%$ と期待していることとなる．賭けの結果，2 回だけ勝ったという情報が得られたとする．図 2.2 は，尤度関数，事前分布，事後分布をプロットしたものである．図 2.2 に示されているように，事前分布の設定により，事後分布が違った形状をとることがわかる．事後分布と事前分布それぞれの形状を比較すると，事後分布のほうが尤度関数の形状に似ている．すなわち，事前分布により表現された賭けに勝つ自信が，賭けの結果に基づいて更新されていることがわかる．

2.5.4 報知事前分布

報知事前分布 (informative prior) は事前情報がある場合に利用する事前分布の一つである．無情報事前分布とは対照的に，尤度関数と同様に事後分布の特徴に影響を与える．そのため，不適切な事前分布を設定してしまうと，それが事後分布にも影響してしまうので注意が必要である．

例 2.5：正規分布への応用例

観測データ $\boldsymbol{X}_n = \{x_1, x_2, ..., x_n\}$ が，平均 μ，分散 $\sigma^2 = 5$ の正規分布から得られたとする．尤度関数は

$$f(\boldsymbol{X}_n|\mu) = \prod_{\alpha=1}^{n} \frac{1}{\sqrt{2\pi 5}} \exp\left\{-\frac{1}{2}\frac{(x_\alpha - \mu)^2}{5}\right\}$$

である．いま，平均 μ の事前分布 $\pi(\mu)$ に平均 0，分散 s^2 の正規分布を仮定すると，この事前分布は自然共役事前分布であることが知られており，事後分布も同様に正規分布となる．

$$\pi(\mu|\boldsymbol{X}_n) \propto f(\boldsymbol{X}_n|\mu) \times \pi(\mu) \propto \exp\left\{-\frac{1}{2}\frac{n}{5}(\bar{x}_n - \mu)^2\right\} \times \exp\left\{-\frac{1}{2}\frac{1}{s^2}\mu^2\right\}.$$

ここで $\bar{x}_n = n^{-1}\sum_{\alpha=1}^{n} x_\alpha$ は標本平均である．

いま観測データ数を $n = 5$，事前分布の分散 s^2 を $s^2 = 1$ とする．この場合，尤度関数と事前分布から得られる平均 μ への影響はほぼ等しく，事前分布はベイズ推定に強い影響を与えている．また，$s^2 = 0.1$ のとき，事前分布は尤

度関数よりもベイズ推定に強い影響を与える．逆に $s^2=1,000$ とすると，ほぼ尤度関数の情報のみがベイズ推定に影響を与えることとなる．

2.6 ベイズ推定結果の要約法

ベイズ推定により事後分布を構成した場合，通常，いくつかの方法で事後分布の特性をまとめる．本節では，それらについて解説する．また，ベイズ推定の詳細については3章，および4章で触れている．

2.6.1 点推定

点推定はベイズ推定のあとによくおこなわれている．主に3つの点推定量，事後平均 (posterior mean)，事後モード (posterior mode)，事後メディアン (posterior median) がある．事後分布の完全な情報を反映するわけではないが，役立つ情報を提供する．

1) 事後平均
$$\bar{\boldsymbol{\theta}}_n = \int \boldsymbol{\theta}\pi(\boldsymbol{\theta}|\boldsymbol{X}_n)d\boldsymbol{\theta}.$$

2) 事後モード
$$\hat{\boldsymbol{\theta}}_n = \mathrm{argmax}_{\boldsymbol{\theta}}\pi(\boldsymbol{\theta}|\boldsymbol{X}_n).$$

3) 事後メディアン
$$\tilde{\boldsymbol{\theta}}_n \text{ such that } \int_{-\infty}^{\tilde{\boldsymbol{\theta}}_n} \pi(\boldsymbol{\theta}|\boldsymbol{X}_n)d\boldsymbol{\theta} = 0.5.$$

事後分布は解析的に得られない場合がほとんどである．そのため計算機上で事後分布からのサンプルを発生させ，これら3つの点推定値を計算するのが一般的である．

2.6.2 区間推定

点推定値は事後分布の代表値を与えるが，区間推定も頻繁に利用されている．信頼区間という概念は，ベイズ分析に限定せずとも統計分析において便利である．いま，パラメータ θ を1次元とする．このとき $100(1-\alpha)\%$ の信頼区間

は領域 R で与えられる．ただし，

$$\int_R \pi(\theta|\boldsymbol{X}_n)d\theta = 1-\alpha$$

とする．以下の2つの信頼区間が主に利用されている．

1) **最高事後密度領域**　数学的に，最高事後密度領域 (highest posterior density region) R は

$$\pi(\theta_a|\boldsymbol{X}_n) \geq \pi(\theta_b|\boldsymbol{X}_n), \quad \theta_a \in R,\ \theta_b \notin R$$

と定義される．ここで $\int_R \pi(\theta|\boldsymbol{X}_n)d\theta = 1-\alpha$ とする．領域 R は事後分布において確率密度が高い $100(1-\alpha)\%$ で定義される領域である．

2) **等裾事後信頼区間**　等裾事後信頼区間 (equal-tailed posterior credible intervals) $R = [L_{\frac{\alpha}{2}}, R_{\frac{\alpha}{2}}]$ は

$$\int_{-\infty}^{L_{\frac{\alpha}{2}}} \pi(\theta|\boldsymbol{X}_n)d\theta = \frac{\alpha}{2}$$

$$\int_{R_{\frac{\alpha}{2}}}^{\infty} \pi(\theta|\boldsymbol{X}_n)d\theta = \frac{\alpha}{2}$$

で定義される．つまり，事後分布の両裾の部分を除外した $100(1-\alpha)\%$ の連続した区間のことである．

2.6.3　密度関数

パラメータの同時事後分布 $\pi(\boldsymbol{\theta}|\boldsymbol{X}_n)$ からさまざまな密度関数を構成することができる．本項，および次項では，周辺事後分布 (marginal posterior density)，条件付き事後分布 (conditional posterior density)，周辺尤度 (marginal likelihood) 予測分布 (predictive density) などを紹介していく．

例えば，ベイズ分析において，未知パラメータの一部分だけを調べたい場合がある．そのような場合，ベイズ解析は，同時事後分布の興味がないパラメータを積分することで，興味がないパラメータの効果を取り除くことがある．いま，パラメータ $\boldsymbol{\theta}$ が $\boldsymbol{\theta}_1$ と $\boldsymbol{\theta}_2$ に分割 $\boldsymbol{\theta} = (\boldsymbol{\theta}_1^T, \boldsymbol{\theta}_2^T)^T$ されているとし，パラメータ $\boldsymbol{\theta}_1$ にのみ関心があり，$\boldsymbol{\theta}_2$ には関心がない場合を考える．このとき，事

後分布からパラメータ $\boldsymbol{\theta}_2$ を積分することでパラメータ $\boldsymbol{\theta}_1$ の周辺事後分布が得られる.

1) 周辺事後分布

$$\pi(\boldsymbol{\theta}_1|\boldsymbol{X}_n) = \int \pi(\boldsymbol{\theta}_1,\boldsymbol{\theta}_2|\boldsymbol{X}_n)d\boldsymbol{\theta}_2.$$

また,パラメータ $\boldsymbol{\theta}_2$ の値が固定された下での $\boldsymbol{\theta}_1$ の事後分布に関心がある場合も多い.その場合には,条件付き事後分布を利用する.

2) 条件付き事後分布

$$\pi(\boldsymbol{\theta}_1|\boldsymbol{X}_n,\boldsymbol{\theta}_2^*) = \frac{\pi(\boldsymbol{\theta}_1,\boldsymbol{\theta}_2=\boldsymbol{\theta}_2^*|\boldsymbol{X}_n)}{\int \pi(\boldsymbol{\theta}_1,\boldsymbol{\theta}_2=\boldsymbol{\theta}_2^*|\boldsymbol{X}_n)d\boldsymbol{\theta}_1}.$$

ただし,$\boldsymbol{\theta}_2^*$ はある固定された値である.

2.6.4 予 測 分 布

ベイズ分析において,事前分布の観測データに対しての適合度や,将来のデータを予測したい場合もある.主に,以下が利用される.

1) 周辺尤度

$$P(\boldsymbol{X}_n) = \int f(\boldsymbol{X}_n|\boldsymbol{\theta})\pi(\boldsymbol{\theta})d\boldsymbol{\theta}.$$

事後分布の規格化定数でもある.5章で解説するように,ベイズ情報量規準と密接に関連している.

2) 予測分布

$$f(z|\boldsymbol{X}_n) = \int f(z|\boldsymbol{\theta})\pi(\boldsymbol{\theta}|\boldsymbol{X}_n)d\boldsymbol{\theta}.$$

この分布関数は将来のデータ z を予測したいときに使用される.

2.7 ベイズ線形回帰分析

本節では,ベイズ線形回帰分析を通して今まで解説してきた内容をみていく.いま,p 次元説明変数 $\boldsymbol{x}$ と目的変数 y に関する n 組のデータ $\{(y_\alpha,\boldsymbol{x}_\alpha);\alpha=$

2.7 ベイズ線形回帰分析

$1, 2, ..., n\}$ が観測されたとし,線形回帰分析モデルを考える.

$$y_\alpha = \sum_{j=1}^{p} \beta_j x_{j\alpha} + \varepsilon_\alpha, \quad \alpha = 1, ..., n. \tag{2.3}$$

ただし,誤差項 ε_α は互いに独立に平均 0,分散 σ^2 の正規分布 $N(0, \sigma^2)$ に従うと仮定する.この線形回帰分析モデルは,

$$\boldsymbol{y}_n = \boldsymbol{X}_n \boldsymbol{\beta} + \boldsymbol{\varepsilon}_n, \quad \boldsymbol{\varepsilon}_n \sim N(0, \sigma^2 I)$$

もしくは

$$f\left(\boldsymbol{y}_n | \boldsymbol{X}_n, \boldsymbol{\beta}, \sigma^2\right) = \frac{1}{(2\pi\sigma^2)^{\frac{n}{2}}} \exp\left[-\frac{(\boldsymbol{y}_n - \boldsymbol{X}_n\boldsymbol{\beta})^T(\boldsymbol{y}_n - \boldsymbol{X}_n\boldsymbol{\beta})}{2\sigma^2}\right]$$

とも表現される.ただし,

$$\boldsymbol{X}_n = \begin{pmatrix} \boldsymbol{x}_1^T \\ \vdots \\ \boldsymbol{x}_n^T \end{pmatrix} = \begin{pmatrix} x_{11} & \cdots & x_{1p} \\ \vdots & \ddots & \vdots \\ x_{n1} & \cdots & x_{np} \end{pmatrix}, \quad \boldsymbol{y}_n = \begin{pmatrix} y_1 \\ \vdots \\ y_n \end{pmatrix}$$

とする.

ここでは,事前分布として

$$\pi(\boldsymbol{\beta}, \sigma^2) = \pi(\boldsymbol{\beta}|\sigma^2)\pi(\sigma^2),$$

$$\pi(\boldsymbol{\beta}|\sigma^2) = N\left(\boldsymbol{\beta}_0, \sigma^2 A^{-1}\right)$$

$$= \frac{1}{(2\pi\sigma^2)^{\frac{p}{2}}} |A|^{\frac{1}{2}} \exp\left[-\frac{(\boldsymbol{\beta} - \boldsymbol{\beta}_0)^T A (\boldsymbol{\beta} - \boldsymbol{\beta}_0)}{2\sigma^2}\right],$$

$$\pi(\sigma^2) = IG\left(\frac{\nu_0}{2}, \frac{\lambda_0}{2}\right) = \frac{\left(\frac{\lambda_0}{2}\right)^{\frac{\nu_0}{2}}}{\Gamma\left(\frac{\nu_0}{2}\right)} (\sigma^2)^{-\left(\frac{\nu_0}{2}+1\right)} \exp\left[-\frac{\lambda_0}{2\sigma^2}\right],$$

を利用することとする.ここで,$IG(a, b)$ はパラメータ (a, b) の逆ガンマ分布である.この事前分布は自然共役事前分布であることが知られており,事後分布,予測分布などを解析的に表現できる利点がある.

事後分布は,尤度関数と事前分布の積に比例するので

$$\pi\left(\boldsymbol{\beta}, \sigma^2 \middle| \boldsymbol{y}_n, \boldsymbol{X}_n\right) \propto f\left(\boldsymbol{y}_n | \boldsymbol{X}_n, \boldsymbol{\beta}, \sigma^2\right) \pi(\boldsymbol{\beta}, \sigma^2)$$

$$\propto \frac{1}{(\sigma^2)^{\frac{n}{2}}} \exp\left[-\frac{(\boldsymbol{y}_n - \boldsymbol{X}_n\boldsymbol{\beta})^T(\boldsymbol{y}_n - \boldsymbol{X}_n\boldsymbol{\beta})}{2\sigma^2}\right]$$

$$\times \frac{1}{(\sigma^2)^{\frac{p+\nu_0}{2}+1}} \exp\left[-\frac{\lambda_0 + (\boldsymbol{\beta} - \boldsymbol{\beta}_0)^T A(\boldsymbol{\beta} - \boldsymbol{\beta}_0)}{2\sigma^2}\right]$$

となる．いま，

$$\begin{aligned}
& (\boldsymbol{y}_n - \boldsymbol{X}_n\boldsymbol{\beta})^T(\boldsymbol{y}_n - \boldsymbol{X}_n\boldsymbol{\beta}) \\
&= \left(\boldsymbol{y}_n - \boldsymbol{X}_n\hat{\boldsymbol{\beta}}_{\mathrm{MLE}} + \boldsymbol{X}_n\hat{\boldsymbol{\beta}}_{\mathrm{MLE}} - \boldsymbol{X}_n\boldsymbol{\beta}\right)^T \\
&\quad \times \left(\boldsymbol{y}_n - \boldsymbol{X}_n\hat{\boldsymbol{\beta}}_{\mathrm{MLE}} + \boldsymbol{X}_n\hat{\boldsymbol{\beta}}_{\mathrm{MLE}} - \boldsymbol{X}_n\boldsymbol{\beta}\right) \\
&= \left(\boldsymbol{y}_n - \boldsymbol{X}_n\hat{\boldsymbol{\beta}}_{\mathrm{MLE}}\right)^T \left(\boldsymbol{y}_n - \boldsymbol{X}_n\hat{\boldsymbol{\beta}}_{\mathrm{MLE}}\right) \\
&\quad + \left(\boldsymbol{\beta} - \hat{\boldsymbol{\beta}}_{\mathrm{MLE}}\right)^T \boldsymbol{X}_n^T \boldsymbol{X}_n \left(\boldsymbol{\beta} - \hat{\boldsymbol{\beta}}_{\mathrm{MLE}}\right)
\end{aligned}$$

また

$$\begin{aligned}
& \left(\boldsymbol{\beta} - \hat{\boldsymbol{\beta}}_{\mathrm{MLE}}\right)^T \boldsymbol{X}_n^T \boldsymbol{X}_n \left(\boldsymbol{\beta} - \hat{\boldsymbol{\beta}}_{\mathrm{MLE}}\right) + (\boldsymbol{\beta} - \boldsymbol{\beta}_0)^T A(\boldsymbol{\beta} - \boldsymbol{\beta}_0) \\
&= \left(\boldsymbol{\beta} - \hat{\boldsymbol{\beta}}_n\right)^T \hat{A}_n^{-1} \left(\boldsymbol{\beta} - \hat{\boldsymbol{\beta}}_n\right) \\
&\quad + \left(\boldsymbol{\beta}_0 - \hat{\boldsymbol{\beta}}_{\mathrm{MLE}}\right)^T \left((\boldsymbol{X}_n^T\boldsymbol{X}_n)^{-1} + A^{-1}\right)^{-1} \left(\boldsymbol{\beta}_0 - \hat{\boldsymbol{\beta}}_{\mathrm{MLE}}\right)
\end{aligned}$$

が成立する．ただし

$$\hat{\boldsymbol{\beta}}_n = \left(\boldsymbol{X}_n^T\boldsymbol{X}_n + A\right)^{-1} \left(\boldsymbol{X}_n^T\boldsymbol{X}_n\hat{\boldsymbol{\beta}}_{\mathrm{MLE}} + A\boldsymbol{\beta}_0\right),$$

$$\hat{\boldsymbol{\beta}}_{\mathrm{MLE}} = \left(\boldsymbol{X}_n^T\boldsymbol{X}_n\right)^{-1} \boldsymbol{X}_n^T\boldsymbol{y}_n, \quad \hat{A}_n = (\boldsymbol{X}_n^T\boldsymbol{X}_n + A)^{-1},$$

とする．これらを利用すると

$$\pi\left(\boldsymbol{\beta}, \sigma^2 \middle| \boldsymbol{y}_n, \boldsymbol{X}_n\right) \propto \left|\sigma^2 \hat{A}_n\right|^{-\frac{1}{2}} \exp\left[-\frac{\left(\boldsymbol{\beta} - \hat{\boldsymbol{\beta}}_n\right)^T \hat{A}_n^{-1} \left(\boldsymbol{\beta} - \hat{\boldsymbol{\beta}}_n\right)}{2\sigma^2}\right]$$

$$\times \frac{1}{(\sigma^2)^{\frac{\hat{\nu}_n}{2}+1}} \exp\left[-\frac{\hat{\lambda}_n}{2\sigma^2}\right]$$

を得る．ただし，

2.7 ベイズ線形回帰分析

$$\hat{\nu}_n = \nu_0 + n$$
$$\hat{\lambda}_n = \lambda_0 + \left(\boldsymbol{y}_n - \boldsymbol{X}_n\hat{\boldsymbol{\beta}}_n\right)^T \left(\boldsymbol{y}_n - \boldsymbol{X}_n\hat{\boldsymbol{\beta}}_n\right)$$
$$+ \left(\boldsymbol{\beta}_0 - \hat{\boldsymbol{\beta}}_{\mathrm{MLE}}\right)^T \left((\boldsymbol{X}_n^T\boldsymbol{X}_n)^{-1} + A^{-1}\right)^{-1} \left(\boldsymbol{\beta}_0 - \hat{\boldsymbol{\beta}}_{\mathrm{MLE}}\right)$$

である.

したがって,事後分布は解析的に表現できて

$$\pi\left(\boldsymbol{\beta}, \sigma^2 \middle| \boldsymbol{y}_n, \boldsymbol{X}_n\right) = \pi\left(\boldsymbol{\beta} \middle| \sigma^2, \boldsymbol{y}_n, \boldsymbol{X}_n\right) \pi\left(\sigma^2 \middle| \boldsymbol{y}_n, \boldsymbol{X}_n\right)$$

となる.ここで

$$\pi\left(\boldsymbol{\beta} \middle| \sigma^2, \boldsymbol{y}_n, \boldsymbol{X}_n\right) = N\left(\hat{\boldsymbol{\beta}}_n, \sigma^2 \hat{A}_n\right), \quad \pi\left(\sigma^2 \middle| \boldsymbol{y}_n, \boldsymbol{X}_n\right) = IG\left(\frac{\hat{\nu}_n}{2}, \frac{\hat{\lambda}_n}{2}\right)$$

である.いま事後分布を解析的に求めているので,事後平均,事後モード,事後メディアン,信頼区間などは容易に計算することができる.また,パラメータ $\boldsymbol{\beta}$ のみに関心がある場合,分散パラメータ σ^2 を同時事後分布から積分すればよい.このとき,パラメータ $\boldsymbol{\beta}$ の周辺事後分布は

$$\pi\left(\boldsymbol{\beta} \middle| \boldsymbol{y}_n, \boldsymbol{X}_n\right)$$
$$= \int \pi\left(\boldsymbol{\beta}, \sigma^2 \middle| \boldsymbol{y}_n, \boldsymbol{X}_n\right) d\sigma^2$$
$$\propto \int \frac{1}{(\sigma^2)^{\frac{\hat{\nu}_n+p}{2}+1}} \exp\left[-\frac{\hat{\lambda}_n + \left(\boldsymbol{\beta} - \hat{\boldsymbol{\beta}}_n\right)^T \hat{A}_n^{-1} \left(\boldsymbol{\beta} - \hat{\boldsymbol{\beta}}_n\right)}{2\sigma^2}\right] d\sigma^2$$
$$= \Gamma\left(\frac{\hat{\nu}_n+p}{2}\right) \left[-\frac{\hat{\lambda}_n + \left(\boldsymbol{\beta} - \hat{\boldsymbol{\beta}}_n\right)^T \hat{A}_n^{-1} \left(\boldsymbol{\beta} - \hat{\boldsymbol{\beta}}_n\right)}{2}\right]^{-\frac{\hat{\nu}_n+p}{2}}$$
$$\propto \left[1 + \frac{1}{\hat{\nu}_n} \left(\boldsymbol{\beta} - \hat{\boldsymbol{\beta}}_n\right)^T \left(\frac{\hat{\lambda}_n}{\hat{\nu}_n}\hat{A}_n\right)^{-1} \left(\boldsymbol{\beta} - \hat{\boldsymbol{\beta}}_n\right)\right]^{-\frac{\hat{\nu}_n+p}{2}}$$

となる.いま,パラメータ $(\boldsymbol{\mu}, \Sigma, \nu)$ の p 次元ステューデントの t 分布に従う確率変数 $\boldsymbol{x}$ の確率密度関数は,

$$f(\boldsymbol{x}|\boldsymbol{\mu}, \Sigma, \nu) = \frac{\Gamma\left(\frac{\nu+p}{2}\right)}{\Gamma\left(\frac{\nu}{2}\right)\nu^{\frac{p}{2}}\pi^{\frac{p}{2}}}\Sigma^{-\frac{1}{2}}\left[1 + \frac{1}{\nu}(\boldsymbol{x}-\boldsymbol{\mu})^T\Sigma^{-1}(\boldsymbol{x}-\boldsymbol{\mu})\right]^{-\frac{\nu+p}{2}}$$

と与えられることに注意すると，パラメータ $\boldsymbol{\beta}$ の周辺事後分布は p 次元ステューデントの t 分布で，その平均，分散共分散行列は

a) 平均：$\hat{\boldsymbol{\beta}}_n$

b) 分散共分散行列：

$$\frac{\hat{\nu}_n}{\hat{\nu}_n - 2}\left(\frac{\hat{\lambda}_n}{\hat{\nu}_n}\hat{A}_n\right) = \frac{\hat{\lambda}_n}{\hat{\nu}_n - 2}\hat{A}_n$$

で与えられる．

次に，将来のデータ $\boldsymbol{z}_n$ の予測分布を求める．将来のデータ $\boldsymbol{z}_n$ の尤度関数 $f\left(\boldsymbol{z}_n|\boldsymbol{X}_n, \boldsymbol{\beta}, \sigma^2\right)$ のパラメータ $\boldsymbol{\beta}, \sigma^2$ の事後分布での期待値をとると，

$$\begin{aligned}
&f(\boldsymbol{z}_n|\boldsymbol{y}_n, \boldsymbol{X}_n) \\
&= \int f\left(\boldsymbol{z}_n|\boldsymbol{X}_n, \boldsymbol{\beta}, \sigma^2\right)\pi\left(\boldsymbol{\beta}, \sigma^2|\boldsymbol{y}_n, \boldsymbol{X}_n\right)d\boldsymbol{\beta}d\sigma^2 \\
&= \frac{\Gamma\left(\frac{\hat{\nu}_n+n}{2}\right)}{\Gamma\left(\frac{\hat{\nu}_n}{2}\right)(\pi\hat{\nu}_n)^{\frac{n}{2}}}|\Sigma_n^*|^{-\frac{1}{2}}\left\{1 + \frac{1}{\hat{\nu}_n}(\boldsymbol{z}_n-\hat{\boldsymbol{\mu}}_n)^T\Sigma^{*-1}(\boldsymbol{z}_n-\hat{\boldsymbol{\mu}}_n)\right\}^{-\frac{\hat{\nu}_n+n}{2}}
\end{aligned}$$
(2.4)

が得られる．ここで，

$$\hat{\boldsymbol{\mu}}_n = \boldsymbol{X}_n\hat{\boldsymbol{\beta}}_n, \quad \Sigma^* = \frac{\hat{\lambda}_n}{\hat{\nu}_n}\left(I + \boldsymbol{X}_n\hat{A}_n^{-1}\boldsymbol{X}_n^T\right)$$

である．つまり，パラメータ $(\hat{\boldsymbol{\mu}}_n, \Sigma^*, \hat{\nu}_n)$ の n 次元ステューデントの t 分布である．

最後に，周辺尤度を求める．事後分布の定義から，

$$\begin{aligned}
P\left(\boldsymbol{y}_n\middle|\boldsymbol{X}_n, M\right) &= \frac{f\left(\boldsymbol{y}_n|\boldsymbol{X}_n, \boldsymbol{\beta}, \sigma^2\right)\pi(\boldsymbol{\beta}, \sigma^2)}{\pi\left(\boldsymbol{\beta}, \sigma^2|\boldsymbol{y}_n, \boldsymbol{X}_n\right)} \\
&= \frac{\left|\hat{A}_n\right|^{\frac{1}{2}}|A|^{\frac{1}{2}}\left(\frac{\lambda_0}{2}\right)^{\frac{\nu_0}{2}}\Gamma\left(\frac{\hat{\nu}_n}{2}\right)}{\pi^{\frac{n}{2}}\Gamma\left(\frac{\nu_0}{2}\right)}\left(\frac{\hat{\lambda}_n}{2}\right)^{-\frac{\hat{\nu}_n}{2}}
\end{aligned}$$
(2.5)

となる．以上，事後分布，予測分布などさまざまな結果を与えたが，これらの導出について詳細に知りたい読者は，日本語の文献として中妻 (2003) が詳しい．

補足：線形回帰分析のベイズ推定では，パラメータの事後分布，将来のデータの予測分布，周辺尤度などを解析的に評価できた．しかしながら，このような例は非常に稀であり，事後分布などを解析的に表現できない場合がほとんどである．このような場合には，漸近的方法，もしくはマルコフ連鎖モンテカルロ法などの計算機による方法を利用することとなる．これらについては，次章以降に解説してある．

2.8 モデル選択とは

モデル選択問題は，ベイズ的統計モデリングにおいてきわめて重要な課題である．本節では，ベイズ回帰モデルを通して，観測データへの過剰適合 (over-fitting)，および適合不足 (under-fitting) の概念などを紹介する．また，統計モデル $f(\boldsymbol{x}|\boldsymbol{\theta})$，および事前分布 $\pi(\boldsymbol{\theta})$ の設定等は，推定したベイズモデルに基づく予測結果に大きく影響していることをみていく．

まず統計モデルの選択問題例として，回帰分析モデルにおける変数選択問題がある．いま $n = 30$ 個のデータ $\{(x_{1\alpha}, ..., x_{5\alpha}, y_\alpha); \alpha = 1, ..., 30\}$ を以下のモデルから発生させる．

$$y_\alpha = -0.25 x_{1\alpha} + 0.5 x_{2\alpha} + \varepsilon_\alpha, \quad \alpha = 1, ..., 30.$$

ここで，誤差項 ε_α は互いに独立に平均 0，分散 0.1 の正規分布 $N(0, 0.1)$ に従うものとし，説明変数 $x_{1\alpha}, ..., x_{5\alpha}$ は $[-2, 2]$ の一様乱数から発生させている．

いま，真の関数 $h(\boldsymbol{x}) = -0.25 x_1 + 0.5 x_2$ を推定するために，2.7 節で紹介したベイズ線形回帰分析モデルを考える．特に，以下の統計モデル $f(y|\boldsymbol{x}; \boldsymbol{\theta})$ の定式化を考える．

1) 統計モデル M_1: $y_\alpha = \beta_1 x_{1\alpha} + \varepsilon_\alpha$
2) 統計モデル M_2: $y_\alpha = \beta_1 x_{1\alpha} + \beta_2 x_{2\alpha} + \varepsilon_\alpha$
3) 統計モデル M_3: $y_\alpha = \beta_1 x_{1\alpha} + \beta_2 x_{2\alpha} + \cdots + \beta_5 x_{5\alpha} + \varepsilon_\alpha$

ここで,誤差項 ε_α は互いに独立に平均 0,分散 σ^2 の正規分布 $N(0,\sigma^2)$ に従うものとする.統計モデル M_1 は,説明変数 x_2 が不足しており,逆に,統計モデル M_3 は余分な説明変数 $x_3 \sim x_5$ を含んでいる.統計モデル M_2 が正しい設定である.

ベイズ推定を実行するために,パラメータの事前分布として,自然共役事前分布 $\pi(\boldsymbol{\beta},\sigma^2) = \pi(\boldsymbol{\beta}|\sigma^2)\pi(\sigma^2) = N(\boldsymbol{0},\sigma^2 A)IG(a,b)$ を使用するが,ここでは $A = 10^5 \times I_p$, $a = b = 10^{-10}$ として事前分布が分析に影響を与えないようにする.図 2.3 は,真の関数 $h(\boldsymbol{x})$,および統計モデル $M_1 \sim M_3$ に基づき予測された関数である.ここでは,(2.4) 式で定義される予測分布の平均 $\hat{\boldsymbol{\mu}}_n$ を利用している.図 2.3 からわかるように,統計モデル M_1 は,説明変数 x_2 が不足しているため,真の関数を捉えきれていない.このような状況が,観測デー

(a) 真の平面 $f(\boldsymbol{x})$

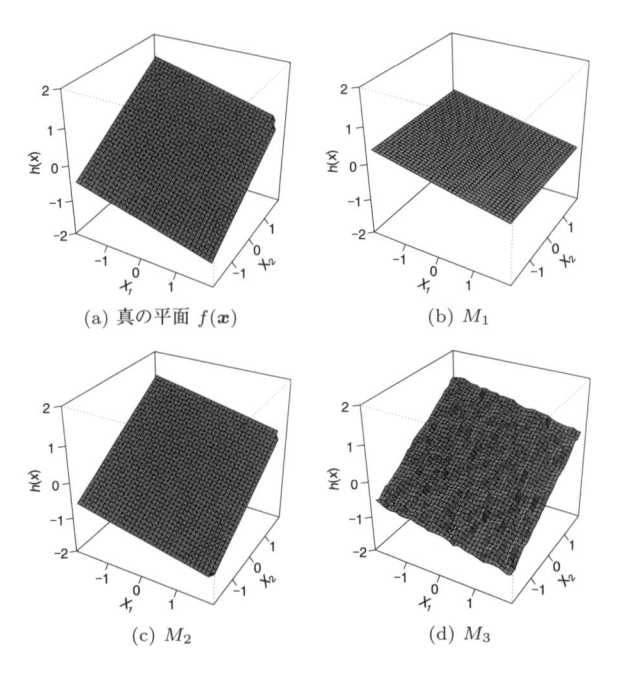

(b) M_1

(c) M_2

(d) M_3

図 2.3 真の関数 $h(\boldsymbol{x}) = -0.25x_1 + 0.5x_2$ と統計モデル $M_1 \sim M_3$ により予測された関数.真のモデル:$y_\alpha = -0.25x_{1\alpha} + 0.5x_{2\alpha} + \varepsilon_\alpha$.,統計モデル M_1: $y_\alpha = \beta_1 x_{1\alpha} + \varepsilon_\alpha$.,統計モデル M_2: $y_\alpha = \beta_1 x_{1\alpha} + \beta_2 x_{2\alpha} + \varepsilon_\alpha$.,統計モデル M_3: $y_\alpha = \beta_1 x_{1\alpha} + \beta_2 x_{2\alpha} + \cdots + \beta_5 x_{5\alpha} + \varepsilon_\alpha$.

2.8 モデル選択とは

表 2.1 それぞれの統計モデルの推定誤差, 予測誤差, 対数周辺尤度

統計モデル	説明変数	推定誤差	予測誤差	対数周辺尤度
True	$(\boldsymbol{x}_1, \boldsymbol{x}_2)$	–	–	–
M_1	$(\boldsymbol{x}_1)$	0.5644	0.4523	-54.4016
M_2	$(\boldsymbol{x}_1, \boldsymbol{x}_2)$	0.0822	0.0013	-33.2596
M_3	$(\boldsymbol{x}_1, \boldsymbol{x}_2, x_3, x_4, x_5)$	0.0665	0.0171	-52.5751
M_4	$(\boldsymbol{x}_1, x_3)$	0.4974	0.3533	-60.0235
M_5	$(\boldsymbol{x}_2, x_4, x_5)$	0.1078	0.0635	-45.1262
M_6	(x_3, x_4, x_5)	0.4812	0.3614	-67.3170

タへの適合不足である.また,統計モデル M_3 は余分な説明変数 $x_3 \sim x_5$ を含んでいるため,推定された関数には余分な凹凸がみられ,観測データへの過剰適合が生じている.

表 2.1 は

a) 対数周辺尤度 $\log P(\boldsymbol{y}_n | \boldsymbol{X}_n, M)$
b) 推定誤差 (TE; training error) $\mathrm{TE} = \sum_{\alpha=1}^{30} \{y_\alpha - \hat{\mu}_\alpha\}^2 / 30$
c) 予測誤差 (PE; prediction error) $\mathrm{PE} = \sum_{\alpha=1}^{30} \{h(\boldsymbol{x}_\alpha) - \hat{\mu}_\alpha\}^2 / 30$

をまとめている.ここでは,以下の統計モデルも追加的に考えた.

4) 統計モデル M_4: $y_\alpha = \beta_1 x_{1\alpha} + \beta_3 x_{3\alpha} + \varepsilon_\alpha$
5) 統計モデル M_5: $y_\alpha = \beta_2 x_{2\alpha} + \beta_4 x_{4\alpha} + \beta_5 x_{5\alpha} + \varepsilon_\alpha$
6) 統計モデル M_6: $y_\alpha = \beta_3 x_{3\alpha} + \beta_4 x_{4\alpha} + \beta_5 x_{5\alpha} + \varepsilon_\alpha$

表 2.1 から,説明変数の個数を増やすことにより,推定誤差は小さくできることがわかる.しかしながら予測誤差も同様に小さくなるとは限らない.実際に,統計モデル M_3 は推定誤差の最小値を達成しているものの,予測誤差は最小ではない.統計モデル M_2 は真のモデルと同じ説明変数の組み合わせをもっており,予測誤差の最小値を達成している.このように,最適な説明変数の組み合わせの選択は非常に重要となる.また,統計モデル M_2 は周辺尤度の最大値も達成している.5 章で明らかになるように,周辺尤度はベイズモデルの選択問題に重要な役割を果たしていることを解説していく.

適切な事前分布の選択問題の例として,多項式回帰モデルを次に考える.多項式回帰モデルは,目的変数と説明変数の関係が非線形と想定される場合に利用される統計モデルである.例えば,15 次の多項式回帰モデルは

$$y_\alpha = \beta_1 x_\alpha + \beta_2 x_\alpha^2 + \cdots + \beta_{15} x_\alpha^{15} + \varepsilon_\alpha, \quad \alpha = 1, ..., n$$

となる．ただし，誤差項 ε_α は互いに独立に平均 0，分散 σ^2 の正規分布 $N(0, \sigma^2)$ に従うと仮定すると，

$$f\left(\boldsymbol{y}_n | \boldsymbol{X}_n, \boldsymbol{\beta}, \sigma^2\right) = \frac{1}{(2\pi\sigma^2)^{\frac{n}{2}}} \exp\left[-\frac{(\boldsymbol{y}_n - B\boldsymbol{\beta})^T(\boldsymbol{y}_n - B\boldsymbol{\beta})}{2\sigma^2}\right]$$

とも表現できる．ただし，

$$B = \begin{pmatrix} x_1 & x_1^2 & \cdots & x_1^{15} \\ x_2 & x_2^2 & \cdots & x_2^{15} \\ \vdots & \vdots & \ddots & \vdots \\ x_n & x_n^2 & \cdots & x_n^{15} \end{pmatrix}, \quad \boldsymbol{y}_n = \begin{pmatrix} y_1 \\ \vdots \\ y_n \end{pmatrix}$$

である．上式から明白なように，(2.3) 式で定義された線形回帰モデルの計画行列 $\boldsymbol{X}_n$ を行列 B に置き換えたのみである．

いま $n = 50$ 個のデータ $\{y_\alpha, x_{1\alpha}; \alpha = 1, ..., 50\}$ を以下のモデルから発生させる．

$$y_\alpha = 0.3\cos(\pi x_\alpha) + 0.5\sin(2\pi x_\alpha) + \varepsilon_\alpha.$$

ここで，説明変数は $[-1, 1]$ の一様乱数から，誤差項 ε_α は互いに独立に平均 0，分散 0.2 の正規分布 $N(0, 0.2)$ に従うものとする．さまざまな設定を考えることはできるが，本節の目的の一つである観測データへの過剰適合，および適合不足の解説には十分である．

$p = 15$ 次の多項式回帰モデルのベイズ推定を考える．パラメータの事前分布としては，2.7 節で利用した自然共役事前分布

$$\pi(\boldsymbol{\beta}, \sigma^2) = \pi(\boldsymbol{\beta}|\sigma^2)\pi(\sigma^2) = N(\boldsymbol{0}, \sigma^2 A) IG(a, b)$$

を使用する．ここでは，$a = b = 10^{-10}$ として，分散パラメータ σ^2 の事前分布を分析に影響をなるべく与えないようにする．また，$A = \lambda I$ として以下の設定を考える．

2.8 モデル選択とは

1) 事前分布 M_1: $\boldsymbol{\beta} \sim N\left(\mathbf{0}, \sigma^2 \times 100,000 I\right)$
2) 事前分布 M_2: $\boldsymbol{\beta} \sim N\left(\mathbf{0}, \sigma^2 \times 1,000 I\right)$
3) 事前分布 M_3: $\boldsymbol{\beta} \sim N\left(\mathbf{0}, \sigma^2 \times 10 I\right)$
4) 事前分布 M_4: $\boldsymbol{\beta} \sim N\left(\mathbf{0}, \sigma^2 \times 0.1 I\right)$

ここで λ は平滑化パラメータに対応する．例えば，平滑化パラメータが $\lambda = 100,000$ のとき，事前分布において $\boldsymbol{\beta}$ の分散は非常に大きく，非常に弱い事前情報を利用することとなる．逆に，平滑化パラメータが $\lambda = 0.1$ のとき，事前分布において $\boldsymbol{\beta}$ の分散は非常に小さいので強い事前情報を $\boldsymbol{\beta}$ についてもっていることとなる．このように，平滑化パラメータが事前分布の設定に強い影響を与えていることがわかる．

図 2.4 は，設定 $M_1 \sim M_4$ のもとで得られた予測分布の平均 $\hat{\mu}_n$ を図示した

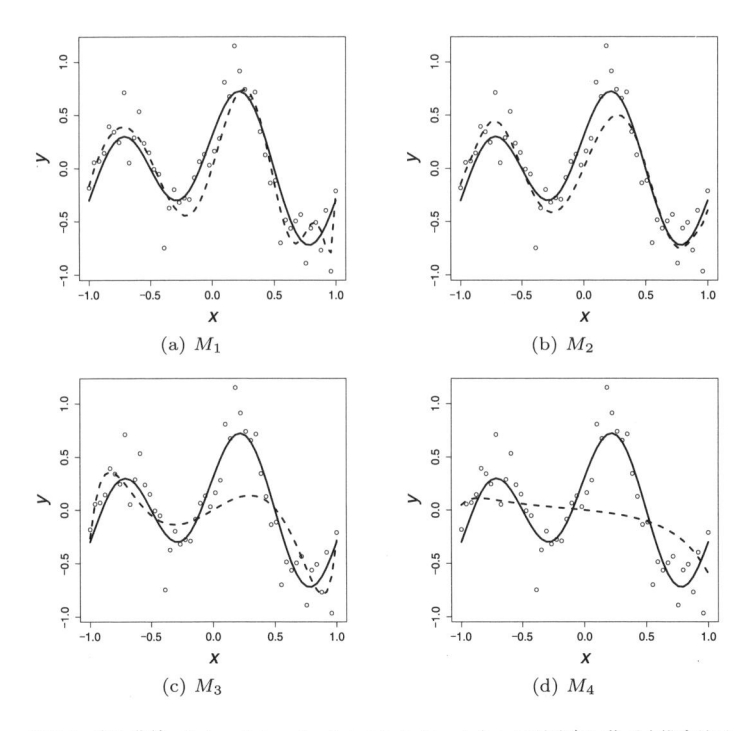

(a) M_1

(b) M_2

(c) M_3

(d) M_4

図 **2.4** 真の曲線 $f(x) = 0.3\cos(\pi x) + 0.5\sin(2\pi x)$ と，予測分布に基づく推定結果の比較．ここでは，将来のデータ z を，予測分布の平均 $\hat{\mu}_n$ で予測している．

ものである．平滑化パラメータ $\lambda = 100,000$ に対応する推定曲線は，明らかに過剰適合である．逆に，平滑化パラメータ $\lambda = 0.1$ に対応する推定曲線は直線となっており，真の構造を捉えきれていない．このように，事前分布の設定が分析結果に影響を与えるので，モデル選択が非常に重要となるのである．ここでは多項式の次数 p をあらかじめ $p = 15$ と定式化し，また，目的変数の確率的構造の記述にも正規分布を利用して真のモデルの構造と一致させていた．しかし，実際のデータ解析においては，多項式の次数 p，および目的変数の確率的構造についての選択も必要となる場合があることを補足しておく．

2.9　ベイズに関連する書籍

近年さまざまな書籍があるので参考にされたい．

Albert (2007), Bauwens et al. (1999), Berger (1985), Bernardo and Smith (1994), Box and Tiao (1973), Carlin and Louis (1996), Chen et al. (2000), Congdon (2001, 2007), Denison et al. (2002), Gelman et al. (1995), Geweke (2005), Ibrahim et al. (2007), Kim and Nelson (1999), Konishi and Kitagawa (2008), Koop (2003), Koop et al. (2007), Lancaster (2004), Lee (2004), Lee (2007), Liu (1994), Pole et al. (2007), Press (2003), Robert (2001), Sivia (1996), Zellner (1971).

また，日本語で書かれた書籍も近年出版されているので参考にされたい．繁桝 (1985), 渡部 (1999), 伊庭 (2003), 石黒ほか (2004), 和合 (2005), 伊庭ほか (2005), 中妻 (2003, 2007), 津田ほか (2008), 古谷 (2008), 豊田 (2008), 照井 (2008) など．

3

漸近的方法によるベイズ推定

2.7 節では回帰分析モデルのベイズ推定を紹介して，パラメータの事後分布，予測分布などを解析的に表現した．しかし，一般にはパラメータ $\boldsymbol{\theta}$ の事後分布 $\pi(\boldsymbol{\theta}|\boldsymbol{X}_n)$ を解析的に表現できる場合は非常に限られている．そのような場合，漸近的方法を利用してベイズ推定をおこない，パラメータ $\boldsymbol{\theta}$ の事後分布 $\pi(\boldsymbol{\theta}|\boldsymbol{X}_n)$ や，予測分布を数値的に近似することができる．本章では漸近的方法について解説し，次章では計算機に基づいたベイズ推定法を紹介する．

3.1 事後分布の正規近似

観測データ $\boldsymbol{X}_n = \{\boldsymbol{x}_1, ..., \boldsymbol{x}_n\}$ が真のモデル $g(\boldsymbol{x})$ から取得されたとし，統計モデル $f(\boldsymbol{x}|\boldsymbol{\theta})$，およびパラメータの事前分布 $\pi(\boldsymbol{\theta})$ が定式化されたとする．観測データ数 n が十分に大きいとき，パラメータ $\boldsymbol{\theta}$ の事後分布 $\pi(\boldsymbol{\theta}|\boldsymbol{X}_n)$ は正規分布で近似できることが知られており，一般には，ベイズ中心極限定理 (Bayesian central limit theorem) と呼ばれている．

3.1.1 ベイズ中心極限定理

パラメータの事後分布 $\pi(\boldsymbol{\theta}|\boldsymbol{X}_n)$ は，正則な事後分布であると仮定する．すなわち，事後分布の規格化定数 $\int f(\boldsymbol{X}_n|\boldsymbol{\theta})\pi(\boldsymbol{\theta})d\boldsymbol{\theta}$ は有限の値であるとする．このとき，ある緩い正則条件下[*1)]で，事後分布 $\pi(\boldsymbol{\theta}|\boldsymbol{X}_n)$ は

a）平均：事後モード $\hat{\boldsymbol{\theta}}_n$

b）分散共分散行列：$n^{-1}S_n^{-1}(\hat{\boldsymbol{\theta}}_n)$

[*1)] White (1982) の最尤推定に関する同様な仮定をベイズ推定用に置き換えたものである．

で近似できることが知られている．ここで

$$S_n(\hat{\boldsymbol{\theta}}_n) = -\frac{1}{n}\frac{\partial^2 \log\{f(\boldsymbol{X}_n|\boldsymbol{\theta})\pi(\boldsymbol{\theta})\}}{\partial \boldsymbol{\theta}\partial \boldsymbol{\theta}^T}\bigg|_{\boldsymbol{\theta}=\hat{\boldsymbol{\theta}}_n} \quad (3.1)$$

とし，$f(\boldsymbol{X}_n|\boldsymbol{\theta})$ は尤度関数，$\pi(\boldsymbol{\theta})$ はパラメータの事前分布である．

証明の概略を簡単に説明する．いま，罰則付き対数尤度関数 $\log\{f(\boldsymbol{X}_n|\boldsymbol{\theta})\pi(\boldsymbol{\theta})\}$ の一階微分は事後モード $\hat{\boldsymbol{\theta}}_n$ で $\boldsymbol{0}$ となることに注意する．すなわち，

$$\frac{\partial \log\{f(\boldsymbol{X}_n|\boldsymbol{\theta})\pi(\boldsymbol{\theta})\}}{\partial \boldsymbol{\theta}}\bigg|_{\boldsymbol{\theta}=\hat{\boldsymbol{\theta}}_n} = \boldsymbol{0}. \quad (3.2)$$

このとき，以下のテイラー展開が得られる．

$$\pi(\boldsymbol{\theta}|\boldsymbol{X}_n) = \exp\left\{\log\pi(\hat{\boldsymbol{\theta}}_n|\boldsymbol{X}_n) - \frac{n}{2}(\boldsymbol{\theta}-\hat{\boldsymbol{\theta}}_n)^T S_n(\hat{\boldsymbol{\theta}}_n)(\boldsymbol{\theta}-\hat{\boldsymbol{\theta}}_n) + O_p\left(\frac{1}{\sqrt{n}}\right)\right\}.$$

いま，指数関数内の第一項目 $\log\pi(\hat{\boldsymbol{\theta}}_n|\boldsymbol{X}_n)$ は $\boldsymbol{\theta}$ を含んでいないので，規格化定数に含まれる量である．また，第三項目 $O_p(n^{-\frac{1}{2}})$ は，観測データ数 n が十分に大きいとき無視できる．つまり，第二項目がキーとなる量である．

$$\pi(\boldsymbol{\theta}|\boldsymbol{X}_n) \approx \exp\left\{-\frac{n}{2}(\boldsymbol{\theta}-\hat{\boldsymbol{\theta}}_n)^T S_n(\hat{\boldsymbol{\theta}}_n)(\boldsymbol{\theta}-\hat{\boldsymbol{\theta}}_n)\right\} \quad \text{as} \quad n\to\infty.$$

これは，平均：$\hat{\boldsymbol{\theta}}_n$，共分散行列：$n^{-1}S_n^{-1}(\hat{\boldsymbol{\theta}}_n)$ の多変量正規分布のカーネルであるので，ベイズ中心極限定理が導かれる．

ベイズ中心極限定理は便利な結果ではあるものの，実際に使用するときには注意が必要となる．特に，パラメータ $\boldsymbol{\theta}$ の次元 p が観測データ数 n よりも非常に大きな場合，近似精度が十分ではないことが挙げられる．また，事後分布を正規分布で近似しているが，近似対象となる事後分布の分布の裾が，正規分布の分布の裾よりも厚い場合，例えばステューデントの t 分布などの場合には，分布の裾の部分では近似精度が保障されていない．ベイズ中心極限定理の応用例を以下に紹介する．

3.1.2　ベイズ中心極限定理の応用例：自然共役事前分布によるポアソンモデルの分析

観測データ $\boldsymbol{X}_n = \{x_1,...,x_n\}$ が，パラメータ λ のポアソン分布

3.1 事後分布の正規近似

$$f(x|\lambda) = \frac{\lambda^x \exp(-\lambda)}{x!}$$

から得られたとする．ここでは，パラメータの事前分布に，パラメータ (α, β) のガンマ分布

$$f(\lambda|\alpha, \beta) = \frac{\beta^\alpha}{\Gamma(\alpha)} \lambda^{\alpha-1} \exp\{-\beta\lambda\}$$

を仮定する．これは，自然共役事前分布であることに注意すると，

$$\pi\left(\lambda \middle| \boldsymbol{X}_n\right) \propto \lambda^{n\bar{x}_n + \alpha - 1} \exp\left\{-\lambda(n + \beta)\right\}$$

事後分布は，パラメータ $(n\bar{x}_n + \alpha, n + \beta)$ のガンマ分布となる．ここで，$\bar{x}_n = n^{-1} \sum_{\alpha=1}^n x_\alpha$ は標本平均である．事後モードは

$$\frac{\partial \log \pi\left(\lambda \middle| \boldsymbol{X}_n\right)}{\partial \lambda} = \frac{\partial}{\partial \lambda} \left[(n\bar{x}_n + \alpha - 1) \log \lambda - \lambda(n + \beta)\right]$$
$$= \frac{n\bar{x}_n + \alpha - 1}{\lambda} - (n + \beta) = 0$$

から

$$\hat{\lambda}_n = \frac{n\bar{x}_n + \alpha - 1}{(n + \beta)}$$

で与えられる．また

$$S_n(\hat{\lambda}_n) = -\frac{1}{n} \frac{\partial^2 \log\{f(\boldsymbol{X}_n|\lambda)\pi(\lambda)\}}{\partial \lambda^2} \bigg|_{\lambda = \hat{\lambda}_n}$$
$$= \frac{1}{n} \frac{n\bar{x}_n + \alpha - 1}{\lambda^2} \bigg|_{\lambda = \hat{\lambda}_n}$$
$$= \frac{1}{n} \frac{(n + \beta)^2}{n\bar{x}_n + \alpha - 1}$$

である．したがって，事後分布 $\pi\left(\lambda \middle| \boldsymbol{X}_n\right)$ は，平均 $\hat{\lambda}_n$ 分散 $n^{-1} S_n^{-1}(\hat{\lambda}_n)$ の正規分布で近似される．

いま，真のパラメータを $\lambda = 4$，事前分布のハイパーパラメータ $\alpha = \beta = 0.1$ としてベイズ中心極限定理を実際に利用した．図 3.1 は，真の事後分布と正規分布で近似された分布を比較している．観測データ数 n が大きくなるにつれて，近似精度の向上がみてとれる．観測データ数 $n = 10$ のときには，すでに

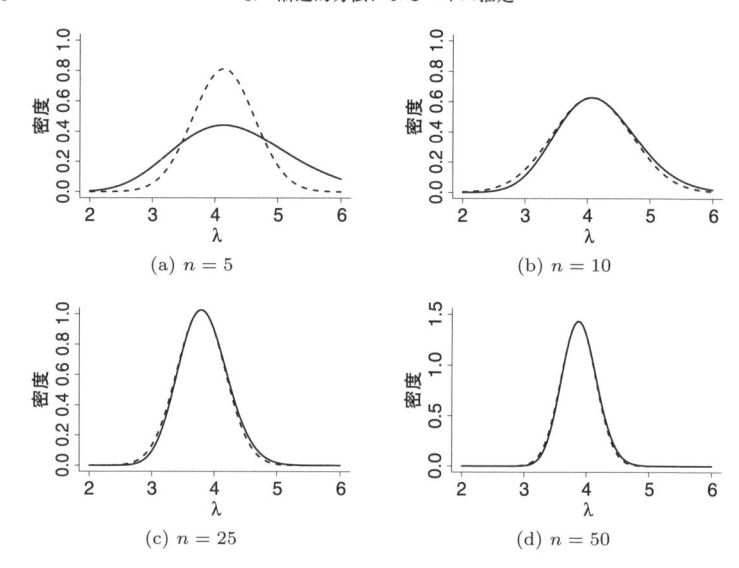

図 3.1 真の事後分布とベイズ中心極限定理に基づき近似された事後分布の比較

事後分布の近似を与えている.また,観測データ数 n が大きくなるにつれて,事後分布は $\lambda = 4$ に収束している.

3.2 ラプラス近似法

前節では,事後分布を正規分布で近似する方法を紹介した.また,真の事後分布が正規分布と違う場合,その近似精度には注意が必要となることも指摘した.このような場合,ラプラス近似法(Laplace's method)を利用することがある.ラプラス近似法のベイズ推定への応用については,Tierney and Kadane (1986) が詳しい.本節では,ラプラス近似法を紹介し,それをさまざまなベイズ推定に応用する方法を解説する.

いま $h(\boldsymbol{\theta})$ を滑らかな p 次元ベクトル $\boldsymbol{\theta} = (\theta_1, ..., \theta_p)^T$ に滑らかな非負の関数とし $s(\boldsymbol{\theta}, n)$ を滑らかな $(\boldsymbol{\theta}, n)$ の関数として,以下の積分を考える.

$$U = \int h(\boldsymbol{\theta}) \exp\{s(\boldsymbol{\theta}, n)\} d\boldsymbol{\theta}. \tag{3.3}$$

このとき，緩やかな正則条件[*1)]のもとで，

$$\hat{U} \approx \exp\left\{s(\hat{\boldsymbol{\theta}}_n, n)\right\} h\left(\hat{\boldsymbol{\theta}}_n\right) \frac{(2\pi)^{\frac{p}{2}}}{n^{\frac{p}{2}} \left|S\left(\hat{\boldsymbol{\theta}}_n, n\right)\right|^{\frac{1}{2}}}$$

と評価できることが知られている．ただし，$\hat{\boldsymbol{\theta}}_n$ は関数 $s(\boldsymbol{\theta}, n)$ のモード，

$$S\left(\hat{\boldsymbol{\theta}}_n, n\right) = -\frac{1}{n} \frac{\partial^2 s(\boldsymbol{\theta}, n)}{\partial \boldsymbol{\theta} \partial \boldsymbol{\theta}^T}\bigg|_{\boldsymbol{\theta} = \hat{\boldsymbol{\theta}}_n}$$

とする．以降，ラプラス近似法をベイズ推定へと応用していく．

3.2.1 パラメータの関数の事後期待値

パラメータの関数 $r(\boldsymbol{\theta})$ の事後期待値の計算を考える．

$$\int r(\boldsymbol{\theta}) \pi(\boldsymbol{\theta}|\boldsymbol{X}_n) d\boldsymbol{\theta} = \frac{\int r(\boldsymbol{\theta}) f(\boldsymbol{X}_n|\boldsymbol{\theta}) \pi(\boldsymbol{\theta}) d\boldsymbol{\theta}}{\int f(\boldsymbol{X}_n|\boldsymbol{\theta}) \pi(\boldsymbol{\theta}) d\boldsymbol{\theta}}.$$

ラプラス近似法を利用するために，(3.3) 式の関数 $s(\boldsymbol{\theta}, n)$ を罰則付き対数尤度関数 $\log\{f(\boldsymbol{X}_n|\boldsymbol{\theta})\pi(\boldsymbol{\theta})\}$ と対応させる．この場合には，事後モード $\hat{\boldsymbol{\theta}}_n$ が関数 $s(\boldsymbol{\theta}, n)$ のモードと対応していることにも注意されたい．

まず，分子の積分計算に対してのラプラス近似法を適用する．いま，(3.3) 式の関数 $h(\boldsymbol{\theta})$ に対して $h(\boldsymbol{\theta}) = r(\boldsymbol{\theta})$ と対応させると，

$$\int r(\boldsymbol{\theta}) f(\boldsymbol{X}_n|\boldsymbol{\theta}) \pi(\boldsymbol{\theta}) d\boldsymbol{\theta}$$
$$= f\left(\boldsymbol{X}_n|\hat{\boldsymbol{\theta}}_n\right) \pi\left(\hat{\boldsymbol{\theta}}_n\right) r\left(\hat{\boldsymbol{\theta}}_n\right) \frac{(2\pi)^{\frac{p}{2}}}{n^{\frac{p}{2}} \left|S_n\left(\hat{\boldsymbol{\theta}}_n\right)\right|^{\frac{1}{2}}} \left\{1 + O\left(\frac{1}{n}\right)\right\}$$

を得る．ここで，行列 $S_n(\hat{\boldsymbol{\theta}}_n)$ は (3.1) 式で与えられる行列である．同様に，

[*1)] 例えば，Barndorff-Nielsen and Cox (1989) を参照せよ．重要な仮定は，関数 $s(\boldsymbol{\theta}, n)$ の単峰性で，関数 $s(\boldsymbol{\theta}, n)$ の二階微分で構成される行列

$$S\left(\hat{\boldsymbol{\theta}}_n, n\right) = -\frac{1}{n} \frac{\partial^2 s(\boldsymbol{\theta}, n)}{\partial \boldsymbol{\theta} \partial \boldsymbol{\theta}^T}\bigg|_{\boldsymbol{\theta} = \hat{\boldsymbol{\theta}}_n}$$

は正の行列式をもつことなどである．

分母の積分計算に対してのラプラス近似法を適用する際には，(3.3) 式の関数 $h(\boldsymbol{\theta}, n)$ に対して $h(\boldsymbol{\theta}) = 1$ と対応させると，結果的に

$$\int r(\boldsymbol{\theta}) \pi(\boldsymbol{\theta}|\boldsymbol{X}_n) d\boldsymbol{\theta}$$

$$= \frac{f\left(\boldsymbol{X}_n|\hat{\boldsymbol{\theta}}_n\right) \pi\left(\hat{\boldsymbol{\theta}}_n\right) r\left(\hat{\boldsymbol{\theta}}_n\right) \dfrac{(2\pi)^{\frac{p}{2}}}{n^{\frac{p}{2}} \left|S_n\left(\hat{\boldsymbol{\theta}}_n\right)\right|^{\frac{1}{2}}} \left\{1 + O\left(\dfrac{1}{n}\right)\right\}}{f\left(\boldsymbol{X}_n|\hat{\boldsymbol{\theta}}_n\right) \pi\left(\hat{\boldsymbol{\theta}}_n\right) \dfrac{(2\pi)^{\frac{p}{2}}}{n^{\frac{p}{2}} \left|S_n\left(\hat{\boldsymbol{\theta}}_n\right)\right|^{\frac{1}{2}}} \left\{1 + O\left(\dfrac{1}{n}\right)\right\}}$$

$$= r\left(\hat{\boldsymbol{\theta}}_n\right) \left\{1 + O\left(\frac{1}{n}\right)\right\} \tag{3.4}$$

を得る．つまり，関数 $r(\boldsymbol{\theta})$ の事後平均は $r(\hat{\boldsymbol{\theta}}_n)$ で近似されることとなる．

観測データ数が十分に大きい場合には，この近似で十分であるが，観測データ数がそれほど大きくない場合，その近似精度には注意する必要がある．Tierney and Kanade (1986) は，ラプラス近似法の精度を向上させる手法を提案している．そのアイデアはきわめてシンプルであるが，非常に優れた研究結果である．

いま，関数 $r(\boldsymbol{\theta}) > 0$ を非負の関数とする．このとき，事後期待値の分子は

$$\int r(\boldsymbol{\theta}) f(\boldsymbol{X}_n|\boldsymbol{\theta}) \pi(\boldsymbol{\theta}) d\boldsymbol{\theta} = \int \exp\left[\log r(\boldsymbol{\theta}) + \log\{f(\boldsymbol{X}_n|\boldsymbol{\theta})\pi(\boldsymbol{\theta})\}\right] d\boldsymbol{\theta}$$

とも表せる．いま，(3.3) 式において，関数 $s(\boldsymbol{\theta}, n)$ に $\log r(\boldsymbol{\theta}) + \log\{f(\boldsymbol{X}_n|\boldsymbol{\theta})\pi(\boldsymbol{\theta})\}$ を対応させる．このときには，ラプラス近似法において，$h(\boldsymbol{\theta}) = 1$ とすると

$$\int r(\boldsymbol{\theta}) f(\boldsymbol{X}_n|\boldsymbol{\theta}) \pi(\boldsymbol{\theta}) d\boldsymbol{\theta}$$

$$= f\left(\boldsymbol{X}_n|\hat{\boldsymbol{\theta}}_n^*\right) \pi\left(\hat{\boldsymbol{\theta}}_n^*\right) r\left(\hat{\boldsymbol{\theta}}_n^*\right) \frac{(2\pi)^{\frac{p}{2}}}{n^{\frac{p}{2}} \left|S_n^*\left(\hat{\boldsymbol{\theta}}_n^*\right)\right|^{\frac{1}{2}}} \left\{1 + O\left(\frac{1}{n}\right)\right\}$$

を得る．ここで $\hat{\boldsymbol{\theta}}_n^*$ は，関数 $\log r(\boldsymbol{\theta}) + \log\{f(\boldsymbol{X}_n|\boldsymbol{\theta})\pi(\boldsymbol{\theta})\}$ のモード，また

$$S_n^*\left(\hat{\boldsymbol{\theta}}_n^*\right) = -\frac{1}{n} \frac{\partial^2 \log r(\boldsymbol{\theta}) + \log\{f(\boldsymbol{X}_n|\boldsymbol{\theta})\pi(\boldsymbol{\theta})\}}{\partial \boldsymbol{\theta} \partial \boldsymbol{\theta}^T} \bigg|_{\boldsymbol{\theta} = \hat{\boldsymbol{\theta}}_n^*}$$

である．

この結果を分子に代入し,分母のラプラス近似についてさきほどの結果を適用すると

$$\int r(\boldsymbol{\theta})\pi\left(\boldsymbol{\theta}|\boldsymbol{X}_n\right)d\boldsymbol{\theta}$$

$$=\frac{f\left(\boldsymbol{X}_n|\hat{\boldsymbol{\theta}}_n^*\right)\pi\left(\hat{\boldsymbol{\theta}}_n^*\right)r\left(\hat{\boldsymbol{\theta}}_n^*\right)\dfrac{(2\pi)^{\frac{p}{2}}}{n^{\frac{p}{2}}\left|S_n^*\left(\hat{\boldsymbol{\theta}}_n^*\right)\right|^{\frac{1}{2}}}\left\{1+O\left(\dfrac{1}{n}\right)\right\}}{f\left(\boldsymbol{X}_n|\hat{\boldsymbol{\theta}}_n\right)\pi\left(\hat{\boldsymbol{\theta}}_n\right)\dfrac{(2\pi)^{\frac{p}{2}}}{n^{\frac{p}{2}}\left|S_n\left(\hat{\boldsymbol{\theta}}_n\right)\right|^{\frac{1}{2}}}\left\{1+O\left(\dfrac{1}{n}\right)\right\}}$$

$$=r\left(\hat{\boldsymbol{\theta}}_n^*\right)\frac{f\left(\boldsymbol{X}_n|\hat{\boldsymbol{\theta}}_n^*\right)\pi\left(\hat{\boldsymbol{\theta}}_n^*\right)\left|S_n\left(\hat{\boldsymbol{\theta}}_n\right)\right|^{\frac{1}{2}}}{f\left(\boldsymbol{X}_n|\hat{\boldsymbol{\theta}}_n\right)\pi\left(\hat{\boldsymbol{\theta}}_n\right)\left|S_n^*\left(\hat{\boldsymbol{\theta}}_n^*\right)\right|^{\frac{1}{2}}}\left\{1+O\left(\frac{1}{n^2}\right)\right\}$$

を得る.この式から,積分の近似精度が向上していることがわかる.

もし,関数 $r(\boldsymbol{\theta})$ が必ずしも正の値をとらない場合には,Carlin and Louis (1996) は十分に大きな正の定数 C を $r(\boldsymbol{\theta})$ に加え,ラプラス近似法を $r(\boldsymbol{\theta})+C$ に適用し,その結果から正の定数 C を引けばよいと提案している.最後に,ラプラス近似法を利用する場合,罰則付き対数尤度関数の単峰性を仮定しているので,その仮定を満たしているかを事前に検証する必要がある.

3.2.2 ラプラス近似法の応用例:一様事前分布によるベルヌーイモデルの分析

独立な観測データ $\boldsymbol{X}_n = \{x_1,...,x_n\}$ が,パラメータ p のベルヌーイ分布から得られたとする.いま,事前分布に一様事前分布 $\pi(p) = \text{Const.}$ を仮定する.事後分布は,パラメータ $(\sum_{\alpha=1}^n x_\alpha + \alpha,\ n - \sum_{\alpha=1}^n x_\alpha + \beta)$ のベータ分布である.

いま,事後平均を計算したいとする.事後分布が解析的に得られているので,事後平均も解析的に計算できるが,ここでは,ラプラス近似法の応用例を解説する.

3. 漸近的方法によるベイズ推定

$$
\begin{aligned}
&\int p\pi\left(p|\boldsymbol{X}_n\right)dp\\
&=\frac{\int pf\left(\boldsymbol{X}_n|p\right)\pi\left(p\right)dp}{\int f\left(\boldsymbol{X}_n|p\right)\pi\left(p\right)dp}\\
&=\frac{\int p^{\sum_{\alpha=1}^n x_\alpha+1}(1-p)^{n-\sum_{\alpha=1}^n x_\alpha}dp}{\int p^{\sum_{\alpha=1}^n x_\alpha}(1-p)^{n-\sum_{\alpha=1}^n x_\alpha}dp}\\
&=\frac{\int \exp\{(\sum_{\alpha=1}^n x_\alpha+1)\log p+(n-\sum_{\alpha=1}^n x_\alpha)\log(1-p)\}dp}{\int \exp\{(\sum_{\alpha=1}^n x_\alpha)\log p+(n-\sum_{\alpha=1}^n x_\alpha)\log(1-p)\}dp}.
\end{aligned}
$$

分子,分母のモード $\hat{p}_n^*$, および $\hat{p}_n$ は以下のようになる.

$$
\begin{aligned}
&\frac{d}{dp}\left\{\left(\sum_{\alpha=1}^n x_\alpha+1\right)\log p+\left(n-\sum_{\alpha=1}^n x_\alpha\right)\log(1-p)\right\}\\
&=\frac{\sum_{\alpha=1}^n x_\alpha+1}{p}-\frac{n-\sum_{\alpha=1}^n x_\alpha}{1-p}\\
&=0 \quad \to \quad \hat{p}_n^*=\frac{\sum_{\alpha=1}^n x_\alpha+1}{n+1}
\end{aligned}
$$

および

$$
\begin{aligned}
&\frac{d}{dp}\left\{\left(\sum_{\alpha=1}^n x_\alpha\right)\log p+\left(n-\sum_{\alpha=1}^n x_\alpha\right)\log(1-p)\right\}\\
&=\frac{\sum_{\alpha=1}^n x_\alpha}{p}-\frac{n-\sum_{\alpha=1}^n x_\alpha}{1-p}\\
&=0 \quad \to \quad \hat{p}_n=\frac{\sum_{\alpha=1}^n x_\alpha}{n}.
\end{aligned}
$$

また,

$$
\begin{aligned}
n\times S_n^*\left(\hat{p}_n^*\right)&=-\frac{d^2}{dp^2}\left\{\left(\sum_{\alpha=1}^n x_\alpha+1\right)\log p+\left(n-\sum_{\alpha=1}^n x_\alpha\right)\log(1-p)\right\}\bigg|_{p=\hat{p}_n^*}\\
&=-\frac{d}{dp}\left\{\frac{\sum_{\alpha=1}^n x_\alpha+1}{p}-\frac{n-\sum_{\alpha=1}^n x_\alpha}{1-p}\right\}\bigg|_{p=\hat{p}_n^*}
\end{aligned}
$$

3.2 ラプラス近似法

$$= \left.\frac{\sum_{\alpha=1}^{n} x_\alpha + 1}{p^2}\right|_{p=\hat{p}_n^*} - \left.\frac{n - \sum_{\alpha=1}^{n} x_\alpha}{(1-p)^2}\right|_{p=\hat{p}_n^*}$$

$$= \left[\frac{(n+1)^2}{\sum_{\alpha=1}^{n} x_\alpha + 1} + \frac{(n+1)^2}{n - \sum_{\alpha=1}^{n} x_\alpha}\right].$$

さらに

$$n \times S_n(\hat{p}_n) = -\frac{d^2}{dp^2}\left\{\left(\sum_{\alpha=1}^{n} x_\alpha\right)\log p + \left(n - \sum_{\alpha=1}^{n} x_\alpha\right)\log(1-p)\right\}\bigg|_{p=\hat{p}_n}$$

$$= \left[\frac{n^2}{\sum_{\alpha=1}^{n} x_\alpha} + \frac{n^2}{n - \sum_{\alpha=1}^{n} x_\alpha}\right]$$

である.

以上を利用すると,

$$\int p\pi(p|\boldsymbol{X}_n)\,dp \approx \hat{p}_n^* \frac{f(\boldsymbol{X}_n|\hat{p}_n^*)\,S_n(\hat{p}_n)^{\frac{1}{2}}}{f(\boldsymbol{X}_n|\hat{p}_n)\,S_n^*(\hat{p}_n^*)^{\frac{1}{2}}} \tag{3.5}$$

が得られる.

真の事後平均は

$$\int p\pi(p|\boldsymbol{X}_n)\,dp = \frac{\sum_{\alpha=1}^{n} x_\alpha + 1}{n + 2}$$

で与えられるので, ラプラス近似の精度を評価できる.

いま, $n=10$ 個の独立なデータを, パラメータ $p=0.3$ のベルヌーイ分布から発生させた. 実際のサンプルは $\boldsymbol{X}_n = \{0,1,0,1,0,0,0,0,1,0\}$ である. このとき

$$\hat{p}_n^* = 0.3326, \quad \hat{p}_n = 0.3000,$$
$$S^*(\hat{p}_n^*) = 4.75357, \quad S(\hat{p}_n) = 4.76190$$

であるから, (3.5) 式から近似された事後平均は 0.3326 となる. これは, 真の事後平均 0.3333 の値と近い結果が得られている. また, (3.4) 式の近似結果は 0.3000 である. これは, 理論的な近似精度と整合的で, きわめて自然な結果である.

3.2.3 予測分布の近似

予測分布は

$$f(z|\boldsymbol{X}_n) = \int f(z|\boldsymbol{\theta})\pi(\boldsymbol{\theta}|\boldsymbol{X}_n)d\boldsymbol{\theta}$$

で定義された．通常，予測分布を解析的に表現できることは稀であるため，ここでは，ラプラス近似法の適用を考える．Gelfand and Day (1994) の結果を利用すると，予測分布は

$$\begin{aligned}
&f(z|\boldsymbol{X}_n) \\
&= \frac{\int f(z|\boldsymbol{\theta})f(\boldsymbol{X}_n|\boldsymbol{\theta})\pi(\boldsymbol{\theta})d\boldsymbol{\theta}}{\int f(\boldsymbol{X}_n|\boldsymbol{\theta})\pi(\boldsymbol{\theta})d\boldsymbol{\theta}} \\
&= \frac{f(z|\hat{\boldsymbol{\theta}}_n(z))f\{\boldsymbol{X}_n|\hat{\boldsymbol{\theta}}_n(z)\}\pi\{\hat{\boldsymbol{\theta}}_n(z)\}}{f(\boldsymbol{X}_n|\hat{\boldsymbol{\theta}}_n)\pi\{\hat{\boldsymbol{\theta}}_n\}} \left[\frac{\left|K_n^{-1}\{z,\hat{\boldsymbol{\theta}}_n(z)\}\right|}{\left|K_n^{-1}(\hat{\boldsymbol{\theta}}_n)\right|}\right]^{\frac{1}{2}} \left\{1 + O_p\left(\frac{1}{n}\right)\right\}
\end{aligned}$$

と表現できる．ここで $\hat{\boldsymbol{\theta}}_n(z)$, $\hat{\boldsymbol{\theta}}_n$ は

$$\hat{\boldsymbol{\theta}}_n(z) = \mathrm{argmax}_{\boldsymbol{\theta}} f(z|\boldsymbol{\theta})f(\boldsymbol{X}_n|\boldsymbol{\theta})\pi(\boldsymbol{\theta}),$$

$$\hat{\boldsymbol{\theta}}_n = \mathrm{argmax}_{\boldsymbol{\theta}} f(\boldsymbol{X}_n|\boldsymbol{\theta})\pi(\boldsymbol{\theta})$$

で定義される．また，$p \times p$ 次元行列 $K_n\{z,\hat{\boldsymbol{\theta}}_n(z)\}$，および $K_n(\hat{\boldsymbol{\theta}}_n)$ は

$$K_n\{z,\hat{\boldsymbol{\theta}}_n(z)\} = -\frac{1}{n}\frac{\partial^2 \{\log f(z|\boldsymbol{\theta}) + \log f(\boldsymbol{X}_n|\boldsymbol{\theta}) + \log \pi(\boldsymbol{\theta})\}}{\partial \boldsymbol{\theta} \partial \boldsymbol{\theta}^T}\bigg|_{\boldsymbol{\theta}=\hat{\boldsymbol{\theta}}_n(z)},$$

$$K_n(\hat{\boldsymbol{\theta}}_n) = -\frac{1}{n}\frac{\partial^2 \{\log f(\boldsymbol{X}_n|\boldsymbol{\theta}) + \log \pi(\boldsymbol{\theta})\}}{\partial \boldsymbol{\theta} \partial \boldsymbol{\theta}^T}\bigg|_{\boldsymbol{\theta}=\hat{\boldsymbol{\theta}}_n}$$

で定義される．実際には将来の観測データ z の値は未知であるため，なんらかの方法で z に値を代入する必要がある．

3.2.4 周辺事後分布の計算

Tierney and Kadane (1986) は，ラプラス近似法を周辺事後分布の計算に適用している．いまパラメータ $\boldsymbol{\theta}$ が2つに分割 $\boldsymbol{\theta} = (\theta_1, \boldsymbol{\theta}_2^T)^T$ できるとする．また，解説のために θ_1 は1次元とする．ラプラス近似法を利用して，周辺事後分布を評価することを考える．

$$\pi(\theta_1|\boldsymbol{X}_n) = \frac{\int f(\boldsymbol{X}_n|\theta_1, \boldsymbol{\theta}_2)\pi(\theta_1, \boldsymbol{\theta}_2)d\boldsymbol{\theta}_2}{\int f(\boldsymbol{X}_n|\boldsymbol{\theta})\pi(\boldsymbol{\theta})d\boldsymbol{\theta}}.$$

このとき，ラプラス近似法を分子，および分母にそれぞれ適用すると，

$$\hat{\pi}(\theta_1|\boldsymbol{X}_n) = \frac{f\left(\boldsymbol{X}_n|\theta_1, \hat{\boldsymbol{\theta}}_{2,n}(\theta_1)\right)\pi\left(\theta_1, \hat{\boldsymbol{\theta}}_{2,n}(\theta_1)\right)}{f\left(\boldsymbol{X}_n|\hat{\boldsymbol{\theta}}_n\right)\pi\left(\hat{\boldsymbol{\theta}}_n\right)} \left[\frac{n\left|S_n\left(\hat{\boldsymbol{\theta}}_n\right)\right|}{2\pi\left|S_n\left\{\hat{\boldsymbol{\theta}}_{2n}(\theta_1)\right\}\right|}\right]^{\frac{1}{2}}$$

となる．ここで $\hat{\boldsymbol{\theta}}_n$，および $\hat{\boldsymbol{\theta}}_{2,n}(\theta_1)$ は

$$\hat{\boldsymbol{\theta}}_n = \mathrm{argmax}_{\boldsymbol{\theta}}\{f(\boldsymbol{X}_n|\boldsymbol{\theta})\pi(\boldsymbol{\theta})\}$$

および

$$\hat{\boldsymbol{\theta}}_{2,n}(\theta_1) = \mathrm{argmax}_{\boldsymbol{\theta}_2}\{f(\boldsymbol{X}_n|\theta_1, \boldsymbol{\theta}_2)\pi(\theta_1, \boldsymbol{\theta}_2)\}$$

で定義される．また，$p \times p$ 次元行列 $S_n\{\hat{\boldsymbol{\theta}}_n\}$，$(p-1) \times (p-1)$ 次元行列 $S_n(\hat{\boldsymbol{\theta}}_{2,n}(\theta_1))$ は以下で与えられる．

$$S_n\left\{\hat{\boldsymbol{\theta}}_n\right\} = -\frac{1}{n}\frac{\partial^2\{\log f(\boldsymbol{X}_n|\boldsymbol{\theta}) + \log \pi(\boldsymbol{\theta})\}}{\partial \boldsymbol{\theta} \partial \boldsymbol{\theta}^T}\bigg|_{\boldsymbol{\theta}=\hat{\boldsymbol{\theta}}_n},$$

$$S_n\left(\hat{\boldsymbol{\theta}}_{2,n}(\theta_1)\right) = -\frac{1}{n}\frac{\partial^2\{\log f(\boldsymbol{X}_n|\theta_1, \boldsymbol{\theta}_2) + \log \pi(\theta_1, \boldsymbol{\theta}_2)\}}{\partial \boldsymbol{\theta}_2 \partial \boldsymbol{\theta}_2^T}\bigg|_{\boldsymbol{\theta}=\hat{\boldsymbol{\theta}}_{2,n}(\theta_1)}.$$

3.3 事後モードの漸近的性質

本節では，事後モード $\hat{\boldsymbol{\theta}}_n$ の一致性，漸近正規性について解説する．

3.3.1 一 致 性

いま $\boldsymbol{\theta}_0$ を,罰則付き期待対数尤度関数

$$\int \{\log f(\boldsymbol{x}|\boldsymbol{\theta}) + \log \pi_0(\boldsymbol{\theta})\} g(\boldsymbol{x}) d\boldsymbol{x}$$

を最大化するモードとする.ただし,$\log \pi_0(\boldsymbol{\theta}) = \lim_{n\to\infty} n^{-1} \log \pi(\boldsymbol{\theta})$ である.いま,$g(\boldsymbol{x})$ に経験分布関数を代入すると,事後モード $\hat{\boldsymbol{\theta}}_n$ を定義する罰則付き対数尤度関数

$$n^{-1} \log\{f(\boldsymbol{X}_n|\boldsymbol{\theta})\pi(\boldsymbol{\theta})\}$$

が得られる.いま,大数の法則から,$n \to \infty$ のとき

$$n^{-1} \log\{f(\boldsymbol{X}_n|\boldsymbol{\theta})\pi(\boldsymbol{\theta})\} \to \int \log\{f(\boldsymbol{x}|\boldsymbol{\theta})\pi_0(\boldsymbol{\theta})\} dG(\boldsymbol{x})$$

を得る.したがって,

$$\hat{\boldsymbol{\theta}}_n \to \boldsymbol{\theta}_0$$

となり,確率収束の意味で,事後モードは $\boldsymbol{\theta}_0$ に収束していく.

いま,$\log \pi(\boldsymbol{\theta}) = O_p(1)$ の場合を考える.このとき

$$n^{-1} \log \pi(\boldsymbol{\theta}) \to 0, \quad (n \to \infty)$$

となり,事前分布の影響は観測データ数 n が大きくなるに従い,小さくなっていく.この場合,モード $\boldsymbol{\theta}_0$ は統計モデル $f(\boldsymbol{x}|\boldsymbol{\theta})$ と真のモデル $g(\boldsymbol{x})$ のカルバック-ライブラー距離を最小とするパラメータとして定義される.さらに $g(\boldsymbol{x}) = f(\boldsymbol{x}|\boldsymbol{\theta}_t)$ の場合,モード $\boldsymbol{\theta}_0$ は真のパラメータ $\boldsymbol{\theta}_0 = \boldsymbol{\theta}_t$ である.

次に $\log \pi(\boldsymbol{\theta}) = O_p(n)$ の場合を考える.つまり,観測データ数 n が大きくなるに従い,事前分布の情報も大きくなる場合で,$\log \pi_0(\boldsymbol{\theta}) = O_p(1)$ となり,観測データ数 n が大きい場合でも,事前分布は無視できない.この場合も事後モード $\hat{\boldsymbol{\theta}}_n$ は $\boldsymbol{\theta}_0$ に収束するものの,$\boldsymbol{\theta}_0$ は事前分布の設定による.

3.3.2 漸近正規性

いま，観測データ X_n が真の分布 $g(x)$ から得られたとする．いま $f(x|\theta)$ を統計モデル，$\pi(\theta)$ を事前分布とする．このとき，ある緩い正則条件下[*1)]では，$\sqrt{n}(\hat{\theta}_n - \theta_0)$ は漸近的に

a) 平均：$\mathbf{0}$

b) 分散共分散行列：$S^{-1}(\theta_0)Q(\theta_0)S^{-1}(\theta_0)$

の正規分布に従う．ここで $p \times p$ 次元正方行列 $Q(\theta)$, $S(\theta)$ は

$$Q(\theta) = \int \frac{\partial \log\{f(x|\theta)\pi_0(\theta)\}}{\partial \theta} \frac{\partial \log\{f(x|\theta)\pi_0(\theta)\}}{\partial \theta^T} dG(x),$$

$$S(\theta) = -\int \frac{\partial^2 \log\{f(x|\theta)\pi_0(\theta)\}}{\partial \theta \partial \theta^T} dG(x).$$

証明の概略を簡単に説明する．いま，$\hat{\theta}_n$ は罰則付き尤度関数の $f(X_n|\theta)\pi(\theta)$ の最大値を与えるので，

$$\left.\frac{\partial[\log\{f(X_n|\theta)\pi(\theta)\}]}{\partial \theta}\right|_{\theta=\hat{\theta}_n} = \mathbf{0}$$

を満たす．以下のテイラー展開を考える．

$$-\frac{1}{n}\left.\frac{\partial^2 \log\{f(X_n|\theta)\pi(\theta)\}}{\partial \theta \partial \theta^T}\right|_{\theta=\theta_0} \sqrt{n}(\hat{\theta}_n - \theta_0)$$

$$= \frac{1}{\sqrt{n}}\left.\frac{\partial \log\{f(X_n|\theta)\pi(\theta)\}}{\partial \theta}\right|_{\theta=\theta_0} + O_p\left(\frac{1}{\sqrt{n}}\right).$$

このとき，中心極限定理から，

$$\sqrt{n} \times \frac{1}{n}\left.\frac{\partial \log\{f(X_n|\theta)\pi(\theta)\}}{\partial \theta}\right|_{\theta=\theta_0} \to N(\mathbf{0}, Q(\theta_0))$$

を得る．つまり，右辺は漸近的に正規分布 $N\{\mathbf{0}, Q(\theta_0)\}$ に従う．また，大数の法則から $n \to \infty$ のとき

[*1)] White (1982) の最尤推定に関する同様な仮定をベイズ推定用に置き換えたものである．

$$-\frac{1}{n}\frac{\partial^2 \log\{f(\boldsymbol{X}_n|\boldsymbol{\theta})\pi(\boldsymbol{\theta})\}}{\partial\boldsymbol{\theta}\partial\boldsymbol{\theta}^T}\bigg|_{\boldsymbol{\theta}=\boldsymbol{\theta}_0} \to S(\boldsymbol{\theta}_0)$$

となることから,

$$S(\boldsymbol{\theta}_0)\sqrt{n}(\hat{\boldsymbol{\theta}}_n - \boldsymbol{\theta}_0) \to N(\boldsymbol{0}, Q(\boldsymbol{\theta}_0))$$

を得る. したがって, $n \to \infty$ のとき

$$\sqrt{n}(\hat{\boldsymbol{\theta}}_n - \boldsymbol{\theta}_0) \to N\left(\boldsymbol{0}, S^{-1}(\boldsymbol{\theta}_0)Q(\boldsymbol{\theta}_0)S^{-1}(\boldsymbol{\theta}_0)\right)$$

が成立する.

4
数値計算に基づくベイズ推定

本章では数値計算によるベイズ推定法について解説する．近年の計算機利用環境の飛躍的な進展により，さまざまな数値計算に基づくベイズ推定法が実際に利用されている．ここでは，マルコフ連鎖モンテカルロ法 (Markov chain Monte Carlo)，ギブスサンプリング法 (Gibbs sampling)，メトロポリス–ヘイスティング法 (Metropolis-Hastings sampling) を解説する．また，マルコフ連鎖モンテカルロ法に関連する収束判定，効率性などについても触れる．後半部分では重点サンプリング (importance sampling)，棄却サンプリング (rejection sampling)，重み付きブートストラップ (weighted bootstrap)，ダイレクトモンテカルロ法 (direct Monte Carlo) 等について解説する．また，いつくかの教科書 Congdon (2001)，Gamerman and Lopes (2006)，Geweke (2005)，Gilks et al. (1996)，Rossi et al. (2005)，文献 Tierney (1994) なども参考にされたい．

4.1 モンテカルロ積分

ベイズ分析においては，なんらかの積分計算を頻繁におこなう．いま θ の確率密度関数を $s(\theta)$ とし，以下の積分を考える．

$$\gamma = \int h(\theta)s(\theta)d\theta.$$

ベイズ分析においては，確率密度関数 $s(\theta)$ としては事後分布 $\pi(\theta|X_n)$ をよく使用し，また，関数 $h(\theta)$ は観測データの確率密度関数 $f(x|\theta)$，およびパラメータ θ の関数である場合が多い．

仮に $\boldsymbol{\theta}^{(j)}$, $j=1,...,L$ が独立に $s(\boldsymbol{\theta})$ から得られたとすると,

$$\hat{\gamma} = \frac{1}{L}\sum_{j=1}^{L} h\left(\boldsymbol{\theta}^{(j)}\right)$$

を得る. 大数の強法則 (strong law of large numbers) から, サンプル数 $L \to \infty$ のとき γ に収束することが知られている. これが, モンテカルロ積分である. サンプル数を大きくすれば, 精度が向上するものの計算時間は逆に多くなるのでトレードオフである.

いま, モンテカルロ積分の性質を利用すれば, 事後分布に関する統計量を事後サンプル $\boldsymbol{\theta}^{(j)}$, $\boldsymbol{\theta}^{(j)} \sim \pi(\boldsymbol{\theta}|\boldsymbol{X}_n)$ を利用して計算できる.

1) 事後平均

$$\bar{\boldsymbol{\theta}}_n = \int \boldsymbol{\theta}\pi(\boldsymbol{\theta}|\boldsymbol{X}_n)d\boldsymbol{\theta} \quad \leftarrow \quad \frac{1}{L}\sum_{j=1}^{L}\boldsymbol{\theta}^{(j)}.$$

2) 事後モード

$$\hat{\boldsymbol{\theta}}_n = \mathrm{argmax}_{\boldsymbol{\theta}}\pi(\boldsymbol{\theta}|\boldsymbol{X}_n) \quad \leftarrow \quad \mathrm{argmax}_j \pi(\boldsymbol{\theta}^{(j)}|\boldsymbol{X}_n).$$

3) 特定の領域 Q に入る確率

$$\pi(\boldsymbol{\theta} \in Q|\boldsymbol{X}_n) \quad \leftarrow \quad \frac{1}{L}\sum_{j=1}^{L} I\left(\boldsymbol{\theta}^{(j)} \in Q\right).$$

ここで, 関数 I は定義関数とする.

4) 周辺事後分布

$$\pi(\boldsymbol{\theta}_1|\boldsymbol{X}_n) = \int \pi(\boldsymbol{\theta}_1, \boldsymbol{\theta}_2|\boldsymbol{X}_n)d\boldsymbol{\theta}_2 \quad \leftarrow \quad \frac{1}{L}\sum_{j=1}^{L}\pi\left(\boldsymbol{\theta}_1, \boldsymbol{\theta}_2^{(j)}|\boldsymbol{X}_n\right).$$

5) 予測分布

$$f(\boldsymbol{z}|\boldsymbol{X}_n) = \int f(\boldsymbol{z}|\boldsymbol{\theta})\pi(\boldsymbol{\theta}|\boldsymbol{X}_n)d\boldsymbol{\theta} \quad \leftarrow \quad \frac{1}{L}\sum_{j=1}^{L} f(\boldsymbol{z}|\boldsymbol{\theta}^{(j)}).$$

すなわち, 事後サンプルを利用することでさまざまな統計量を (近似的に) 計算できることとなる. 事後サンプルを発生させる方法の一つに, マルコフ連鎖モンテカルロ法がある. 特に有名な方法は, ギブスサンプリング法, メトロポリス-ヘイスティング法で以下に解説していく.

4.2 マルコフ連鎖モンテカルロ法

本節では,マルコフ連鎖モンテカルロ法として非常に有名なギブスサンプリング法 (Geman and Geman (1984)),およびメトロポリス-ヘイスティング法 (Metropolis et al. (1953), Hastings (1970)) について解説する.

4.2.1 ギブスサンプリング法

ここでは,パラメータの同時事後分布は解析的に評価できないが,パラメータを分割すると,それらの条件付き事後部分布については解析的に表現できる場合を考える.いまパラメータ $\boldsymbol{\theta}$ を B 個のブロックに分割 $\boldsymbol{\theta} = (\boldsymbol{\theta}_1^T, ..., \boldsymbol{\theta}_B^T)^T$ する.それぞれの条件付き事後分布

$$\pi(\boldsymbol{\theta}_1|\boldsymbol{X}_n, \boldsymbol{\theta}_2, \boldsymbol{\theta}_3, ..., \boldsymbol{\theta}_B),$$
$$\pi(\boldsymbol{\theta}_2|\boldsymbol{X}_n, \boldsymbol{\theta}_1, \boldsymbol{\theta}_3, ..., \boldsymbol{\theta}_B),$$
$$\vdots$$
$$\pi(\boldsymbol{\theta}_B|\boldsymbol{X}_n, \boldsymbol{\theta}_1, \boldsymbol{\theta}_2, ..., \boldsymbol{\theta}_{B-1})$$

については解析的に表現できるものとする.

いま,パラメータの初期値を $\boldsymbol{\theta}^{(0)}$ とする.このとき,ギブスサンプリング法は,それらの条件付き事後部分布から逐次的にサンプルを発生させる.

Step 1. Draw $\boldsymbol{\theta}_1^{(1)} \sim \pi(\boldsymbol{\theta}_1|\boldsymbol{X}_n, \boldsymbol{\theta}_2^{(0)}, \boldsymbol{\theta}_3^{(0)}, ..., \boldsymbol{\theta}_B^{(0)})$
Step 2. Draw $\boldsymbol{\theta}_2^{(1)} \sim \pi(\boldsymbol{\theta}_2|\boldsymbol{X}_n, \boldsymbol{\theta}_1^{(1)}, \boldsymbol{\theta}_3^{(0)}, ..., \boldsymbol{\theta}_B^{(0)})$,
Step 3. Draw $\boldsymbol{\theta}_3^{(1)} \sim \pi(\boldsymbol{\theta}_3|\boldsymbol{X}_n, \boldsymbol{\theta}_1^{(1)}, \boldsymbol{\theta}_2^{(1)}, ..., \boldsymbol{\theta}_B^{(0)})$,
$\vdots$
Step B. Draw $\boldsymbol{\theta}_B^{(1)} \sim \pi(\boldsymbol{\theta}_B|\boldsymbol{X}_n, \boldsymbol{\theta}_1^{(1)}, \boldsymbol{\theta}_2^{(1)}, ..., \boldsymbol{\theta}_{B-1}^{(1)})$.

Step 1 ~ Step B を繰り返すと,ギブスサンプリング法により発生させた事後サンプル $\{\boldsymbol{\theta}^{(j)}\}, j = 1, 2, ..., L$ が得られる.一般に,最初のサンプルは捨てら

れ，ある時点以降に発生させたサンプルを事後分布から発生させたサンプルとみなす．では，どの程度のサンプルを捨てるのかという疑問が生じるが，それについてはこの後触れる．

4.2.2 メトロポリス-ヘイスティング法

ギブスサンプリング法は，非常に簡単なマルコフ連鎖モンテカルロ法であるが，分割されたパラメータそれぞれに対し，条件付き事後分布が解析的に表現されている必要がある．そのため，条件付き事後分布が解析的に表されていない場合にはギブスサンプリング法が利用できないこととなる．いま，ある特定の条件付き事後分布が解析的に表されていないとする．

$$\pi(\boldsymbol{\theta}_k|\boldsymbol{X}_n,\boldsymbol{\theta}_1,...,\boldsymbol{\theta}_{k-1},\boldsymbol{\theta}_{k+1},....,\boldsymbol{\theta}_B) \equiv \pi(\boldsymbol{\theta}_k|\boldsymbol{X}_n,\boldsymbol{\theta}_{-k}).$$

明らかに，ギブスサンプリング法において $\boldsymbol{\theta}_k$ を条件付き事後分布 $\pi(\boldsymbol{\theta}_k|\boldsymbol{X}_n,\boldsymbol{\theta}_{-k})$ からのサンプリングが難しいが，メトロポリス-ヘイスティング法を利用すればサンプリングが可能である．ギブスサンプリング法と同様にメトロポリス-ヘイスティング法は事後サンプル $\{\boldsymbol{\theta}^{(j)}\}$, $j = 1, 2, ..., L$ を逐次的に生成する．

メトロポリス-ヘイスティング法で条件付き事後分布 $\pi(\boldsymbol{\theta}_k|\boldsymbol{X}_n,\boldsymbol{\theta}_{-k})$ からのサンプリングをおこなう場合，提案分布 $p(\boldsymbol{\theta}_k^{(j+1)},\boldsymbol{\theta}_k^{(j)})$ を新たに導入してサンプリングを行う．まず，$\boldsymbol{\theta}_k^{(j+1)}$ を提案分布 $p(\boldsymbol{\theta}_k^{(j+1)},\boldsymbol{\theta}_k^{(j)})$ からサンプリングする．そして，いま生成した $\boldsymbol{\theta}_k^{(j+1)}$ は確率

$$\alpha(\boldsymbol{\theta}_k^{(j)},\boldsymbol{\theta}_k^{(j+1)}) = \min\left\{1, \frac{f(\boldsymbol{X}_n|\boldsymbol{\theta}_k^{(j+1)})\pi(\boldsymbol{\theta}_k^{(j+1)})/p(\boldsymbol{\theta}_k^{(j+1)},\boldsymbol{\theta}_k^{(j)})}{f(\boldsymbol{X}_n|\boldsymbol{\theta}_k^{(j)})\pi(\boldsymbol{\theta}_k^{(j)})/p(\boldsymbol{\theta}_k^{(j)},\boldsymbol{\theta}_k^{(j+1)})}\right\}$$

で採択される．採択されない場合は，$\boldsymbol{\theta}_k^{(j)}$ にとどまる．

ギブスサンプリング法が適用できなければ，そのサンプリングについてはメトロポリス-ヘイスティング法を利用すればよいこととなる．メトロポリス-ヘイスティング法では，条件付き事後分布が解析的に知られている必要はないので，広く適用可能である．

メトロポリス-ヘイスティング法において提案分布を $p(\boldsymbol{\theta}_k^{(j+1)},\boldsymbol{\theta}_k^{(j)}) = \pi(\boldsymbol{\theta}_k|\boldsymbol{X}_n,\boldsymbol{\theta}_{-k})$ とすると

4.2 マルコフ連鎖モンテカルロ法

$$\alpha(\boldsymbol{\theta}_k^{(j)}, \boldsymbol{\theta}_k^{(j+1)}) = \min\left\{1, \frac{f(\boldsymbol{X}_n|\boldsymbol{\theta}_k^{(j+1)})\pi(\boldsymbol{\theta}_k^{(j+1)})/\pi(\boldsymbol{\theta}_k^{(j+1)}|\boldsymbol{\theta}_{-k}^{(j)})}{f(\boldsymbol{X}_n|\boldsymbol{\theta}_k^{(j)})\pi(\boldsymbol{\theta}_k^{(j)})/\pi(\boldsymbol{\theta}_k^{(j)}|\boldsymbol{\theta}_{-k}^{(j+1)})}\right\}$$
$$= \min\{1, 1\}$$
$$= 1$$

となる．すなわち，常に生成されたサンプルが採択され，この場合，ギブスサンプリング法に帰着する．

独立メトロポリス-ヘイスティング法

提案分布が，現在のパラメータの値 $\boldsymbol{\theta}_k^{(j)}$ に依存しない場合 $p(\boldsymbol{\theta}_k^{(j+1)}, \boldsymbol{\theta}_k^{(j)}) \equiv p(\boldsymbol{\theta}_k^{(j+1)})$，

$$\alpha(\boldsymbol{\theta}_k^{(j)}, \boldsymbol{\theta}_k^{(j+1)}) = \min\left\{1, \frac{f(\boldsymbol{X}_n|\boldsymbol{\theta}_k^{(j+1)})\pi(\boldsymbol{\theta}_k^{(j+1)})/p(\boldsymbol{\theta}_k^{(j+1)})}{f(\boldsymbol{X}_n|\boldsymbol{\theta}_k^{(j)})\pi(\boldsymbol{\theta}_k^{(j)})/p(\boldsymbol{\theta}_k^{(j)})}\right\}$$

となる．これは，独立メトロポリス-ヘイスティング法 (independence Metropolis-Hasting sampling) と呼ばれる．一般に，提案分布は事後分布と形状が似ているものを利用することが多い．

ランダムウォークメトロポリス-ヘイスティング法

提案分布が現在のパラメータの値 $\boldsymbol{\theta}_k^{(j)}$ に依存し $p(\boldsymbol{\theta}_k^{(j+1)}, \boldsymbol{\theta}_k^{(j)}) \equiv p(\boldsymbol{\theta}_k^{(j+1)}|\boldsymbol{\theta}_k^{(j)})$，例えば

$$\boldsymbol{\theta}_k^{(j+1)} = \boldsymbol{\theta}_k^{(j)} + \varepsilon$$

からサンプリングする場合を考える．ここで ε は平均 0 の確率変数である．この提案分布を利用して，メトロポリス-ヘイスティング法を実行する場合，ランダムウォークメトロポリス-ヘイスティング法 (random-walk Metropolis-Hasting sampling) という．いま提案分布の対称性 $p(\boldsymbol{\theta}_k^{(j+1)}|\boldsymbol{\theta}_k^{(j)}) = p(\boldsymbol{\theta}_k^{(j+1)}|\boldsymbol{\theta}_k^{(j)})$ から

$$\alpha(\boldsymbol{\theta}_k^{(j)}, \boldsymbol{\theta}_k^{(j+1)}) = \min\left\{1, \frac{f(\boldsymbol{X}_n|\boldsymbol{\theta}_k^{(j+1)})\pi(\boldsymbol{\theta}_k^{(j+1)})}{f(\boldsymbol{X}_n|\boldsymbol{\theta}_k^{(j)})\pi(\boldsymbol{\theta}_k^{(j)})}\right\}$$

を得る．

4.2.3 収束判定・効率性

マルコフ連鎖モンテカルロ法は，理論的，および実用的観点からさまざまな研究がなされている．マルコフ連鎖モンテカルロ法を利用することにより，(事後) サンプルを発生させることができるが，これが事後分布からのサンプルであるかは前節までは述べていなかった．実際には，マルコフ連鎖モンテカルロ法により発生させたサンプルを事後分布からのサンプルとして利用する場合，マルコフ連鎖が事後分布に収束しているかどうかを検証する必要がある．この手続きは，マルコフ連鎖モンテカルロ法の収束判定と呼ばれている．一般には，初期値の影響等を取り除き，事後分布に収束した後のサンプルのみを利用するという目的で，ある時点以降に発生させたサンプルを利用する．本書でも，マルコフ連鎖モンテカルロ法により発生させた最初のサンプルを，初期値に依存する期間 (burn-in period) として捨てて，残りのサンプルを事後分布からのサンプルとして利用している．

トレースプロット

収束を調べる最も簡単な方法はサンプリングパスをプロットすることであろう．この手法は，トレースプロット (trace plot) と呼ばれ，頻繁に利用されている．もし事後分布に収束していなければ，サンプリングパスがトレンドをもっていることが多く，それは明らかに収束していないサインである．例えば，図 4.1 は表面上無関係な回帰モデル (seemingly unrelated regression model; Zellner (1962)) に含まれるパラメータの事後サンプルをギブスサンプリング法により発生させた結果のトレースプロットである．このモデルの概要，およびギブスサンプリング法については次項に解説している．それぞれのトレースプロットをみてわかるように，サンプリングパスはトレンドをもっておらず，実際には事後分布に収束していると考える．しかし，事後分布が多峰性の性質をもつ場合，1 つのモード近辺でのみサンプリングしてしまうとサンプリングパスがトレンドをもっていない場合もあるので，注意が必要である．

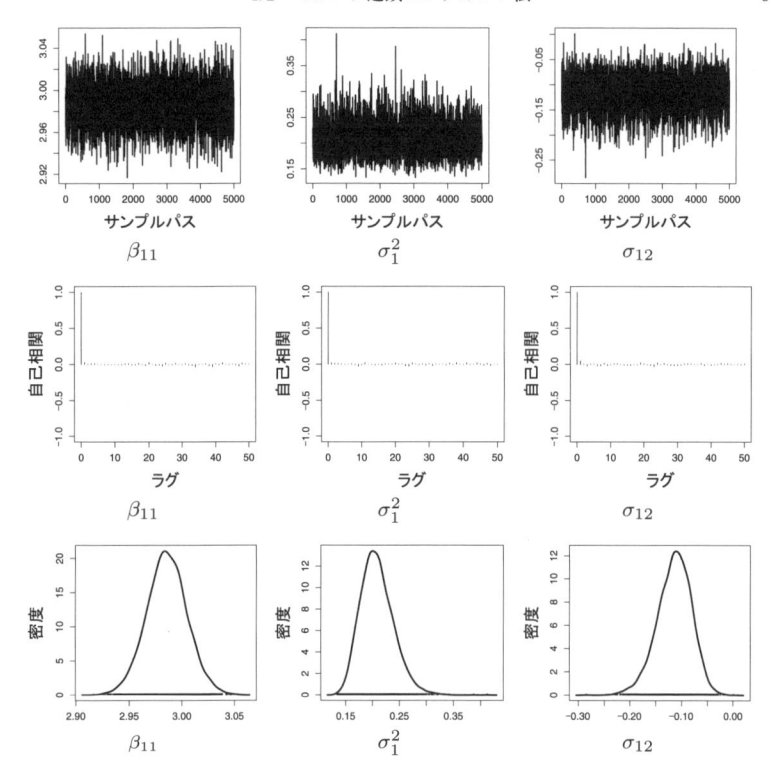

図 4.1 マルコフ連鎖モンテカルロ法により発生させた β_{11}, σ_1^2, および σ_{12} に関する事後サンプルのトレースプロット,自己相関関数,推定された周辺事後分布.真の値は $\beta_{11} = 3$, $\sigma_1^2 = 0.2$, $\sigma_{12} = -0.1$ である.

さまざまな収束判定法

先ほど指摘したように,ある時点以降に発生させたサンプルを事後分布からのサンプルとして利用するが,どのくらいの初期サンプルを破棄するのであろうか? Geweke (1992) の収束診断検定統計量 (convergence diagnostic (CD) test statistic) は,この問題に対する 1 つの答えを与えている.直感的な解説をするとマルコフ連鎖が事後分布に収束していれば,ある時点以降に発生させたサンプル前半部分 A の平均,発生させたサンプル後半部分 B の平均は等しくなるであろうというシンプルなアイデアである.

いま，ある時点以降の事後サンプルを $\{\boldsymbol{\theta}^{(j)}\}$, $j = 1, 2, ..., L$ とし，n_1, n_2 を前半部分 A, および後半部分 B のサンプル数とする．それぞれに対応する平均は

$$\bar{\boldsymbol{\theta}}^A = \frac{1}{n_1} \sum_{j=1}^{n_1} \boldsymbol{\theta}^{(j)}, \quad \bar{\boldsymbol{\theta}}^B = \frac{1}{n_2} \sum_{j=1}^{L-n_2+1} \boldsymbol{\theta}^{(j)}$$

である．収束診断検定統計量は，

$$Z = \frac{\bar{\boldsymbol{\theta}}^A - \bar{\boldsymbol{\theta}}^B}{\sqrt{V(\boldsymbol{\theta}^A) + V(\boldsymbol{\theta}^B)}}$$

で定義される．ここで，$V(\boldsymbol{\theta}^A)$, $V(\boldsymbol{\theta}^B)$ は前半部分 A, および後半部分 B に対応する分散である．Z は漸近的に標準正規分布に従うという漸近正規性を利用して Z の絶対値がある値，例えば 1.96（5%有意水準での検定に対応）より小さければ，マルコフ連鎖が事後分布に収束しているとみなす[*1]．R などの統計ソフトを利用すれば計算できる．

これ以外にもさまざまな手法 (Gelman and Rubin (1992), Raftery and Lewis (1992), Zellner and Min (1995), Brooks and Gelman (1997) など) が提案されている．しかし，マルコフ連鎖の収束判定を完璧に正しくおこなうことは非常に難しいようである．

非効率性因子

マルコフ連鎖モンテカルロ法による事後サンプリングおいて，系列相関が大きい場合には，サンプリングの回数を多くとる必要がある．これは，モンテカルロ積分の定義，独立のサンプルに基づくサンプル平均，から自明であろう．マルコフ連鎖の効率性を計量化する手法に，非効率性因子 (IF; inefficiency factor) がある (Kim et al. (1998))．

$$\text{IF} = 1 + 2 \sum_{k=1}^{\infty} \rho(k). \tag{4.1}$$

ここで $\rho(k)$ はラグ k の標本自己相関関数である．標本自己相関関数の値が大

[*1] より正確には，「マルコフ連鎖が事後分布に収束していないとは診断できない」と述べるほうがよいが，実際には，収束しているとみなすのでこのように記述した．

きければ，サンプリングの回数を多くとる必要がある．関連する概念として，実質的標本数 (ESS; effective sample size) があり以下で定義される．

$$\text{ESS} = \frac{L}{1 + 2\sum_{k=1}^{\infty} \rho(k)}.$$

ただし，L はサンプリングの回数である．もし，標本自己相関関数の値が大きければ，独立な事後サンプルは実質的には非常に少ないこととなる．特に，標本自己相関関数の値が非常に大きい場合，事後サンプリング期間を等間隔に分けて，それぞれの事後サンプル期間中の1事後サンプルを利用することが多い．例えば，1,000個の事後サンプリング期間を，それぞれ50個の事後サンプルを含むように分割する．この場合，20個の事後サンプルを得ることとなる．

4.2.4 表面上無関係な回帰モデルのベイズ推定

ここでは，表面上無関係な回帰モデル (seemingly unrelated regression model; Zellner (1962)) のギブスサンプリングを利用して，いま述べた概念の解説をおこなう．数学的に，表面上無関係な回帰モデルは以下で定義される．

$$\boldsymbol{y}_{nj} = \boldsymbol{X}_{nj}\boldsymbol{\beta}_j + \boldsymbol{\varepsilon}_j, \; j = 1, ..., m. \tag{4.2}$$

ここで

$$E[\boldsymbol{\varepsilon}_i \boldsymbol{\varepsilon}_j^T] = \begin{cases} \sigma_{ij} I, & (i \neq j) \\ \sigma_i^2 I, & (i = j) \end{cases}.$$

$\boldsymbol{y}_{nj}$, $\boldsymbol{\varepsilon}_j$ は $n \times 1$ 次元ベクトル $\boldsymbol{X}_{nj}$ は $n \times p_j$ 次元行列，$\boldsymbol{\beta}_j$ は p_j 次元ベクトルである．(4.2) 式にあるように，それぞれの方程式は異なる説明変数行列，分散をもちさらに，誤差は相関をもっている．

(4.2) 式を行列で表現すると

$$\begin{pmatrix} \boldsymbol{y}_{n1} \\ \boldsymbol{y}_{n2} \\ \vdots \\ \boldsymbol{y}_{nm} \end{pmatrix} = \begin{pmatrix} \boldsymbol{X}_{n1} & O & \cdots & O \\ O & \boldsymbol{X}_{n_2} & \cdots & O \\ \vdots & \vdots & \ddots & \vdots \\ O & O & \cdots & \boldsymbol{X}_{nm} \end{pmatrix} \begin{pmatrix} \boldsymbol{\beta}_1 \\ \boldsymbol{\beta}_2 \\ \vdots \\ \boldsymbol{\beta}_m \end{pmatrix} + \begin{pmatrix} \boldsymbol{\varepsilon}_1 \\ \boldsymbol{\varepsilon}_2 \\ \vdots \\ \boldsymbol{\varepsilon}_m \end{pmatrix}$$

もしくは

$$y_n = X_n\beta + \varepsilon, \quad \varepsilon \sim N(0, \Sigma \otimes I)$$

と表現できる．ここで $\otimes$ はテンソル積，Σ は $m \times m$ 共分散行列で，その対角成分は $\{\sigma_1^2, ..., \sigma_m^2\}$，非対角成分は σ_{ij} である．

β, Σ の最尤推定量は尤度関数

$$f(Y_n|X_n, \beta, \Sigma) = \frac{1}{(2\pi)^{\frac{nm}{2}}|\Sigma|^{\frac{n}{2}}} \exp\left[-\frac{1}{2}\mathrm{tr}\left\{R\Sigma^{-1}\right\}\right]$$

の最大化による．ここで "tr" は行列の対角和 $|\Sigma| = \det(\Sigma)$ は Σ の行列式，$m \times m$ 次元行列 R の ij 成分 $R = (r_{ij})$ は $r_{ij} = (y_{ni} - X_{ni}\beta_i)^T(y_{nj} - X_{nj}\beta_j)$ で与えられる．

Zellner (1971)，Box and Tiao (1973)，Percy (1992) は，表面上無関係な回帰モデルの事後分布の分析をおこなっている．ここでは，ジェフリーの事前分布 (Jeffreys (1946, 1961)) を考える．

$$\pi_1(\beta, \Sigma) = \pi_1(\beta)\pi_1(\Sigma) \propto |\Sigma|^{-\frac{m+1}{2}}. \tag{4.3}$$

このとき，同時事後分布は

$$\pi_1(\beta, \Sigma|Y_n, X_n) \propto |\Sigma|^{-\frac{n+m+1}{2}} \exp\left[-\frac{1}{2}\mathrm{tr}\left\{R\Sigma^{-1}\right\}\right]$$

となり，β, Σ の同時事後分布を解析的に求められない．しかし，同時事後分布 $\pi_1(\beta, \Sigma|Y_n, X_n)$ を調べると，β, Σ の条件付き事後分布 $\pi_1(\beta|Y_n, X_n, \Sigma)$，$\pi(\Sigma|Y_n, X_n, \beta)$ は求められる．

$$\pi_1(\beta|Y_n, X_n, \Sigma) = N\left(\hat{\beta}, \hat{\Omega}\right), \quad \pi_1(\Sigma|Y_n, X_n, \beta) = IW(R, n). \tag{4.4}$$

ただし，

$$\hat{\beta} = \left\{X_n^T\left(\Sigma^{-1} \otimes I\right)X_n\right\}^{-1} X_n^T\left(\Sigma^{-1} \otimes I\right)y_n,$$
$$\hat{\Omega} = \left(X_n^T\left(\Sigma^{-1} \otimes I\right)X_n\right)^{-1}.$$

ここで，$IW(\cdot, \cdot)$ は，逆ウィシャート分布である．

いま，パラメータの初期値を $\boldsymbol{\beta}^{(0)}$, および $\Sigma^{(0)}$ とする．このとき，$\boldsymbol{\beta}$, Σ の条件付き事後分布 $\pi_1(\boldsymbol{\beta}|\boldsymbol{Y}_n,\boldsymbol{X}_n,\Sigma)$, $\pi(\Sigma|\boldsymbol{Y}_n,\boldsymbol{X}_n,\boldsymbol{\beta})$ は解析的に与えられているので，ギブスサンプリング法を利用できる．

ギブスサンプリング

Step 1. パラメータ $\boldsymbol{\beta}^{(j)}$ を (4.4) 式の条件付き事後分布 $\pi_1\left(\boldsymbol{\beta}|\boldsymbol{Y}_n,\boldsymbol{X}_n,\Sigma^{(j-1)}\right)$ から発生させる．

Step 2. パラメータ $\Sigma^{(j)}$ を (4.4) 式の条件付き事後分布 $\pi_1\left(\Sigma|\boldsymbol{Y}_n,\boldsymbol{X}_n,\boldsymbol{\beta}^{(j)}\right)$ から発生させる．

これらの手順を $j = 1, ...,$ と繰り返すこととなる．ある時点以降に発生させたサンプルを事後分布からのサンプルとして利用すれば，それが事後分布からのサンプルとして利用できる．ある時点を決める際には，前節で紹介した収束判定手法を利用すればよい．

いま，$m = 2$, $p_j = 2$ $(j = 1, 2)$ として，(4.2) 式からデータを発生させる．

$$\begin{pmatrix} \boldsymbol{y}_1 \\ \boldsymbol{y}_2 \end{pmatrix} = \begin{pmatrix} \boldsymbol{X}_{n1} & O \\ O & \boldsymbol{X}_{n2} \end{pmatrix} \begin{pmatrix} \boldsymbol{\beta}_1 \\ \boldsymbol{\beta}_2 \end{pmatrix} + \begin{pmatrix} \boldsymbol{\varepsilon}_1 \\ \boldsymbol{\varepsilon}_2 \end{pmatrix}.$$

ここで，X_j は $n \times 2$ 次元行列，$\boldsymbol{\beta}_j$ は 2 次元ベクトル，共分散行列 Σ は

$$\Sigma = \begin{pmatrix} \sigma_1^2 & \sigma_{12} \\ \sigma_{21} & \sigma_2^2 \end{pmatrix} = \begin{pmatrix} 0.2 & -0.1 \\ -0.1 & 0.4 \end{pmatrix}.$$

とし，行列 $\boldsymbol{X}_{nj}$, $(j = 1, 2)$ のそれぞれ成分は $[-4, 4]$ の一様乱数から発生させる．また $\boldsymbol{\beta}_1 = (3, -2)^T$, $\boldsymbol{\beta}_2 = (2, 1)^T$ とし $n = 100$ 個の観測データを発生させた．

マルコフ連鎖モンテカルロによる事後サンプリングを 6,000 回おこない，最初の 1,000 回を初期値に依存する期間 (burn-in period) とみなして残りの 5,000 回を事後分布からのサンプルとして利用する．マルコフ連鎖モンテカルロが定常分布に収束しているかの判定は，Geweke (1992) の収束診断検定を有意水準 5% でおこなってその収束を確認している．実際には，検定の検出力はパラメー

表 4.1 推定結果

	Mean	Mode	SDs	95%CIs		CD	IF
β_{11}	2.980	2.985	0.019	2.947	3.024	-0.965	0.345
β_{12}	-1.994	-1.995	0.017	-2.028	-1.961	-0.820	0.176
β_{21}	2.029	2.032	0.025	1.983	2.083	0.194	0.366
β_{22}	0.980	0.983	0.024	0.934	1.031	0.114	1.824
σ_1^2	0.195	0.208	0.030	0.157	0.275	1.115	0.703
σ_{12}	-0.115	-0.114	0.032	-0.184	-0.055	-1.653	2.203
σ_2^2	0.407	0.420	0.060	0.317	0.552	1.852	1.956

パラメータの事後平均 (Mean), 事後モード (Mode), 事後標準偏差 (SD), 95% 等裾事後信頼区間 (95% CIs), Geweke (1992) の収束診断検定統計量 (CD; convergence diagnostic test statistic), 非効率性因子 (IF; inefficiency factor).

タ数に依存しており, 有意水準を調整する必要があろうが, ここではそこまで考慮しないものとする.

先に掲げた図 4.1 は, マルコフ連鎖モンテカルロ法により発生させた事後サンプルのパス, 推定された周辺事後確率密度関数, 自己相関関数である. 図 4.1 のトレースプロットからも収束が確認でき, 自己相関関数の値も非常に小さい. 表 4.1 は, パラメータの事後平均, 事後モード, 標準偏差, 95% 信頼区間, Geweke (1992) の収束診断検定統計量, 非効率性因子をまとめている. 95% 等裾事後信頼区間は, 2.5%, および 97.5% のパーセンタイル点を利用して計算できる. また, 1,000 個のラグを利用して非効率性因子を計算した.

図 4.2 は, 予測分布の推定結果である. 任意の地点 x における z の予測分布は, 事後サンプル $\{\beta^{(j)}, \Omega^{(j)}; j = 1, ..., L\}$ を利用すると以下のように近似できる.

$$\int f(z|x, \beta, \Sigma) \pi_1(\beta, \Sigma|Y_n, X_n) d\beta d\Sigma \approx \frac{1}{L} \sum_{k=1}^{L} f\left(z|x, \beta^{(k)}, \Sigma^{(k)}\right).$$

ここで $x^T = (x_1^T, x_2^T)$ は $x_1 = (0.1, -0.4)^T$, $x_2 = (0.2, -0.3)^T$ とする. 解析的な予測分布は求められないので, ここでは $y = (y_1, y_2)^T$ の確率密度関数を利用する. 図 4.2 から, 推定された予測分布は $y = (y_1, y_2)^T$ の確率密度関数をよく近似しているようである.

4.2 マルコフ連鎖モンテカルロ法

y の確率密度関数

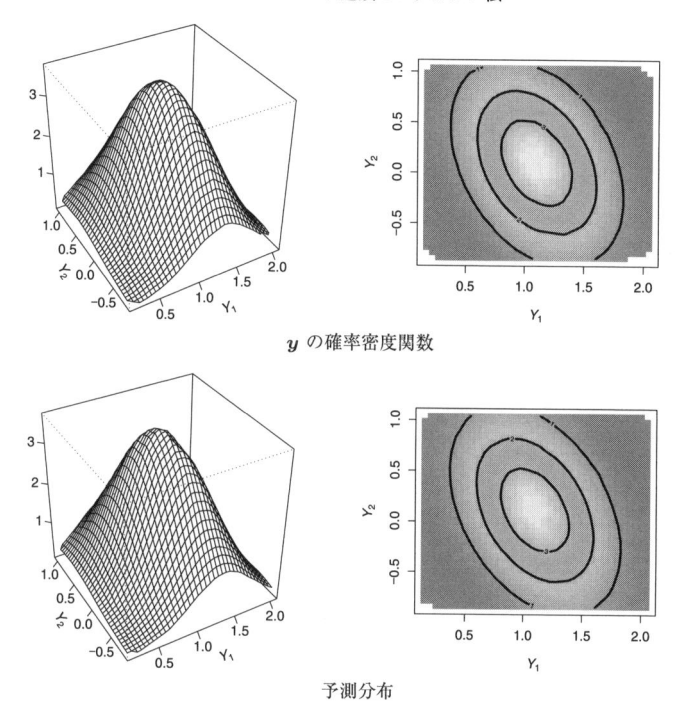

予測分布

図 4.2 任意の地点 x における予測分布と，y の確率密度関数の比較．密度関数の等高線図も図示している．

関連する話題

β，および Σ の事前分布として $\pi(\beta, \Sigma) = \pi(\beta)\pi(\Sigma)$ $\pi(\beta) = N(\beta_0, A^{-1})$，$\pi(\Sigma) = IW(\Lambda_0, \nu_0)$ を利用した場合も，条件付き事後分布を解析的に求められる．それらは

$$\pi(\beta|\Sigma, \boldsymbol{Y}_n, \boldsymbol{X}_n) = N\left(\hat{\beta}_A, \hat{\Omega}_A\right),$$
$$\pi(\Sigma|\beta, \boldsymbol{Y}_n, \boldsymbol{X}_n) = IW(\Lambda_0 + R, n + \nu_0).$$

ただし，

$$\hat{\beta}_A = (\boldsymbol{X}_n^T(\Sigma^{-1} \otimes I)\boldsymbol{X}_n + A)^{-1}(\boldsymbol{X}_n^T(\Sigma^{-1} \otimes I)\boldsymbol{X}_n\hat{\beta} + A\beta_0),$$
$$\hat{\Omega}_A = (\boldsymbol{X}_n^T(\Sigma^{-1} \otimes I)\boldsymbol{X}_n^T + A)^{-1}$$

である.先ほどと同様,$\boldsymbol{\beta}$,Σ の条件付き事後分布 $\pi(\boldsymbol{\beta}|\boldsymbol{Y}_n,\boldsymbol{X}_n,\Sigma)$,$\pi(\Sigma|\boldsymbol{Y}_n,\boldsymbol{X}_n,\boldsymbol{\beta})$ は解析的に与えられているので,ギブスサンプリング法を利用できる.

また,パラメータ $\boldsymbol{\beta}$ の定義域に制約 S を課すことができる.

$$I_S(\boldsymbol{\beta}) = \begin{cases} 1, & (\boldsymbol{\beta} \in S) \\ 0, & (\boldsymbol{\beta} \notin S) \end{cases}.$$

いま,(4.3) 式のジェフリーの事前分布

$$\pi(\boldsymbol{\beta},\Sigma) = \pi(\boldsymbol{\beta})\pi(\Sigma) \propto |\Sigma|^{-\frac{m+1}{2}} \times I_S(\boldsymbol{\beta})$$

を利用すると $\boldsymbol{\beta}$,Σ の条件付き事後分布は

$$\pi(\boldsymbol{\beta}|\boldsymbol{Y}_n,\boldsymbol{X}_n,\Sigma) = TN\left(\hat{\boldsymbol{\beta}},\hat{\Omega},I_S(\boldsymbol{\beta})\right), \quad \pi(\Sigma|\boldsymbol{Y}_n,\boldsymbol{X}_n,\boldsymbol{\beta}) = IW(R,n)$$

となる.ここで $TN\left(\hat{\boldsymbol{\beta}},\hat{\Omega},I_S(\boldsymbol{\beta})\right)$ は,領域 $I_S(\boldsymbol{\beta})$ 上で定義される打ち切り多変量正規分布である.

4.2.5 自己相関をもつ回帰モデルのベイズ推定

パネルデータの分析などにおいて,観測データは自己相関をもつ場合が頻繁にある.最も単純な自己相関をもつ回帰モデルの定式化は,p 次の自己回帰モデルを誤差項に仮定することであろう.

$$y_\alpha = \boldsymbol{x}_\alpha^T \boldsymbol{\beta} + \varepsilon_\alpha,$$
$$\varepsilon_\alpha = \sum_{j=1}^p \rho_j \varepsilon_{\alpha-j} + u_\alpha,$$

$\alpha = 1,...,n$. ここで $\boldsymbol{x}_\alpha^T$ は q 次元説明変数,u_α はそれぞれ独立な平均 0,分散 σ^2 の正規分布に従い,ρ_j, $j = 1,...,p$ は誤差項 ε_α の依存関係を規定するパラメータである.明らかに,誤差項 ε_α は自己相関をもつ.

分析に際しては,モデルを以下のように変換することが一般的である.

$$y_\alpha^* = \boldsymbol{x}_\alpha^{*T} \boldsymbol{\beta} + u_\alpha.$$

ここで
$$y_\alpha^* = y_\alpha - \sum_{j=1}^p \rho_j y_{\alpha-j}, \quad \boldsymbol{x}_\alpha^* = \boldsymbol{x}_\alpha - \sum_{j=1}^p \rho_j \boldsymbol{x}_{\alpha-j}.$$

理論的には,モデル推定には初期値 $\{y_0,...,y_{1-p}\}$, $\{\boldsymbol{x}_0,...,\boldsymbol{x}_{1-p}\}$ が必要である (Bauwens et al. (1999), Koop (2003)). しかし,簡単のためにここでは無視することとし,$\{y_1^*,...,y_n^*\}$ に対する尤度関数の代わりに,$\{y_{p+1}^*,...,y_n^*\}$ に対する尤度関数を利用する.

このとき,変換されたモデルは 2.7 節の線形回帰モデルの分析に帰着する. いま,誤差項 u_α は独立に正規分布に従うことに注意すると

$$f\left(\boldsymbol{y}_n^*|\boldsymbol{X}_n^*,\boldsymbol{\beta},\boldsymbol{\rho},\sigma^2\right) = \frac{1}{(2\pi\sigma^2)^{\frac{n-p}{2}}} \exp\left[-\frac{(\boldsymbol{y}_n^* - \boldsymbol{X}_n^*\boldsymbol{\beta})^T(\boldsymbol{y}_n^* - \boldsymbol{X}_n^*\boldsymbol{\beta})}{2\sigma^2}\right],$$

となる.ここで $\boldsymbol{\rho} = (\rho_1,...,\rho_p)^T$, $\boldsymbol{X}_n^*$, および $\boldsymbol{y}_n^*$ は $(n-p) \times q$ 次元行列,および $(n-p)$ 次元ベクトルで,それぞれ

$$\boldsymbol{X}_n^* = \begin{pmatrix} \boldsymbol{x}_{p+1}^{*T} \\ \vdots \\ \boldsymbol{x}_n^{*T} \end{pmatrix} = \begin{pmatrix} \boldsymbol{x}_{p+1} - \sum_{j=1}^p \rho_j \boldsymbol{x}_{p+1-j} \\ \vdots \\ \boldsymbol{x}_n - \sum_{j=1}^p \rho_j \boldsymbol{x}_{n-j} \end{pmatrix}, \quad \boldsymbol{y}_n^* = \begin{pmatrix} y_{p+1}^* \\ \vdots \\ y_n^* \end{pmatrix}$$

で与えられる.

パラメータの事前分布 $\pi(\boldsymbol{\beta},\sigma^2) = \pi(\boldsymbol{\beta}|\sigma^2)\pi(\sigma^2)$ として

$$\pi(\boldsymbol{\beta}|\sigma^2) = N\left(\boldsymbol{\beta}_0, \sigma^2 A^{-1}\right), \quad \pi(\sigma^2) = IG\left(\frac{\nu_0}{2}, \frac{\lambda_0}{2}\right)$$

を利用すると,

$$\pi\left(\boldsymbol{\beta}\middle|\sigma^2,\boldsymbol{\rho},\boldsymbol{y}_n^*,\boldsymbol{X}_n^*\right) = N\left(\hat{\boldsymbol{\beta}}_n^*, \sigma^2 \hat{A}_n^*\right), \quad \pi\left(\sigma^2\middle|\boldsymbol{\rho},\boldsymbol{y}_n^*,\boldsymbol{X}_n^*\right) = IG\left(\frac{\hat{\nu}_n^*}{2}, \frac{\hat{\lambda}_n^*}{2}\right)$$

を得る.ここで $\hat{\nu}_n^* = \nu_0 + n - p$,

$$\hat{\boldsymbol{\beta}}_n^* = \left(\boldsymbol{X}_n^{*T}\boldsymbol{X}_n^* + A\right)^{-1}\left(\boldsymbol{X}_n^{*T}\boldsymbol{X}_n^*\hat{\boldsymbol{\beta}}^* + A\boldsymbol{\beta}_0\right),$$
$$\hat{\boldsymbol{\beta}}^* = \left(\boldsymbol{X}_n^{*T}\boldsymbol{X}_n^*\right)^{-1}\boldsymbol{X}_n^{*T}\boldsymbol{y}_n^*, \quad \hat{A}_n^* = \left(\boldsymbol{X}_n^{*T}\boldsymbol{X}_n^* + A\right)^{-1},$$

$$\hat{\lambda}_n^* = \lambda_0 + \left(\boldsymbol{y}_n^* - \boldsymbol{X}_n^*\hat{\boldsymbol{\beta}}_n^*\right)^T \left(\boldsymbol{y}_n^* - \boldsymbol{X}_n^*\hat{\boldsymbol{\beta}}_n^*\right)$$
$$+ \left(\boldsymbol{\beta}_0 - \hat{\boldsymbol{\beta}}^*\right)^T \left((\boldsymbol{X}_n^{*T}\boldsymbol{X}_n^*)^{-1} + A^{-1}\right)^{-1} \left(\boldsymbol{\beta}_0 - \hat{\boldsymbol{\beta}}^*\right).$$

次に,$\boldsymbol{\rho}$ の事前分布を定式化する.ここでは $\boldsymbol{\rho}$ の事前分布には領域 Φ に収まるような一様事前分布を利用する.例えば,$p=1$ で定常性を仮定する場合には,領域 Φ は $|\rho| < 1$ となる.したがって,解析者の意図に対応して領域 Φ は定義される.いま $\boldsymbol{\beta}$ が与えられたもとで,誤差項は正規分布に従うことに注意すると,$\boldsymbol{\rho}$ の分析についても,2.7 節の線形回帰モデルの分析に再び帰着する.

いま E を以下で与えられる $(n-p) \times p$ 次元行列,$\boldsymbol{\varepsilon}$,$\boldsymbol{u}$ を $(n-p)$ 次元ベクトルとする.

$$E = \begin{pmatrix} \varepsilon_p & \cdots & \varepsilon_1 \\ \vdots & \ddots & \vdots \\ \varepsilon_{n-1} & \cdots & \varepsilon_{n-p} \end{pmatrix}, \quad \boldsymbol{\varepsilon} = \begin{pmatrix} \varepsilon_{p+1} \\ \vdots \\ \varepsilon_n \end{pmatrix}, \quad \boldsymbol{u} = \begin{pmatrix} u_{p+1} \\ \vdots \\ u_n \end{pmatrix}$$

とすると,

$$\boldsymbol{\varepsilon} = E\boldsymbol{\rho} + \boldsymbol{u}$$

となる.いま,$\boldsymbol{\rho}$ の事前分布は領域 Φ に収まる一様事前分布であることに注意すると,$\boldsymbol{\beta}$,σ^2 が与えられたもとでの,$\boldsymbol{\rho}$ の条件付き事後分布は

$$\pi\left(\boldsymbol{\rho} \middle| \boldsymbol{\beta}, \sigma^2, \boldsymbol{y}_n^*, \boldsymbol{X}_n^*\right) = TN\left(\hat{\boldsymbol{\rho}}_n^*, \sigma^2 \hat{V}_n^*, \Phi\right)$$

である.ここで

$$\hat{\boldsymbol{\rho}}_n^* = \left(E^T E\right)^{-1} E^T \boldsymbol{\varepsilon}, \quad \hat{V}_n^* = \left(E^T E\right)^{-1}$$

とし,$TN(\cdot, \cdot, \Phi)$ は Φ 上で定義される打ち切り正規分布である.

パラメータ $\boldsymbol{\beta}$,σ^2,$\boldsymbol{\rho}$ の条件付き事後分布が解析的に得られたので,ギブスサンプリングを利用してベイズ推定を実行できる.ある初期値 $\boldsymbol{\beta}^{(0)}$,$\sigma^{2(0)}$,$\boldsymbol{\rho}^{(0)}$

を設定し,以下のギブスサンプリングをおこなえばよい.

ギブスサンプリング
Step 1. $\boldsymbol{\beta}^{(j)}$ を $\pi(\boldsymbol{\beta}|\sigma^2, \boldsymbol{\rho}, \boldsymbol{y}_n^*, \boldsymbol{X}_n^*)$ から発生させる.
Step 2. $\sigma^{2(j)}$ を $\pi(\sigma^2|\boldsymbol{\rho}, \boldsymbol{y}_n^*, \boldsymbol{X}_n^*)$ から発生させる.
Step 3. $\boldsymbol{\rho}^{(j)}$ を $\pi(\boldsymbol{\rho}|\boldsymbol{\beta}, \sigma^2, \boldsymbol{y}_n^*, \boldsymbol{X}_n^*)$ から発生させる.

4.3 データ拡大法

データ拡大法とは,観測されない変量を新たに導入して最適化や,サンプリングをおこなう手法の総称である (van Dyk and Meng (2001)).データ拡大法をマルコフ連鎖モンテカルロ法に応用したさまざまな研究結果 (例えば,Gilks et al. (1996),Albert and Chib (1993) など) がある.本節では,Albert and Chib (1993) により考案されたプロビットモデル (probit model) のベイズ推定を通じてデータ拡大法を解説する.

いま,プロビットモデルを考える.
$$f(\boldsymbol{y}_n|\boldsymbol{X}_n, \boldsymbol{\beta}) = \prod_{\alpha=1}^{n} \Phi\left(\boldsymbol{x}_\alpha^T \boldsymbol{\beta}\right)^{y_\alpha} \left[1 - \Phi\left(\boldsymbol{x}_\alpha^T \boldsymbol{\beta}\right)\right]^{1-y_\alpha}.$$
ここで $\Phi(\cdot)$ は標準正規分布の累積分布関数 y_α は 0, 1 の変数,$\boldsymbol{x}_\alpha$ は p 次元の説明変数である.

$\boldsymbol{\beta}$ の事前分布を設定し,メトロポリス-ヘイスティング法による事後サンプリングも可能であるが,ここではデータ拡大法を採用する.まず,観測されない変量 z_α を
$$z_\alpha = \boldsymbol{x}_\alpha^T \boldsymbol{\beta} + \varepsilon_\alpha, \quad \varepsilon_\alpha \sim N(0, 1)$$
と定義する.ここで
$$y_\alpha = \begin{cases} 1, & (z_\alpha \geq 0) \\ 0, & (z_\alpha < 0) \end{cases}$$
である.つまり,

$$\Pr(y_\alpha = 1 | \boldsymbol{x}_\alpha) = \Pr(z_\alpha \geq 0 | \boldsymbol{x}_\alpha)$$
$$= \Phi\left(\boldsymbol{x}_\alpha^T \boldsymbol{\beta}\right)$$
$$= \int_{-\infty}^{\infty} \frac{1}{(2\pi)^{\frac{1}{2}}} \exp\left[-\frac{(z_\alpha - \boldsymbol{x}_\alpha^T \boldsymbol{\beta})^2}{2}\right] I(z_\alpha \geq 0) dz_\alpha$$

および

$$\Pr(y_\alpha = 0 | \boldsymbol{x}_\alpha) = 1 - \Pr(y_\alpha = 1 | \boldsymbol{x}_\alpha)$$
$$= \int_{-\infty}^{\infty} \frac{1}{(2\pi)^{\frac{1}{2}}} \exp\left[-\frac{(z_\alpha - \boldsymbol{x}_\alpha^T \boldsymbol{\beta})^2}{2}\right] I(z_\alpha < 0) dz_\alpha$$

を得る．ここで $I(z_\alpha \geq 0)$ は $z_\alpha \geq 0$ であるなら 1，それ以外は 0 となる定義関数である．

パラメータ $\boldsymbol{\beta}$ の事前分布を $\pi(\boldsymbol{\beta})$ とすると，新たに定義した変数 $\boldsymbol{z}_n = (z_1, ..., z_n)^T$，および $\boldsymbol{\beta}$ の同時事後分布は

$$\pi(\boldsymbol{\beta}, \boldsymbol{z}_n | \boldsymbol{y}_n, \boldsymbol{X}_n)$$
$$\propto \prod_{\alpha=1}^{n} \exp\left[-\frac{(z_\alpha - \boldsymbol{x}_\alpha^T \boldsymbol{\beta})^2}{2}\right] \times \{y_\alpha I(z_\alpha \geq 0) + (1 - y_\alpha) I(z_\alpha < 0)\} \pi(\boldsymbol{\beta})$$

となる．

ここでは，説明のため $\pi(\boldsymbol{\beta}) = \text{Const.}$ とする．このとき，$\boldsymbol{\beta}$ の条件付き事後分布は

$$\pi(\boldsymbol{\beta} | \boldsymbol{y}_n, \boldsymbol{X}_n, \boldsymbol{z}_n) \propto \exp\left[-\frac{1}{2}(\boldsymbol{z}_n - \boldsymbol{X}_n \boldsymbol{\beta})^T (\boldsymbol{z}_n - \boldsymbol{X}_n \boldsymbol{\beta})\right]$$

にまとめられる．計算は省略するが，$\boldsymbol{\beta}$ の条件付き事後分布は

$$\pi(\boldsymbol{\beta} | \boldsymbol{y}_n, \boldsymbol{X}_n, \boldsymbol{z}_n) = N\left(\left(\boldsymbol{X}_n^T \boldsymbol{X}_n\right)^{-1} \boldsymbol{X}_n^T \boldsymbol{z}_n, \left(\boldsymbol{X}_n^T \boldsymbol{X}_n\right)^{-1}\right) \quad (4.5)$$

となる．同様に

$$\pi(z_\alpha | y_\alpha, \boldsymbol{x}_\alpha, \boldsymbol{\beta})$$
$$\propto \exp\left[-\frac{(z_\alpha - \boldsymbol{x}_\alpha^T \boldsymbol{\beta})^2}{2}\right] \times \{y_\alpha I(z_\alpha \geq 0) + (1 - y_\alpha) I(z_\alpha < 0)\}$$

となるので，z_α の条件付き事後分布は

$$\pi(z_\alpha|y_\alpha,\boldsymbol{x}_\alpha,\boldsymbol{\beta}) = \begin{cases} TN_+\left(\boldsymbol{x}_\alpha^T\boldsymbol{\beta},1\right), & (y_\alpha=1) \\ TN_-\left(\boldsymbol{x}_\alpha^T\boldsymbol{\beta},1\right), & (y_\alpha=0) \end{cases} \quad (4.6)$$

となる.ここで TN_+ は,$[0,\infty)$ 上で定義される打ち切り正規分布,同様に TN_- は $(-\infty,0)$ 上で定義される打ち切り正規分布である.

以上から $\boldsymbol{\beta}$,z_n の条件付き事後分布は解析的に与えられているので,ギブスサンプリング法を利用できることとなる.事後サンプリングをおこなう際には,初期値 $\boldsymbol{\beta}^{(0)}$,$z^{(0)}$ を設定し,以下を繰り返せばよい.

ギブスサンプリング

Step 1. パラメータ $\boldsymbol{\beta}^{(j)}$ を,(4.5) 式の条件付き事後分布 $\pi\left(\boldsymbol{\beta}|\boldsymbol{y}_n,\boldsymbol{X}_n,\boldsymbol{z}_n^{(j-1)}\right)$ から発生させる.

Step 2. 新たに導入した変量 $z_\alpha^{(j)}$ を,(4.6) 式の条件付き事後分布 $\pi\left(z_\alpha|y_\alpha,\boldsymbol{x}_\alpha,\boldsymbol{\beta}^{(j)}\right)$ $\alpha=1,...,n,$ から発生させる.

4.4 階層モデル

情報技術の発達により,さまざまなデータを観測できるようになった.特徴的なデータの一つとして,観測データ数 n よりも説明変数の次元 p が大きい場合がある.このデータ解析のために,さまざまな統計モデルが考案された.例えば,ラッソ法 (Lasso; Tibishirani (1996)),ラース法 (LARS; Efron et al. (2004)),適応ラッソ法 (Adaptive Lasso; Zou (2006)),ダンツィーク選択法 (Dantzig Selector; Candes and Tao (2007)) などである.ここでは,ラッソ法について紹介した後,そのベイズ推定法 (Park and Casella (2008)) を通じて階層モデル (hierarchical model) を解説する.

4.4.1 ラッソ法による超高次元回帰分析

いま,p 次元説明変数 $\boldsymbol{x}$ と目的変数 y に関する n 組のデータ $\{(y_\alpha,\boldsymbol{x}_\alpha);\alpha=1,2,...,n\}$ が観測されたとする.また,ここでは簡単のため y_α の標本平均は 0 に基準化されているとする.

ラッソ法 (Tibshirani (1996)) では，回帰モデル

$$y_\alpha = \beta_1 x_{1\alpha} + \cdots + \beta_p x_{p\alpha} + \varepsilon_\alpha, \quad \alpha = 1, ..., n$$

を L_1 罰則付き二乗誤差

$$\hat{\boldsymbol{\beta}}_n = \min_{\boldsymbol{\beta}} (\boldsymbol{y}_n - \boldsymbol{X}_n \boldsymbol{\beta})^T (\boldsymbol{y}_n - \boldsymbol{X}_n \boldsymbol{\beta}) + \lambda \sum_{j=1}^p |\beta_j|$$

により推定する．ここで $\lambda > 0$ は平滑化パラメータである．また，$\{\varepsilon_\alpha\}$ は平均 0, 分散 $\sigma^2 < \infty$ とする．パラメータ推定は，数値最適化により実行される．

4.4.2 ギブスサンプリング法によるラッソ法の実行

ここでは，誤差項に正規性を仮定して議論する．Tibshirani (1996), Park and Casella (2008) によると，ラッソ推定量 $\hat{\boldsymbol{\beta}}_n$ は，パラメータ $\boldsymbol{\beta}$ の事前分布として，各成分が独立なラプラス (Laplace) 分布

$$\pi(\boldsymbol{\beta}|\sigma^2) = \prod_{j=1}^p \frac{\lambda}{2\sigma} \exp\left[-\lambda \frac{|\beta_j|}{\sigma}\right]$$

を利用した場合の事後モードに対応している．

Park and Casella (2008) は，ラプラス分布の別表現

$$\frac{a}{2} \exp\{-a|z|\} = \int_0^\infty \frac{1}{2\pi s} \exp\left[-\frac{z^2}{2s}\right] \frac{a^2}{2} \exp\left[-\frac{a^2 s}{2}\right] ds \quad (a > 0)$$

を利用して，階層型事前分布を考案した．

$$\pi(\boldsymbol{\beta}|\sigma^2, \tau_1^2, ..., \tau_p^2) = N(\boldsymbol{0}, \sigma^2 D_\tau),$$
$$\pi(\sigma^2, \tau_1^2, ..., \tau_p^2, \lambda) = \pi(\sigma^2) \prod_{j=1}^p \frac{\lambda^2}{2} \exp\left(-\frac{\lambda^2 \tau_j^2}{2}\right).$$

ここで $D_\tau = \mathrm{diag}(\tau_1^2, ..., \tau_p^2)$ とする．さらに，Park and Casella (2008) は，σ^2, および λ の事前分布を

$$\pi(\sigma^2) = 1/\sigma^2,$$
$$\pi(\lambda^2) = \frac{b^r}{\Gamma(r)} (\lambda^2)^{r-1} \exp[-b\lambda^2]$$

と定式化している.ここで $b, r > 0$ とする.

Park and Casella (2008) では,パラメータ $\boldsymbol{\beta}, \sigma^2, \tau_1^2, ..., \tau_p^2, \lambda$ の条件付き事後分布を解析的に求めてあり,それらは以下で与えられる. $\boldsymbol{\beta}$ の条件付き事後分布は,平均 $(\boldsymbol{X}_n^T\boldsymbol{X}_n + D_\tau^{-1})^{-1}\boldsymbol{X}_n^T\boldsymbol{y}_n$,共分散行列 $\sigma^2(\boldsymbol{X}_n^T\boldsymbol{X}_n + D_\tau^{-1})^{-1}$ の多変量正規分布である. σ^2 の条件付き事後分布は,パラメータ $(n+p-1)/2$, $(\boldsymbol{y}_n - \boldsymbol{X}_n\boldsymbol{\beta})^T(\boldsymbol{y}_n - \boldsymbol{X}_n\boldsymbol{\beta})/2 + \boldsymbol{\beta}^T D_\tau^{-1}\boldsymbol{\beta}/2$ の逆ガンマ分布となる. τ_j^2 の条件付き事後分布は,パラメータ $\mu = \sqrt{\lambda^2\sigma^2/\beta_j^2}$, $\lambda' = \lambda^2$ の逆正規分布である.ここで,逆正規分布の確率密度関数は

$$f(x|\mu_r, \lambda') = \sqrt{\frac{\lambda'}{2\pi}} x^{-\frac{3}{2}} \exp\left[-\frac{\lambda'(x-\mu)^2}{2\mu^2 x}\right]$$

で与えられる.最後に λ^2 の条件付き事後分布は,パラメータ $(p+r, \sum_{j=1}^{p}\tau_j^2/2 + b)$ のガンマ分布である.パラメータすべての条件付き事後分布が解析的に与えられているので,ギブスサンプリング法を利用して事後サンプリングを実行すればよい.

4.5 さまざまな事後サンプリングアルゴリズム

ベイズ推定において,マルコフ連鎖モンテカルロ法が広く利用されているが,マルコフ連鎖モンテカルロ法とは対照的に,非反復アルゴリズムに基づいたベイズ推定をおこなう手法がある.以下に紹介するアルゴリズムでは,マルコフ連鎖モンテカルロ法の利用に際して常に伴う,収束判定,自己相関などの問題を考慮する必要がないという利点がある.

以下のモンテカルロ積分を考える.

$$\int h(\boldsymbol{\theta})\pi(\boldsymbol{\theta}|\boldsymbol{X}_n)\,d\boldsymbol{\theta}.$$

もちろん,事後分布から独立なサンプル $\boldsymbol{\theta}^{(1)}, ..., \boldsymbol{\theta}^{(L)}$ を発生させて, $h(\boldsymbol{\theta})$ の標本平均をとればよい.

4.5.1 ダイレクトモンテカルロ法

ダイレクトモンテカルロ法 (direct Monte Carlo approach; Geweke (2005, pp. 106-109)) は，事後分布から独立なサンプル $\boldsymbol{\theta}^{(1)}, ..., \boldsymbol{\theta}^{(L)}$ を発生させる手法の一つである．パラメータの同時事後分布が，周辺事後分布，および，条件付き事後分布の積に分解されている場合に利用できる．説明のために，事後分布 $\pi(\boldsymbol{\theta}|\boldsymbol{X}_n)$ が

$$\pi(\boldsymbol{\theta}|\boldsymbol{X}_n) = \pi(\boldsymbol{\theta}_2|\boldsymbol{X}_n, \boldsymbol{\theta}_1) \times \pi(\boldsymbol{\theta}_1|\boldsymbol{X}_n)$$

と表現できるとする．ここで $\boldsymbol{\theta} = (\boldsymbol{\theta}_1^T, \boldsymbol{\theta}_2^T)^T$ はパラメータである．このとき，事後分布から独立なサンプルを以下のアルゴリズムで発生できる．

Step 1. パラメータ $\boldsymbol{\theta}_1^{(j)}$ を周辺事後分布 $\pi(\boldsymbol{\theta}_1|\boldsymbol{X}_n)$, $j = 1, ..., L$ から発生させ，$\boldsymbol{\theta}_2$ の条件付き事後分布 $\pi\left(\boldsymbol{\theta}_2^{(j)}|\boldsymbol{X}_n, \boldsymbol{\theta}_1\right)$, $j = 1, ..., L$ に代入する．

Step 2. Step 1 の条件付き事後分布 $\pi\left(\boldsymbol{\theta}_2^{(j)}|\boldsymbol{X}_n, \boldsymbol{\theta}_1^{(j)}\right)$ から $\boldsymbol{\theta}_2^{(j)}$, $j = 1, ..., L$ を発生させる．

以上により L 個の独立な事後サンプルを得る．

4.5.2 重点サンプリング

いま，事後分布 $\pi(\boldsymbol{\theta}|\boldsymbol{X}_n)$ をある分布 $u(\boldsymbol{\theta})$ で近似できるとする．このとき，重点サンプリング (importance sampling) は $u(\boldsymbol{\theta})$ からサンプルを発生させ，以下のモンテカルロ積分を以下のように計算する．

$$\begin{aligned}\int h(\boldsymbol{\theta})\pi(\boldsymbol{\theta}|\boldsymbol{X}_n)d\boldsymbol{\theta} &= \frac{\int h(\boldsymbol{\theta})f(\boldsymbol{X}_n|\boldsymbol{\theta})\pi(\boldsymbol{\theta})d\boldsymbol{\theta}}{\int f(\boldsymbol{X}_n|\boldsymbol{\theta})\pi(\boldsymbol{\theta})d\boldsymbol{\theta}} \\ &= \frac{\int h(\boldsymbol{\theta})\dfrac{f(\boldsymbol{X}_n|\boldsymbol{\theta})\pi(\boldsymbol{\theta})}{u(\boldsymbol{\theta})}u(\boldsymbol{\theta})d\boldsymbol{\theta}}{\int \dfrac{f(\boldsymbol{X}_n|\boldsymbol{\theta})\pi(\boldsymbol{\theta})}{u(\boldsymbol{\theta})}u(\boldsymbol{\theta})d\boldsymbol{\theta}} \\ &\approx \frac{L^{-1}\sum_{j=1}^{L}h\left(\boldsymbol{\theta}^{(j)}\right)w\left(\boldsymbol{\theta}^{(j)}\right)}{L^{-1}\sum_{j=1}^{L}w\left(\boldsymbol{\theta}^{(j)}\right)}.\end{aligned}$$

4.5 さまざまな事後サンプリングアルゴリズム

分布 $u(\boldsymbol{\theta})$ を重点関数 (importance function) と呼び，$w(\boldsymbol{\theta})$ は

$$w(\boldsymbol{\theta}) = \frac{f(\boldsymbol{X}_n|\boldsymbol{\theta})\pi(\boldsymbol{\theta})}{u(\boldsymbol{\theta})}$$

で定義される．また，$\boldsymbol{\theta}^{(1)}, ..., \boldsymbol{\theta}^{(L)}$ は重点関数 $u(\boldsymbol{\theta})$ から生成されている．

重点サンプリングにおいては，重点関数 $u(\boldsymbol{\theta})$ の設定に注意を払う必要がある．重点関数 $u(\boldsymbol{\theta})$ が事後分布へのよい近似であれば，関数 $w(\boldsymbol{\theta})$ は任意の $\boldsymbol{\theta}$ でほとんど等しい値をとる．しかし重点関数 $u(\boldsymbol{\theta})$ が事後分布の非常に粗い近似すると，関数 $w(\boldsymbol{\theta})$ はほとんどの $\boldsymbol{\theta}$ で 0 となってしまい，サンプリングがうまくできない．結果として，モンテカルロ積分を正確に実行できないこととなる．重点サンプリングについては，Geweke (1989) を参照のこと．

4.5.3 棄却サンプリング

ここでは，ある正の定数 $M > 0$ に対して，以下の制約 $f(\boldsymbol{X}_n|\boldsymbol{\theta})\pi(\boldsymbol{\theta}) < Mq(\boldsymbol{\theta})$ を満たすものとする．ここで，$q(\boldsymbol{\theta})$ は 包絡関数 (envelope function) と呼ばれ，$q(\boldsymbol{\theta})$ からサンプルを発生させてモンテカルロ積分を計算する．以下が棄却サンプリング (rejection sampling) のアルゴリズムである．

Step 1. $\boldsymbol{\theta}$ を envelope function $q(\boldsymbol{\theta})$ から発生させる．
Step 2. 乱数 u を一様分布 $u \in [0,1]$ から発生させる．
Step 3. もし，$f(\boldsymbol{X}_n|\boldsymbol{\theta})\pi(\boldsymbol{\theta}) > u \times Mq(\boldsymbol{\theta})$ であれば，採択し，それ以外では棄却する．
Step 4. Step 1~3 を繰り返す．

実際には，サンプリングを効率的におこなうために，定数 M をできるだけ小さくしたほうがよい (Carlin and Louis (1996))．採択確率を p とすると，

$$p = \frac{\int f(\boldsymbol{X}_n|\boldsymbol{\theta})\pi(\boldsymbol{\theta})d\boldsymbol{\theta}}{M}$$

である．採択されるまでの回数 k の分布は，

$$P(k=j) = (1-p)^{j-1}p, \quad j = 1, 2, ...$$

であるので，k の期待値は

$$E[k] = \frac{1}{p} = \frac{M}{\int f(\boldsymbol{X}_n|\boldsymbol{\theta})\pi(\boldsymbol{\theta})d\boldsymbol{\theta}}$$

となる．すなわち，M をできるだけ小さくしたほうが，k の期待値を小さくできる．

また，関数 $q(\boldsymbol{\theta})$ は事後分布のよい近似である必要があり，分布の裾の部分にも注意する必要がある．棄却サンプリングについては，Ripley (1987) を参照のこと．

4.5.4　重み付きブートストラップ

Smith and Gelfand (1992) は，重み付きブートストラップ (weighted bootstrap) 法を提案している．いま，$\boldsymbol{\theta}^{(j)}$, $j = 1, ..., L$ をある分布関数 $q(\boldsymbol{\theta})$ からのサンプルとする．ここで，関数 $q(\boldsymbol{\theta})$ は事後分布のよい近似である必要がある．いま

$$w_j = \frac{f(\boldsymbol{X}_n|\boldsymbol{\theta}^{(j)})\pi(\boldsymbol{\theta}^{(j)})}{q(\boldsymbol{\theta}^{(j)})}$$

とし，

$$p_j = \frac{w_j}{\sum_{j=1}^{L} w_j}, \quad j = 1, ..., L$$

を定義する．発生させたサンプル $\boldsymbol{\theta}^{(k)}$, $k = 1, ..., L$ を確率 p_k に比例して再びサンプリングすることで，事後分布からのサンプルを得る．

いま，θ を 1 次元とすると，

$$\begin{aligned}P(\theta \leq x) &= \sum_{j=1}^{L} p_j I(-\infty < \theta < x) \\ &= \frac{\sum_{j=1}^{L} w_j I(-\infty < \theta < x)}{\sum_{j=1}^{L} w_j}\end{aligned}$$

であるから，$L \to \infty$ のとき

4.5 さまざまな事後サンプリングアルゴリズム

$$P(\theta \leq x) \to \frac{\displaystyle\int_{-\infty}^{\infty} \frac{f(\boldsymbol{X}_n|\theta)\pi(\theta)}{q(\theta)} I(-\infty < \theta < x) q(\theta) d\theta}{\displaystyle\int_{-\infty}^{\infty} \frac{f(\boldsymbol{X}_n|\theta)\pi(\theta)}{q(\theta)} q(\theta) d\theta}$$

$$= \frac{\displaystyle\int_{-\infty}^{x} f(\boldsymbol{X}_n|\theta)\pi(\theta) d\theta}{\displaystyle\int_{-\infty}^{\infty} f(\boldsymbol{X}_n|\theta)\pi(\theta) d\theta}$$

を得る．したがって，確率 p_j に比例して再びサンプリングすることで，事後分布からのサンプルを得る．

5
ベイズ情報量規準

　ベイズ的統計モデリングにおいて，モデル選択問題に直面することを指摘した．例えば，回帰モデルのベイズ的統計モデリングにおいて，どのような確率分布を誤差項に仮定するか，どの説明変数が目的変数に影響するか，どの事前分布を統計モデルのパラメータに仮定するかなどである．線形回帰モデルにおいては，簡単のために正規分布に従う誤差項を仮定するが，それ以外の確率分布に従う誤差項，例えばステューデントの t 分布も考えることができる．また，重要な説明変数の集合，事前分布等の選択を考えただけでも，候補となる統計モデルの数は無数にあり，ベイズ推定により構築された統計モデルの評価をおこなうモデル評価基準はきわめて重要である．

　本章では，まず伝統的ベイズアプローチに基づいたモデル選択の枠組みを紹介し，ベイズ情報量規準 (Bayesian information criteria BIC; Schwarz (1978))，ベイズファクター (Bayes factor; Kass and Raftery (1995))，拡張ベイズ情報量規準 (extended Bayesian information criteria; Konishi et al. (2004))，修正ベイズ情報量規準 (modified Bayesian information criteria; Eilers and Marx (1998)) などを解説する．

5.1　伝統的ベイズアプローチに基づいたモデル選択

　観測データ $X_n = \{x_1, ..., x_n\}$ が与えられた下で，r 個の競合モデル $\{M_1, ..., M_r\}$ を考え，それぞれの統計モデル M_k の尤度関数は $f_k(X_n|\theta_k)$ で表現されているものとする．ここで θ_k ($\theta_k \in \Theta_k \subset R^{p_k}$) は p_k 次元のパラメータとする．また，統計モデル M_k のパラメータ θ_k に関する事前分布を

$\pi_k(\boldsymbol{\theta}_k)$ とし,$P(M_k)$ を統計モデル M_k の事前確率とする.このとき,観測データ $\boldsymbol{X}_n$,事前分布 $\pi_k(\boldsymbol{\theta}_k)$,統計モデル M_k の事前確率が与えられた下での統計モデル M_k の事後確率は以下で与えられる.

$$P(M_k|\boldsymbol{X}_n) = \frac{P(M_k)\int f_k(\boldsymbol{X}_n|\boldsymbol{\theta}_k)\pi_k(\boldsymbol{\theta}_k)d\boldsymbol{\theta}_k}{\sum_{\alpha=1}^{r} P(M_\alpha)\int f_\alpha(\boldsymbol{X}_n|\boldsymbol{\theta}_\alpha)\pi_\alpha(\boldsymbol{\theta}_\alpha)d\boldsymbol{\theta}_\alpha}. \quad (5.1)$$

つまり,統計モデル M_k の事前確率 $P(M_k)$ は観測データ $\boldsymbol{X}_n$ が得られる前の時点における統計モデル M_k の確からしさを表しており,観測データ $\boldsymbol{X}_n$ の情報により,統計モデル M_k の確からしさを事後確率 $P(M_k|\boldsymbol{X}_n)$ で表現している.

伝統的ベイズアプローチに基づいたモデル選択の枠組みにおいては,モデルの事後確率が最も高い統計モデルを選択する.そのため,モデルの事後確率 $P(M_1|\boldsymbol{X}_n),...,P(M_r|\boldsymbol{X}_n)$ がモデル選択において重要となる.結局,

$$P(M_k)\int f_k(\boldsymbol{X}_n|\boldsymbol{\theta}_k)\pi_k(\boldsymbol{\theta}_k)d\boldsymbol{\theta}_k \quad (5.2)$$

の最大化と同値である.ここで,尤度関数 $f(\boldsymbol{X}_n|\boldsymbol{\theta})$ を事前分布 $\pi(\boldsymbol{\theta})$ で積分した

$$P(\boldsymbol{X}_n|M_k) = \int f_k(\boldsymbol{X}_n|\boldsymbol{\theta}_k)\pi_k(\boldsymbol{\theta}_k)d\boldsymbol{\theta}_k \quad (5.3)$$

は統計モデル M_k の周辺尤度と呼ばれ,設定した事前分布が観測データと整合的であるかを計測している.

もし r 個の競合モデル $\{M_1,...,M_r\}$ が一様に確からしい場合には,統計モデル M_k の事前確率 $P(M_k)$ を一様分布

$$P(M_k) = \frac{1}{r}, \quad k = 1,...,r$$

に設定することが多い.この場合,(5.1) 式は周辺尤度のみに比例しており,統計モデル M_k の事後確率は以下のように簡略化される.

$$P(M_k|\boldsymbol{X}_n) = \frac{\int f_k(\boldsymbol{X}_n|\boldsymbol{\theta}_k)\pi_k(\boldsymbol{\theta}_k)d\boldsymbol{\theta}_k}{\sum_{\alpha=1}^{r}\int f_\alpha(\boldsymbol{X}_n|\boldsymbol{\theta}_\alpha)\pi_\alpha(\boldsymbol{\theta}_\alpha)d\boldsymbol{\theta}_\alpha}.$$

統計モデル M_k の事前確率 $P(M_k)$ に一様分布を仮定した場合，統計モデル M_k の事後確率は簡略化されて便利であるものの，一様分布以外の事前確率 $P(M_k)$ も設定可能である．統計モデルの複雑度（例えばパラメータ数）に反比例して，モデルの事前確率を設定することなども可能である (Denison et al. (2002), George and McCulloch (1993), Smith and Kohn (1996) などを参照されたい)．

5.2　ベイズファクター

(5.1) 式の事後確率 $P(M_k|\boldsymbol{X}_n)$ に基づき 2 つの統計モデル M_k と M_j を比較することができる．ベイズファクター (Bayes factor (BF); Kass and Raftery (1995)) は，統計モデル M_k と M_j の周辺尤度の比

$$\mathrm{BF}(M_k, M_j) \equiv \frac{P(\boldsymbol{X}_n|M_k)}{P(\boldsymbol{X}_n|M_j)} = \frac{\int f_k(\boldsymbol{X}_n|\boldsymbol{\theta}_k)\pi_k(\boldsymbol{\theta}_k)d\boldsymbol{\theta}_k}{\int f_k(\boldsymbol{X}_n|\boldsymbol{\theta}_j)\pi_j(\boldsymbol{\theta}_j)d\boldsymbol{\theta}_j}$$

で定義される．ベイズファクターは観測データ $\boldsymbol{X}_n$ の情報に基づき統計モデル M_k と M_j の比較をおこなっている．ベイズファクターは，周辺尤度を最大化する統計モデルを選択することとなる．

(5.1) 式の事後確率 $P(M_k|\boldsymbol{X}_n)$ から

$$\frac{P(M_k|\boldsymbol{X}_n)}{P(M_j|\boldsymbol{X}_n)} = \frac{P(\boldsymbol{X}_n|M_k)}{P(\boldsymbol{X}_n|M_j)} \times \frac{P(M_k)}{P(M_j)}. \tag{5.4}$$

すなわち，

事後オッズ (M_k, M_j) = ベイズファクター (M_k, M_j) × 事前オッズ (M_k, M_j)

$$\bigg(\mathrm{PoO}\ (M_k, M_j) = \mathrm{BF}\ (M_k, M_j) \times \mathrm{PrO}\ (M_k, M_j)\bigg).$$

が導出される．ただし，PoO (Posterior Odds), PrO (Prior Odds) はそれぞれ事後オッズ，事前オッズとする．(5.4) 式から，ベイズファクターは 2 つの統計モデル M_k, および M_j の事後オッズと事前オッズの比

5.2 ベイズファクター

表 5.1　ベイズファクター ($B_{kj} \equiv \mathrm{BF}(M_k, M_j)$) の解釈

Bayes factor	解釈
$B_{kj} \geq 1$	統計モデル M_k を支持する
$1 > B_{kj} \geq 1/3$	統計モデル M_k を支持することに反する証拠があまりない
$1/3 > B_{kj} \geq 1/10$	統計モデル M_k を支持することに反する証拠が十分にある
$1/10 > B_{kj} \geq 1/100$	統計モデル M_k を支持することに反する強い証拠がある
$1/100 > B_{kj}$	統計モデル M_k を支持することに反する決定的証拠がある

(Jeffreys (1961) を著者が編集.)

$$\mathrm{BF}(M_k, M_j) = \frac{\mathrm{PoO}(M_k, M_j)}{\mathrm{PrO}(M_k, M_j)}$$

としても与えられる．表 5.1 は Jeffreys (1961) により考案されたベイズファクターの解釈である．数字の区切りがそれとなく漠然としているが，モデル比較の参考となる．本書では，モデル選択をテーマとしているために 2 つの統計モデル M_k，および M_j の比較という観点から表 5.1 を作成している．一般には，仮説などの比較などにも利用されることを注記しておく．

ベイズファクターを利用する際に注意すべき点がある．それは，統計モデル M_k のパラメータ $\boldsymbol{\theta}_k$ に関する事前分布 $\pi_k(\boldsymbol{\theta}_k)$ が非正則事前分布の場合（つまり，事前分布の規格化定数が発散する場合）周辺尤度が定義できない場合があることである．事後ベイズファクター (posterior Bayes factor; Aitkin (1991))，本質的ベイズファクター (intrinsic Bayes factor; Berger and Pericchi (1996))，交差検証法によるベイズファクター (Pseudo Bayes factor based on cross validation; Gelfand and Dey (1994))，部分的ベイズファクター (partial Bayes factor; O'Hagan (1995))，分割的ベイズファクター (fractional Bayes factor; O'Hagan (1995) などのさまざまな研究が提案されている．これらについては，本章の後半部分で解説する．ベイズファクターに関する論文については，Kass and Raftery (1995)，Wasserman (2000)，Kadane and Lazar (2004) などを参照されたい．以降は，特に断らない限り，正則事前分布（つまり，事前分布の規格化定数が発散しない）の下で解説を進める．

5.2.1　ベイズファクターによる仮説検定

ここでは，線形回帰モデル

$$y_\alpha = \beta_0 + \beta_1 x_{1\alpha} + \varepsilon_\alpha, \quad \varepsilon_\alpha \sim N(0, \sigma^2) \quad \alpha = 1, ..., n$$

の仮説検定

$$H_0 \colon \beta_1 \in \Theta_0 \quad \text{versus} \quad H_1 \colon \beta_1 \in \Theta_1$$

を考える.説明のために,ここでは β_0, σ^2 は既知の値とする.ここで,Θ_0,Θ_1 はパラメータ β_1 の定義域であり,対応する統計モデル M_0, M_1 は

$$M_0 \colon y_\alpha = \beta_0 + \beta_1 x_{1\alpha} + \varepsilon_\alpha, \quad \beta_1 \in \Theta_0$$
$$M_1 \colon y_\alpha = \beta_0 + \beta_1 x_{1\alpha} + \varepsilon_\alpha, \quad \beta_1 \in \Theta_1$$

となる.

ある事前分布 $\pi(\beta_1)$ を設定すると,統計モデル M_0, M_1 の事前オッズが以下で与えられる.

$$\frac{P(M_1)}{P(M_0)} = \frac{P(\beta_1 \in \Theta_1)}{P(\beta_1 \in \Theta_0)} = \frac{\int_{\Theta_1} \pi(\beta_1) d\beta_1}{\int_{\Theta_0} \pi(\beta_1) d\beta_1}.$$

事前分布としては,例えば切断正規分布などであろう.同様にして統計モデル M_0, M_1 の事後オッズは

$$\frac{P(M_1|\boldsymbol{y}_n, \boldsymbol{X}_n)}{P(M_0|\boldsymbol{y}_n, \boldsymbol{X}_n)} = \frac{P(M_1) \int_{\Theta_1} f(\boldsymbol{y}_n|\boldsymbol{X}_n, \beta_1) \pi(\beta_1) d\beta_1}{P(M_0) \int_{\Theta_0} f(\boldsymbol{y}_n|\boldsymbol{X}_n, \beta_1) \pi(\beta_1) d\beta_1}$$

となる.ここで,$f(\boldsymbol{y}_n|\boldsymbol{X}_n, \beta_1)$ は尤度関数である.

ベイズファクターは2つの統計モデル M_0, および M_1 の事後オッズと事前オッズの比として与えられ

$$\begin{aligned}\mathrm{BF}(M_1, M_0) &= \frac{\mathrm{PoO}(M_1, M_0)}{\mathrm{PrO}(M_1, M_0)} \\ &= \frac{\int_{\Theta_1} f(\boldsymbol{y}_n|\boldsymbol{X}_n, \beta_1) \pi(\beta_1) d\beta_1}{\int_{\Theta_0} f(\boldsymbol{y}_n|\boldsymbol{X}_n, \beta_1) \pi(\beta_1) d\beta_1}\end{aligned}$$

結局，周辺尤度の比に帰着する．

5.2.2 ベイズファクターによる線形回帰モデリング

いま，p 次元説明変数 $\boldsymbol{x}$ と目的変数 y に関して n 組のデータ $\{(y_\alpha, \boldsymbol{x}_\alpha); \alpha = 1, 2, ..., n\}$ が，正規線形回帰モデルに従って観測されたと仮定する．

$$f\left(\boldsymbol{y}_n | \boldsymbol{X}_n, \boldsymbol{\beta}, \sigma^2\right) = \frac{1}{(2\pi\sigma^2)^{\frac{n}{2}}} \exp\left[-\frac{(\boldsymbol{y}_n - \boldsymbol{X}_n\boldsymbol{\beta})^T(\boldsymbol{y}_n - \boldsymbol{X}_n\boldsymbol{\beta})}{2\sigma^2}\right].$$

パラメータの事前分布に，共役事前分布

$$\pi(\boldsymbol{\beta}, \sigma^2) = \pi(\boldsymbol{\beta}|\sigma^2)\pi(\sigma^2), \quad \pi(\boldsymbol{\beta}|\sigma^2) = N\left(\boldsymbol{0}, \sigma^2 A\right), \quad \pi(\sigma^2) = IG\left(\frac{\nu_0}{2}, \frac{\lambda_0}{2}\right)$$

を利用すると，事後分布は

$$\pi\left(\boldsymbol{\beta}, \sigma^2 \big| \boldsymbol{y}_n, \boldsymbol{X}_n\right) = \pi\left(\boldsymbol{\beta}\big|\sigma^2, \boldsymbol{y}_n, \boldsymbol{X}_n\right) \pi\left(\sigma^2 \big| \boldsymbol{y}_n, \boldsymbol{X}_n\right)$$

$$\pi\left(\boldsymbol{\beta}\big|\sigma^2, \boldsymbol{y}_n, \boldsymbol{X}_n\right) = N\left(\hat{\boldsymbol{\beta}}_n, \sigma^2 \hat{A}_n\right), \quad \pi\left(\sigma^2\big|\boldsymbol{y}_n, \boldsymbol{X}_n\right) = IG\left(\frac{\hat{\nu}_n}{2}, \frac{\hat{\lambda}_n}{2}\right)$$

となる．ただし，$\hat{\nu}_n = \nu_0 + n$

$$\hat{\boldsymbol{\beta}}_n = \left(\boldsymbol{X}_n^T \boldsymbol{X}_n + A\right)^{-1} \left(\boldsymbol{X}_n^T \boldsymbol{X}_n \hat{\boldsymbol{\beta}}_{\mathrm{MLE}} + A\boldsymbol{\beta}_0\right),$$

$$\hat{\boldsymbol{\beta}}_{\mathrm{MLE}} = \left(\boldsymbol{X}_n^T \boldsymbol{X}_n\right)^{-1} \boldsymbol{X}_n^T \boldsymbol{y}_n, \quad \hat{A}_n = (\boldsymbol{X}_n^T \boldsymbol{X}_n + A)^{-1},$$

$$\hat{\lambda}_n = \lambda_0 + \left(\boldsymbol{y}_n - \boldsymbol{X}_n \hat{\boldsymbol{\beta}}_n\right)^T \left(\boldsymbol{y}_n - \boldsymbol{X}_n \hat{\boldsymbol{\beta}}_n\right)$$

$$+ \left(\boldsymbol{\beta}_0 - \hat{\boldsymbol{\beta}}_{\mathrm{MLE}}\right)^T \left((\boldsymbol{X}_n^T \boldsymbol{X}_n)^{-1} + A^{-1}\right)^{-1} \left(\boldsymbol{\beta}_0 - \hat{\boldsymbol{\beta}}_{\mathrm{MLE}}\right)$$

である．得られた結果は説明変数の組み合わせなどに依存しているので，このモデル選択問題のためにベイズファクターの利用を考える．

いま，事後分布の定義

$$\pi_k(\boldsymbol{\theta}_k | \boldsymbol{X}_n, M_k) = \frac{f_k(\boldsymbol{X}_n | \boldsymbol{\theta}_k)\pi_k(\boldsymbol{\theta}_k)}{\int f_k(\boldsymbol{X}_n | \boldsymbol{\theta}_k)\pi_k(\boldsymbol{\theta}_k) d\boldsymbol{\theta}_k}, \quad k = 1, ..., r$$

から，

$$\log P(\boldsymbol{X}_n|M_k) = \log f_k(\boldsymbol{X}_n|\boldsymbol{\theta}_k) + \log \pi_k(\boldsymbol{\theta}_k) - \log \pi_k(\boldsymbol{\theta}_k|\boldsymbol{X}_n, M_k) \quad (5.5)$$

が任意の $\boldsymbol{\theta}_k$ について成立することに注意すると，上式の右辺の三項 $f_k(\boldsymbol{X}_n|\boldsymbol{\theta}_k)$, $\pi_k(\boldsymbol{\theta}_k)$, および $\pi_k(\boldsymbol{\theta}_k|\boldsymbol{X}_n, M_k)$ は解析的に求められているため，左辺の周辺尤度も解析的に求められる (Chib (1995))．

$$\begin{aligned}
P\left(\boldsymbol{y}_n\middle|\boldsymbol{X}_n, M\right) &= \frac{f\left(\boldsymbol{y}_n|\boldsymbol{X}_n, \boldsymbol{\beta}, \sigma^2\right)\pi(\boldsymbol{\beta}, \sigma^2)}{\pi\left(\boldsymbol{\beta}, \sigma^2|\boldsymbol{y}_n, \boldsymbol{X}_n\right)} \\
&= \frac{\left|\hat{A}_n\right|^{\frac{1}{2}}|A|^{\frac{1}{2}}\left(\frac{\lambda_0}{2}\right)^{\frac{\nu_0}{2}}\Gamma\left(\frac{\hat{\nu}_n}{2}\right)}{\pi^{\frac{n}{2}}\Gamma\left(\frac{\nu_0}{2}\right)}\left(\frac{\hat{\lambda}_n}{2}\right)^{-\frac{\hat{\nu}_n}{2}}. \quad (5.6)
\end{aligned}$$

いま，統計モデル M_k, M_j の比較を考える．例えば説明変数の組み合わせだけでも，2^p 個の統計モデルが考えられよう．また事前分布に含まれる A, ν, および λ を考慮すると理論的には無限個の統計モデルの比較がある．周辺尤度は (5.6) 式で求めているので，ベイズファクターは統計モデル M_k, M_j の周辺尤度の比

$$\mathrm{BF}(M_k, M_j) = \frac{P\left(\boldsymbol{y}_n\middle|\boldsymbol{X}_n, M_k\right)}{P\left(\boldsymbol{y}_n\middle|\boldsymbol{X}_n, M_j\right)}$$

として与えられる．ここで，$P\left(\boldsymbol{y}_n\middle|\boldsymbol{X}_n, M_k\right)$ は統計モデル M_k の周辺尤度である．結果的に，周辺尤度を最大化する統計モデルを選択することとなる．

また，線形回帰モデル以外にもさまざまな統計モデルのベイズファクター，すなわち周辺尤度を解析的に求められる場合がある．例えば，いま目的変数が1次元の線形回帰モデルを考えたが，目的変数が m 次元の線形回帰モデルについても解析的な表現が可能である (例えば中妻 (2003), Ando (2009b) など)．次節では，m 次元の線形回帰モデルについて周辺尤度を導出する．

5.2.3 ベイズファクターによる多変量目的変数回帰モデリング

いま，m 次元目的変数 $\boldsymbol{y}$, p 次元説明変数 $\boldsymbol{x}$ に関する n 個の観測データ $\{(\boldsymbol{y}_1, \boldsymbol{x}_1), ..., (\boldsymbol{y}_n, \boldsymbol{x}_n)\}$ が与えられたとする．ここでは，目的変数が多次元の多変量目的変数回帰モデルを考える．

$$\boldsymbol{y}_\alpha = \boldsymbol{\alpha} + \Gamma^T \boldsymbol{x}_\alpha + \boldsymbol{\varepsilon}_\alpha, \quad \alpha = 1, ..., n. \tag{5.7}$$

ここで $\boldsymbol{\varepsilon}_\alpha = (\varepsilon_{1\alpha}, ..., \varepsilon_{m\alpha})^T$ は m 次元誤差ベクトルとし，平均 $\mathbf{0}$ 共分散行列 Σ の正規分布に従うものとする．また $\boldsymbol{\alpha} = (\alpha_1, ..., \alpha_m)^T$，$\Gamma = (\boldsymbol{\beta}_1, ..., \boldsymbol{\beta}_m)$ はパラメータである．

(5.7) 式のモデルは

$$\boldsymbol{Y}_n = \boldsymbol{X}_n B + E$$

とも表現できる．ただし，$\boldsymbol{Y}_n = (\boldsymbol{y}_1, ..., \boldsymbol{y}_n)^T$, $\boldsymbol{X}_n = (\mathbf{1}_n, X_n)$, $X_n = (\boldsymbol{x}_1, ..., \boldsymbol{x}_n)^T$, $B = (\boldsymbol{\alpha}, \Gamma^T)^T$, $E = (\boldsymbol{\varepsilon}_1, ..., \boldsymbol{\varepsilon}_n)^T$, $\boldsymbol{\varepsilon}_\alpha \sim N(\mathbf{0}, \Sigma)$ とする．このとき尤度関数は

$$\begin{aligned}
&f(\boldsymbol{Y}_n | \boldsymbol{X}_n, B, \Sigma) \\
&= \prod_{\alpha=1}^n f(\boldsymbol{y}_\alpha | \boldsymbol{x}_\alpha, B, \Sigma) \\
&= \prod_{\alpha=1}^n \{\det(2\pi\Sigma)\}^{-\frac{1}{2}} \exp\left\{-\frac{1}{2}(\boldsymbol{y}_t - \boldsymbol{\alpha} - \Gamma^T \boldsymbol{x}_\alpha)^T \Sigma^{-1} (\boldsymbol{y}_\alpha - \boldsymbol{\alpha} - \Gamma^T \boldsymbol{x}_\alpha)\right\} \\
&= (2\pi)^{-\frac{nm}{2}} |\Sigma|^{-\frac{n}{2}} \exp\left[-\frac{1}{2} \mathrm{tr}\left\{\Sigma^{-1} (\boldsymbol{Y}_n - \boldsymbol{X}_n B)^T (\boldsymbol{Y}_n - \boldsymbol{X}_n B)\right\}\right]
\end{aligned}$$

となる．このモデルに含まれる未知のパラメータ集合は $\boldsymbol{\theta} = (\mathrm{vec}(B), \mathrm{vech}(\Sigma))^T$ である．

事前分布としては，自然共役事前分布 $\pi(\boldsymbol{\theta}) = \pi(B | B_0, \Sigma, A) \pi(\Sigma | \Lambda_0, \nu_0)$ を利用する．

$$\begin{aligned}
\pi(B | B_0, \Sigma, A) &= N(B, \Sigma, A) \\
&\propto |\Sigma|^{-\frac{m}{2}} |A|^{-\frac{p+1}{2}} \exp\left[-\frac{1}{2} \mathrm{tr}\left\{\Sigma^{-1} (B - B_0)^T A^{-1} (B - B_0)\right\}\right], \\
\pi(\Sigma | \Lambda_0, \nu_0) &= IW(\Lambda_0, \nu_0) = \frac{|\Lambda_0|^{\frac{\nu_0}{2}}}{2^{\frac{m\nu_0}{2}} \Gamma_m(\frac{\nu_0}{2})} |\Sigma|^{-\frac{\nu_0 + m + 1}{2}} \exp\left[-\frac{1}{2} \mathrm{tr}\left(\Lambda_0 \Sigma^{-1}\right)\right].
\end{aligned}$$

ここで，$\pi(B | B_0, \Sigma, A)$ は行列正規分布，$\pi(\Sigma | \Lambda_0, \nu_0)$ は逆ウィシャート分布とし，$|\Sigma| > 0$ である．また，Λ_0, A, B_0 は $m \times m$, $(p+1) \times (p+1)$, $(p+1) \times m$ 次元行列である．行列 B_0 は B の事前平均であり，行列 A は事前情報の強度を調整する．

行列 Σ の周辺事後分布 $\pi(\Sigma|\boldsymbol{Y}_n, \boldsymbol{X}_n)$ は

$$\pi(\Sigma|\boldsymbol{Y}_n, \boldsymbol{X}_n) = IW(\Sigma|S + \Lambda_0, n + \nu_0),$$

Σ が与えられた下での行列 B の条件付き事後分布 $\pi(B|\Sigma, \boldsymbol{Y}_n, \boldsymbol{X}_n)$ は

$$\pi(B|\Sigma, \boldsymbol{Y}_n, \boldsymbol{X}_n) = N(B|\hat{B}_n, \Sigma, \boldsymbol{X}_n^T \boldsymbol{X}_n + A^{-1})$$

である (例えば,Rossi et al. (2005) を参照せよ). ここで,

$$S = (\boldsymbol{Y}_n - \boldsymbol{X}_n \hat{B}_n)^T (\boldsymbol{Y}_n - \boldsymbol{X}_n \hat{B}_n) + (\hat{B}_n - B_0)^T A^{-1} (\hat{B}_n - B_0)$$
$$\hat{B}_n = (\boldsymbol{X}_n^T \boldsymbol{X}_n + A^{-1})^{-1} \left(\boldsymbol{X}_n \boldsymbol{X}_n^T \hat{B} + A^{-1} B_0 \right) = (\bar{\boldsymbol{\alpha}}, \bar{\Gamma}^T)^T$$
$$\hat{B} = (\boldsymbol{X}_n^T \boldsymbol{X}_n)^{-1} \boldsymbol{X}_n^T \boldsymbol{Y}_n$$

である. また,パラメータ Σ の事後平均 $\bar{\Sigma}_n$ は

$$\bar{\Sigma}_n = \frac{1}{(\nu_0 + n - m - 1)} (S + \Lambda_0)$$

で与えられる.

また $\boldsymbol{x}$ が与えられた下での将来データ $\boldsymbol{z}$ の予測分布は,パラメータ $(\hat{B}_n^T \boldsymbol{x}_*, \Sigma^*, \nu^*)$ の n 次元多変量ステューデント t 分布である. ここで $\boldsymbol{x}_* = (1, \boldsymbol{x}^T)^T$ とする.

$$\begin{aligned} &f(\boldsymbol{z}|\boldsymbol{x}, \boldsymbol{Y}_n, \boldsymbol{X}_n) \\ &= \int f(\boldsymbol{z}|\boldsymbol{x}, B, \Sigma) \pi(B|\Sigma, D) \pi(\Sigma|D) dB d\Sigma \\ &= \frac{\Gamma\left(\frac{\nu_* + m}{2}\right)}{\Gamma\left(\frac{\nu_*}{2}\right) \pi^{\frac{m}{2}}} |\Sigma^*|^{-\frac{1}{2}} \left\{ 1 + (\boldsymbol{z} - \bar{\boldsymbol{\alpha}} - \bar{\Gamma}^T \boldsymbol{x})^T \Sigma^{*-1} (\boldsymbol{z} - \bar{\boldsymbol{\alpha}} - \bar{\Gamma}^T \boldsymbol{x}) \right\}^{-\frac{\nu_* + m}{2}}. \end{aligned}$$

ただし,$\nu_* = n + \nu_0 - m + 1$

$$\Sigma^* = \frac{1 + \boldsymbol{x}_*^T (\boldsymbol{X}_n^T \boldsymbol{X}_n + A^{-1})^{-1} \boldsymbol{x}_*}{n + \nu_0 - m + 1} (S + \Lambda_0)$$

とする.

この場合にも,尤度関数,事前分布,および事後分布が解析的に与えられて

いるので，周辺尤度も解析的に与えられる．

$$\begin{aligned}&P(\boldsymbol{Y}_n|\boldsymbol{X}_n)\\&=\frac{f(\boldsymbol{Y}_n|\boldsymbol{X}_n,B^*,\Sigma^*)\pi(B^*,\Sigma^*)}{\pi(B^*,\Sigma^*|\boldsymbol{Y}_n,\boldsymbol{X}_n)}\\&=\pi^{-\frac{nm}{2}}\times\frac{|\Lambda_0|^{\frac{\nu_0}{2}}\times\Gamma_m(\frac{\nu_0+n}{2})\times|\boldsymbol{X}_n^T\boldsymbol{X}_n+A^{-1}|^{\frac{p+1}{2}}}{|\Lambda_0+S|^{\frac{\nu_0+n}{2}}\times\Gamma_m(\frac{\nu_0}{2})\times|A|^{\frac{p+1}{2}}}.\end{aligned} \quad (5.8)$$

ここで B^*, Σ^* は，事後平均などのある固定されたパラメータ値である．

結果として，ベイズファクターは

$$\mathrm{BF}(M_k,M_j)=\frac{P\left(\boldsymbol{Y}_n\Big|\boldsymbol{X}_n,M_k\right)}{P\left(\boldsymbol{Y}_n\Big|\boldsymbol{X}_n,M_j\right)}$$

となる．ここで $P\left(\boldsymbol{Y}_n\Big|\boldsymbol{X}_n,M_k\right)$ は，(5.8) 式で与えられるモデル M_k の周辺尤度である．

また，因子分析モデルなどの周辺尤度も解析的に導出されている (Ando (2009a))．しかしながら，このような解析的な例は非常に稀であり，実際には漸近的な方法などにより近似計算する必要がある．次節では，ラプラス近似法による周辺尤度の近似計算を紹介する．

5.3 ラプラス近似法による周辺尤度の評価

前節ではベイズファクターは，統計モデル M_k, M_j の周辺尤度の比で与えられた．しかし実際には解析的な周辺尤度が求められない場合が非常に多く，本節では，ラプラス近似法による周辺尤度の近似計算を紹介し，次節以降で，ベイズ情報量規準 (Bayesian information criteria BIC; Schwarz (1978))，拡張ベイズ情報量規準 (extended Bayesian information criteria; Konishi et al. (2004))，修正ベイズ情報量規準 (modified Bayesian information criteria; Eilers and Marx (1998)) を解説する．

ラプラス近似法は周辺尤度の近似計算に有用な道具であり，周辺尤度のみならず，ベイズ予測分布の近似計算などさまざまな場面に応用されている (Tierney and Kadane (1986), Davison (1986), Clarke and Barron (1994), Kass and Wasserman (1995), Kass and Raftery (1995), O'Hagan (1995), Pauler (1998)).

いま，事後分布 $\pi(\boldsymbol{\theta}|\boldsymbol{X}_n)$ は，唯一の事後モード $\hat{\boldsymbol{\theta}}_n$ をもつとし，$s_n(\boldsymbol{\theta}) = \log\{f(\boldsymbol{X}_n|\boldsymbol{\theta})\pi(\boldsymbol{\theta})\}$ とする．いま，関数 $s_n(\boldsymbol{\theta})$ の一階微分は事後モード $\hat{\boldsymbol{\theta}}_n$ で 0 となることに注意して，関数 $s_n(\boldsymbol{\theta})$ の 事後モード $\hat{\boldsymbol{\theta}}_n$ でのテイラー展開を考える．

$$s_n(\boldsymbol{\theta}) = s_n(\hat{\boldsymbol{\theta}}_n) - \frac{n}{2}(\boldsymbol{\theta} - \hat{\boldsymbol{\theta}}_n)^T S_n(\hat{\boldsymbol{\theta}}_n)(\boldsymbol{\theta} - \hat{\boldsymbol{\theta}}_n).$$

いま両辺の指数をとると

$$\exp\{s_n(\boldsymbol{\theta})\} \approx \exp\left\{s_n(\hat{\boldsymbol{\theta}}_n)\right\} \\ \times \exp\left\{-\frac{n}{2}(\boldsymbol{\theta} - \hat{\boldsymbol{\theta}}_n)^T S_n(\hat{\boldsymbol{\theta}}_n)(\boldsymbol{\theta} - \hat{\boldsymbol{\theta}}_n)\right\} \quad (5.9)$$

の近似式が得られる．ここで，$S_n(\hat{\boldsymbol{\theta}}_n)$ は関数 $s_n(\boldsymbol{\theta})$ の二階微分を事後モード $\hat{\boldsymbol{\theta}}_n$ で評価した行列

$$S_n(\hat{\boldsymbol{\theta}}_n) = -\frac{1}{n}\frac{\partial^2 \log\{f(\boldsymbol{X}_n|\boldsymbol{\theta})\pi(\boldsymbol{\theta})\}}{\partial\boldsymbol{\theta}\partial\boldsymbol{\theta}^T}\bigg|_{\boldsymbol{\theta}=\hat{\boldsymbol{\theta}}_n}$$

である．

(5.9) 式の左辺のカーネルは，平均 $\hat{\boldsymbol{\theta}}_n$，共分散行列 $n^{-1}S_n^{-1}(\hat{\boldsymbol{\theta}}_n)$ の多変量正規分布であることに注意すると，

$$\begin{aligned} P(\boldsymbol{X}_n|M) &= \int \exp\{s_n(\boldsymbol{\theta})\} d\boldsymbol{\theta} \\ &\approx \exp\left\{s_n(\hat{\boldsymbol{\theta}}_n)\right\} \times \int \exp\left\{-\frac{n}{2}(\boldsymbol{\theta} - \hat{\boldsymbol{\theta}}_n)^T S_n(\hat{\boldsymbol{\theta}}_n)(\boldsymbol{\theta} - \hat{\boldsymbol{\theta}}_n)\right\} d\boldsymbol{\theta} \\ &= f(\boldsymbol{X}_n|\hat{\boldsymbol{\theta}}_n)\pi(\hat{\boldsymbol{\theta}}_n) \times \left(\frac{2\pi}{n}\right)^{\frac{p}{2}} \left|S_n(\hat{\boldsymbol{\theta}}_n)\right|^{-\frac{1}{2}} \end{aligned}$$

となる．ここで p はパラメータ $\boldsymbol{\theta}$ の次元である．また，観測データ数 n が十分に大きくなるにつれて，この近似計算式の精度は向上するということが知られている．

以上の結果から，(5.4) 式のベイズファクターは

Bayes factor(M_k, M_j)

$$\approx \frac{f_k(\boldsymbol{X}_n|\hat{\boldsymbol{\theta}}_{kn})}{f_j(\boldsymbol{X}_n|\hat{\boldsymbol{\theta}}_{jn})} \times \frac{\pi_k(\hat{\boldsymbol{\theta}}_{kn})}{\pi_j(\hat{\boldsymbol{\theta}}_{jn})} \times \frac{\left|S_{kn}(\hat{\boldsymbol{\theta}}_{kn})\right|^{-\frac{1}{2}}}{\left|S_{jn}(\hat{\boldsymbol{\theta}}_{jn})\right|^{-\frac{1}{2}}} \times \left(\frac{2\pi}{n}\right)^{\frac{p_k - p_j}{2}}$$

と近似される．ここで $\hat{\boldsymbol{\theta}}_{kn}$ は統計モデル M_k の事後モード，ここで p_k はパラメータ $\boldsymbol{\theta}_k$ の次元である．また，$f_k(\boldsymbol{X}_n|\hat{\boldsymbol{\theta}}_{kn})$, $\pi_j(\hat{\boldsymbol{\theta}}_{jn})$ は統計モデル M_k の尤度関数，および事前分布を事後モード $\hat{\boldsymbol{\theta}}_{kn}$ で評価したものである．

ここで，事前分布に内在する情報の強さにより，ラプラス近似の結果が変わってくることに注意されたい (Konishi et al. (2004), Ando (2007))．特に本書では，(a) $\log \pi(\boldsymbol{\theta}) = O_p(1)$, (b) $\log \pi(\boldsymbol{\theta}) = O_p(n)$, の場合について解説する．読み進めると明らかになるが，ケース (a) の場合にはベイズ情報量規準 (Bayesian information criteria BIC; Schwarz (1978))，ケース (b) の場合には拡張ベイズ情報量規準 (extended Bayesian information criteria GBIC; Konishi et al. (2004)) が得られる．次節ではこれらの基準について解説する．

5.4　ベイズ情報量規準

本節では，ケース (a) $\log \pi(\boldsymbol{\theta}) = O_p(1)$ を考える．この場合，周辺尤度は

$$P(\boldsymbol{X}_n|M) \approx f(\boldsymbol{X}_n|\hat{\boldsymbol{\theta}})\pi(\hat{\boldsymbol{\theta}}) \times \frac{(2\pi)^{\frac{p}{2}}}{n^{\frac{p}{2}}|J_n(\hat{\boldsymbol{\theta}})|^{\frac{1}{2}}} \tag{5.10}$$

と近似される．ここで $\hat{\boldsymbol{\theta}}$ は最尤推定量，p はパラメータ $\boldsymbol{\theta}$ の次元，行列 $J_n(\hat{\boldsymbol{\theta}})$ は

$$J_n(\hat{\boldsymbol{\theta}}) = -\frac{1}{n} \left. \frac{\partial^2 \log f(\boldsymbol{X}_n|\boldsymbol{\theta})}{\partial \boldsymbol{\theta} \partial \boldsymbol{\theta}^T} \right|_{\boldsymbol{\theta} = \hat{\boldsymbol{\theta}}}$$

で与えられる．観測データ数 n が十分に大きい場合，(5.10) 式の n に依存しない定数項は無視できる．(5.10) 式の対数をとり定数項を無視すると，Schwarz's (1978) のベイズ情報量規準

$$\text{BIC} = -2 \log f(\boldsymbol{X}_n|\hat{\boldsymbol{\theta}}) + p \log n \tag{5.11}$$

が導出される．このベイズ情報量規準は最尤法により推定されたモデルを評価する基準となる．詳しい導出については，5.8.1 項を参照されたい．

Schwarz (1978) のベイズ情報量規準は，(5.4) 式のベイズファクターの対数の粗い近似であるということにも触れておく．

$$\log[\mathrm{BF}(M_k,M_j)] \approx 0.5 \times [\mathrm{BIC}_j - \mathrm{BIC}_k].$$

この近似誤差は $O_p(1)$ であるが，観測データ数 n が十分に大きい場合，

$$\frac{0.5 \times [\mathrm{BIC}_j - \mathrm{BIC}_k] - \log\{\text{Bayes factor}(M_k,M_j)\}}{\log\{\text{Bayes factor}(M_k,M_j)\}} \to 0, \quad n \to \infty$$

となる．すなわち，Schwarz (1978) のベイズ情報量規準は，ベイズファクターの対数の粗い近似ではあるものの，ベイズファクターの対数に対しての近似誤差は徐々に小さくなることを意味している．

5.4.1　ロジスティック回帰モデリング：リンク関数の選択

Schwarz (1978) のベイズ情報量規準 (5.11) を，よく知られている O-リング故障データに適用する．1986 年 1 月 28 日，NASA により打ち上げられたスペースシャトル「チャレンジャー号」は，打ち上げ直後に爆発してしまう惨劇になってしまった．その後，事故原因を調査すると，O-リングという部品の故障によるものであったと考えられている．通常，6 個の O-リングがスペース

表 5.2　過去 23 回の打ち上げ時の気温（華氏）と 6 個の O-リングの故障数（個）

故障数	華氏	故障数	華氏
2	53	1	58
0	73	0	76
0	70	1	70
0	67	0	70
0	78	0	81
0	75	0	76
1	57	1	63
0	68	0	68
1	70	0	72
2	75	0	68
0	79	0	66
0	69		

5.4 ベイズ情報量規準

シャトルに使用されており，表 5.2 は，過去 23 回の打ち上げ時の気温と，6 個の O-リングのうち何個が故障したか，という記録である．O-リングは気温が低い場合に故障してしまう傾向があり，打ち上げ当時の気温は，過去 23 回の打ち上げ時の気温（華氏 53〜81 度）と比較しても非常に低い気温（華氏 31 度）であった．

ここでは，「チャレンジャー号」事故が起こったときの気温（華氏 31 度）における，O-リング故障数を分析する．ここでは，O-リング故障数に対して，パラメータ $(6, p)$ の二項分布を仮定する．

$$f(y_\alpha|p(t_\alpha)) = \binom{6}{y_\alpha} p(t_\alpha)^{y_\alpha}(1-p(t_\alpha))^{6-y_\alpha}.$$

ここで，6 はスペースシャトルに使用されている O-リングの個数，$y_\alpha \in \{0, 1, 2, ..., 6\}$，$p(t_\alpha)$ は気温 t_α 下における O-リングの故障確率である．故障確率 $p(t_\alpha)$ についてはいくつかの定式化があるが，ここでは

1) ロジット変換 (logit)

$$p(t_\alpha; \boldsymbol{\beta}) = \frac{\exp(\beta_0 + \beta_1 t_\alpha)}{1 + \exp(\beta_0 + \beta_1 t_\alpha)}$$

2) プロビット変換 (probit)

$$p(t_\alpha; \boldsymbol{\beta}) = \Phi(\beta_0 + \beta_1 t_\alpha)$$

3) 二重対数変換 (complementary log-log)

$$p(t_\alpha; \boldsymbol{\beta}) = 1 - \exp(-\exp(\beta_0 + \beta_1 t_\alpha))$$

を利用する．ここで，$\boldsymbol{\beta} = (\beta_0, \beta_1)^T$ は推定すべきパラメータ，$\Phi(\cdot)$ は標準正規分布の累積分布関数である．

パラメータの推定は，最尤推定法でおこなわれる．尤度関数

$$\begin{aligned}f(\boldsymbol{y}_n|\boldsymbol{X}_n, \boldsymbol{\beta}) &= \prod_{\alpha=1}^{23} f(y_\alpha|p(t_\alpha)) \\ &= \prod_{\alpha=1}^{23} \left[\binom{6}{y_\alpha} p(t_\alpha; \boldsymbol{\beta})^{y_\alpha}(1-p(t_\alpha; \boldsymbol{\beta}))^{6-y_\alpha}\right]\end{aligned}$$

の最大化によるが,パラメータ β に関する非線形関数となっており,フィッシャースコアリング法 (Fisher scoring; Green and Silverman (1994)) などの数値最適化が必要となる.

ロジット関数を利用する場合,$\beta^{(0)}$ を適当に与え(例えば,$\beta^{(0)} = \mathbf{0}$),パラメータの更新幅が小さくなるまでパラメータ更新を繰り返すことにより最尤推定法を実行できる.

$$\beta^{\text{new}} = \beta^{\text{old}} - \left(X_n^T W X_n\right)^{-1} X_n^T \zeta.$$

ここで X_n は 23×2 次元の説明変数による計画行列,W は 23×23 次元の対角行列,ζ は 23 次元ベクトルとして以下で与えられる.

$$X_n = \begin{pmatrix} 1 & t_1 \\ \vdots & \vdots \\ 1 & t_{23} \end{pmatrix}, \quad \zeta = \begin{pmatrix} y_1 - p(t_1) \\ \vdots \\ y_n - p(t_{23}) \end{pmatrix},$$

$$W = \begin{pmatrix} p(t_1)(1 - p(t_1)) & & \\ & \ddots & \\ & & p(t_{23})(1 - p(t_{23})) \end{pmatrix}.$$

それぞれの統計モデルを最尤推定法した結果,Schwarz (1978) のベイズ情報量規準 (5.11) は以下のようになった.

1) ロジット変換:BIC= 39.744
2) プロビット変換:BIC=39.959
3) 二重対数変換:BIC=39.676

この場合,BIC が最小となる二重対数変換モデルが選択される.推定されたパラメータ値 $\hat{\beta} = (4.776, -0.112)^T$,および標準偏差 $(2.752, 0.042)^T$ から,気温は O-リング の故障に関連しており,O-リング は気温が低い場合に故障してしまう傾向が把握される.

図 5.1 はそれぞれのモデルにより推定された O-リング の故障確率 $p(t)$ である.華氏 31 度での推定された $p(t)$ をみると,O-リングの故障確率が非常に高いことがわかる.ただし,華氏 $53 \sim 81$ 度の下で取得された観測データにより

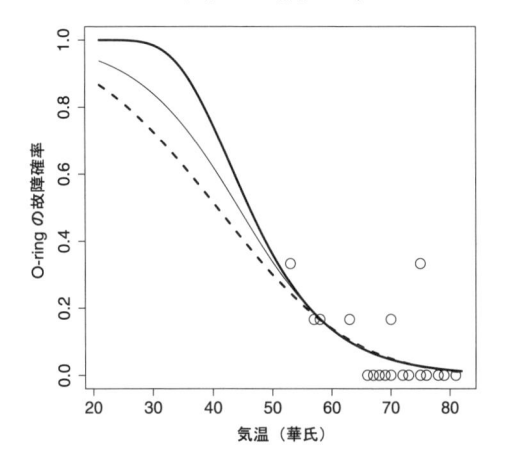

図 5.1 それぞれのモデルにより推定された故障確率 $p(t_\alpha)$. ロジット変換：(—)，プロビット変換：(- - -)，二重対数変換：(—)．また，白点は観測データである．

モデルは推定されている．そのため，観測データの範囲外にある，華氏 31 度について，推定された $p(t_\alpha)$ を利用することには議論が必要であることは注意しておく．

5.5 拡張ベイズ情報量規準

本節では，ケース (b) $\log \pi(\boldsymbol{\theta}) = O_p(n)$ を考える．この場合，周辺尤度は

$$P(\boldsymbol{X}_n|M) \approx f(\boldsymbol{X}_n|\hat{\boldsymbol{\theta}}_n)\pi(\hat{\boldsymbol{\theta}}_n) \times \frac{(2\pi)^{\frac{p}{2}}}{n^{\frac{p}{2}}|S_n(\hat{\boldsymbol{\theta}}_n)|^{\frac{1}{2}}} \qquad (5.12)$$

と近似される．ここで，$\hat{\boldsymbol{\theta}}_n$ は事後モード，p はパラメータ $\boldsymbol{\theta}$ の次元 $S_n(\hat{\boldsymbol{\theta}})$ は $p \times p$ 次元行列で以下で与えられる

$$S_n(\hat{\boldsymbol{\theta}}_n) = -\frac{1}{n}\left.\frac{\partial^2 \log\{f(\boldsymbol{X}_n|\boldsymbol{\theta})\pi(\boldsymbol{\theta})\}}{\partial\boldsymbol{\theta}\partial\boldsymbol{\theta}^T}\right|_{\boldsymbol{\theta}=\hat{\boldsymbol{\theta}}_n} = J_n(\hat{\boldsymbol{\theta}}_n) - \frac{1}{n}\left.\frac{\partial^2 \log \pi(\boldsymbol{\theta})}{\partial\boldsymbol{\theta}\partial\boldsymbol{\theta}^T}\right|_{\boldsymbol{\theta}=\hat{\boldsymbol{\theta}}_n}.$$

(5.12) 式の対数をとり，(-2) を掛けると拡張ベイズ情報量規準 (Konishi et al. (2004)) が得られる．

$$\begin{aligned}\mathrm{GBIC} = &-2\log f(\boldsymbol{X}_n|\hat{\boldsymbol{\theta}}_n) - 2\log \pi(\hat{\boldsymbol{\theta}}_n) \\ &+ p\log n + \log|S_n(\hat{\boldsymbol{\theta}}_n)| - p\log 2\pi.\end{aligned} \quad (5.13)$$

競合モデルのなかで，GBIC を最小とするような統計モデルを選択することとなる．

5.5.1 非線形回帰モデリング

いま，p 次元説明変数 x と目的変数 y に関する n 組のデータ $\{(y_\alpha, \boldsymbol{x}_\alpha); \alpha = 1, 2, ..., n\}$ が観測されたとする．一般に回帰モデルは，各観測点 $\boldsymbol{x}_\alpha$ における目的変数 y_α の確率的変動と，その条件付き期待値 $\mu_\alpha = E[Y_\alpha|\boldsymbol{x}_\alpha]$ に対して構造を仮定することにより構成される．ここでは，データは次の正規回帰モデルに従って観測されたと仮定する．

$$y_\alpha = \mu_\alpha + \varepsilon_\alpha, \quad \alpha = 1, ..., n. \quad (5.14)$$

ただし，誤差項 ε_α は互いに独立に平均 0，分散 σ^2 の正規分布 $N(0, \sigma^2)$ に従うと仮定する．条件付き期待値 $\mu_\alpha = E[Y_\alpha|\boldsymbol{x}_\alpha]$ に対してはさまざまな構造を仮定することができる．

いま説明変数 x を 1 次元とした場合，例えば，

1) 線形モデル

$$u(x) = \beta_0 + \beta_1 x$$

2) 多項式モデル (polynomial model)

$$u(x) = \beta_0 + \beta_1 x + \beta_2 x^2 + \cdots + \beta_p x^p$$

3) B-スプラインモデル (B-spline model)

$$u(x) = \sum_{j=1}^{p} \beta_j \phi_j(x)$$

4) **3** 次スプラインモデル (cubic spline model)

$$u(x) = \beta_0 + \beta_1 x + \beta_2 x^2 + \beta_3 x^3 + \sum_{j=1}^{p} \beta_j |x - \kappa_j|_+^3$$

5.5 拡張ベイズ情報量規準

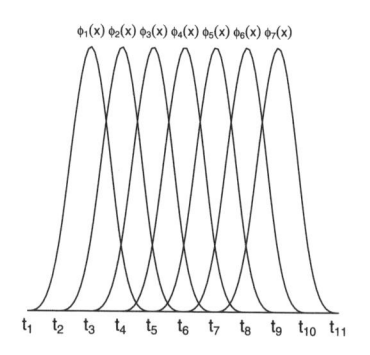

$\phi_1(x)\ \phi_2(x)\ \phi_3(x)\ \phi_4(x)\ \phi_5(x)\ \phi_6(x)\ \phi_7(x)$

$t_1\ t_2\ t_3\ t_4\ t_5\ t_6\ t_7\ t_8\ t_9\ t_{10}\ t_{11}$

図 5.2　3 次 B-スプライン基底関数の例

などが考えられる. ここで, $\phi_j(x)$ は B-スプライン基底関数[*1)], $|x-\kappa_j|_+$ は打ち切り関数で, $x-\kappa_j > 0$ のとき $|x-\kappa_j|_+ = x-\kappa_j$ でそれ以外のとき 0 となる. ここで, κ_j は節点と呼ばれ, 打ち切り関数の打ち切り位置を規定する.

また, 説明変数 $\boldsymbol{x}$ が多次元の場合においては以下のようなモデルが考えられている.

1) 線形モデル

$$u(\boldsymbol{x}) = \beta_0 + \sum_{j=1}^{p} \beta_j x_j$$

[*1)] B-スプラインとは, 基底関数の線形結合で非線形な構造をもつ関数を表現するためのモデルである. 図 5.2 は, 次数が 3 の B-スプライン基底関数を図示している. 各基底関数 $\phi_j(x)$ は, 節点と呼ばれる等間隔に配置された時点 t_j において, 二階微分導関数が連続であるという意味で, 滑らかに連結した区分的多項式で構成されている. 例えば, 基底関数 $\phi_1(x)$ は, 5 つの節点 $t_1, ..., t_5$ において滑らかに連結した 4 つの 3 次多項式で構成される. 節点の配置方法であるが, データの点在する区間を等間隔に分割し, 各小区間を 4 つの基底関数で覆うように決定される. さらに詳しく述べると, 基底関数は節点の幅 h が決まると一意に構成され, $t_3 = 0$ としたとき, 基底関数 $\phi_1(t)$ は節点 $x = 0$ に関して対称であり, 数学的には次式で定義される.

$$\phi_1(x) = \begin{cases} \dfrac{1}{6h}\left\{\left(2-\dfrac{x}{h}\right)^3 - 4\left(1-\dfrac{x}{h}\right)^3\right\} & (t_3 < x < t_4 = h) \\ \dfrac{1}{6h}\left(2-\dfrac{x}{h}\right)^3 & (t_4 < x < t_5 = 2h) \\ 0 & (t_5 = 2h < x) \end{cases}$$

この基底関数 $\phi_1(x)$ を幅 h ずつ平行移動していくと, 他の基底関数も同様に得られる. ここでは B-スプライン基底関数を解析的に表現しているが, de Boor のアルゴリズム (de Boor (1978)) を用いることでも同様の基底関数を構成することができる (p.113〜115 参照).

2) 加法モデル (additive model)

$$u(\boldsymbol{x}) = \sum_{j=1}^{p} h(x_j)$$

3) カーネル展開 (Kernel expansion)

$$u(\boldsymbol{x}) = \sum_{j=1}^{m} w_j b_j(\boldsymbol{x})$$

加法モデル (additive model) は，各説明変数 x_j の関数 $h(x_j)$ の線形結合により構造を表現しており，例えば，スプライン加法モデル (Hastie and Tibshirani (1990)) などがある．モデルの一意性を保証するために，$E[h(x_j)] = 0$, $j = 1, ..., p$ の制約を課す場合がある．加法モデルに対して，カーネル展開は，説明変数 $\boldsymbol{x}$ の関数 $b_j(\boldsymbol{x})$ の線形結合により構造を表現している．その例としては，多変量適応スプライン回帰モデル (multivariate adaptive regression splines; Friedman (1991))，ニューラルネットワーク (Ripley (1996)) などが挙げられよう．以降，カーネル展開を利用することとするが，以下に展開している議論は，ここで取り上げた他の関数形を利用した場合にも同様に成り立つことに注意されたい．

ここではカーネル関数として Ando et al. (2008) によるガウスカーネルを考える．

$$b_j(\boldsymbol{x}) = \exp\left(-\frac{||\boldsymbol{x} - \boldsymbol{\mu}_j||^2}{2\nu\sigma_j^2}\right), \qquad j = 1, 2, \ldots, m. \qquad (5.15)$$

ただし，$\boldsymbol{\mu}_j$ はカーネル関数の位置を定める p 次元中心ベクトル，σ_j^2 はカーネル関数の広がりを表す量，$\nu\ (>0)$ はハイパーパラメータであり，カーネル関数 $\phi_j(\boldsymbol{x})$ の広がりを調整してモデルの複雑さを制御する働きをもつ．Ando et al. (2008) は，(5.15) 式のカーネル関数に含まれる中心ベクトル $\boldsymbol{\mu}_j$ と関数の広がりの程度を表す σ_j^2 を，観測された n 個の p 次元説明変数 $\{\boldsymbol{x}_1, ..., \boldsymbol{x}_n\}$ をクラスタリング手法の一つである k-means 法によって，基底関数の個数に相当する m 個のクラスタ $A_1, ..., A_m$ に分割し，各クラスタ A_j に含まれる n_j 個のデータに基づいて $\boldsymbol{\mu}_j$ と σ_j^2 を次のように決定している．

$$\boldsymbol{\mu}_j = \frac{1}{n_j} \sum_{\boldsymbol{x}_\alpha \in A_j} \boldsymbol{x}_\alpha, \qquad \sigma_j^2 = \frac{1}{n_j} \sum_{\boldsymbol{x}_\alpha \in A_j} ||\boldsymbol{x}_\alpha - \boldsymbol{\mu}_j||^2.$$

したがって，ハイパーパラメータ ν を与えると m 個の既知のカーネル関数が構成されることになる．

(5.14) 式の確率的変動，(5.15) 式の期待値 $\mu_\alpha = E[Y_\alpha|\boldsymbol{x}_\alpha]$ に対しての構造から，カーネル展開に基づく統計モデルは

$$f(y_\alpha|\boldsymbol{x}_\alpha;\boldsymbol{\theta}) = \frac{1}{\sqrt{2\pi}\sigma} \exp\left[-\frac{1}{2\sigma^2}\left\{y_\alpha - \boldsymbol{w}^T\boldsymbol{b}(\boldsymbol{x}_\alpha)\right\}^2\right] \quad (5.16)$$

$\alpha = 1,...,n$ と定式化される．ただし，$\boldsymbol{\theta} = (\boldsymbol{w}^T, \sigma^2)^T$，$\boldsymbol{w} = (w_0,...,w_m)^T$，$\boldsymbol{b}(\boldsymbol{x}_\alpha) = (1, b_1(\boldsymbol{x}_\alpha),...,b_m(\boldsymbol{x}_\alpha))^T$ とする．

いま定式化した統計モデルをベイズ推定するためにパラメータの事前分布を設定する．ここでは，Konishi et al. (2004)，Ando (2007) に従い，退化した正規分布を利用することとする．

$$\pi(\boldsymbol{\theta}) = \left(\frac{n\lambda}{2\pi}\right)^{\frac{m-d}{2}} |R|_+^{\frac{1}{2}} \exp\left\{-n\lambda\frac{\boldsymbol{\theta}^T R \boldsymbol{\theta}}{2}\right\}. \quad (5.17)$$

ここで，λ は平滑化パラメータ，m は基定関数の個数，$R = \mathrm{diag}\{D, 0\}$ はブロック対角行列，$|R|_+$ はブロック対角行列 R の $(m-d)$ 個の固有値の積である．

Konishi et al. (2004)，Ando (2007) は行列 D に対して $D = D_k^T D_k$ と設定している．ここで D_k は $(m-k) \times m$ 行列

$$D_k = \begin{pmatrix} (-1)^0{}_kC_0 & \cdots & (-1)^k{}_kC_k & 0 & \cdots & 0 \\ 0 & (-1)^0{}_kC_0 & \cdots & (-1)^k{}_kC_k & \cdots & 0 \\ \vdots & \ddots & \ddots & \ddots & \ddots & \vdots \\ 0 & \cdots & 0 & (-1)^0{}_kC_0 & \cdots & (-1)^k{}_kC_k \end{pmatrix}.$$

ここで，${}_pC_k = p!/\{k!(p-k)!\}$ は二項係数とする．特に頻繁に用いられるのは $k=2$ としたもので，$(m-2) \times m$ 行列 D_2 は以下で与えられる．

$$D_2 = \begin{pmatrix} 1 & -2 & 1 & 0 & \cdots & 0 \\ 0 & 1 & -2 & 1 & \vdots & 0 \\ \vdots & \ddots & \ddots & \ddots & \ddots & \vdots \\ 0 & \cdots & 0 & 1 & -2 & 1 \end{pmatrix}.$$

Δ を差分作用素 $\Delta w_j = w_j - w_{j-1}$ とすると $\boldsymbol{w}^T D \boldsymbol{w} = \sum_{j=k}^{m} (\Delta^k w_j)^2$ という表現が得られる.この差分を利用した事前分布をさらに詳しく知りたい場合,例えば,Green and Yandell (1985), O'Sullivan et al. (1986) などを参照されたい.日本語の文献として,小西・北川 (2004) がある.以降,行列 D_2 を利用した解説をすすめていく.

事後モード $\hat{\boldsymbol{\theta}}_n$ は,罰則付き対数尤度関数の最大化により得られる.

$$\hat{\boldsymbol{\theta}}_n = \mathrm{argmax}_{\theta} \left[\sum_{\alpha=1}^{n} \log f(y_\alpha | \boldsymbol{x}_\alpha; \boldsymbol{\theta}) - \frac{n\lambda}{2} \boldsymbol{\theta}^T R \boldsymbol{\theta} \right]. \qquad (5.18)$$

事後モード $\hat{\boldsymbol{\theta}}_n$ は解析的に与えられ,

$$\hat{\boldsymbol{w}}_n = \left(B^T B + n\beta D_2^T D_2 \right)^{-1} B^T \boldsymbol{y}_n, \quad \hat{\sigma}_n^2 = \frac{1}{n} \sum_{\alpha=1}^{n} \left\{ y_\alpha - \hat{\boldsymbol{w}}^T \boldsymbol{b}(\boldsymbol{x}_\alpha) \right\}^2 \qquad (5.19)$$

となる.ここで,$\beta = \lambda \hat{\sigma}_n^2$ とし,B は $n \times (m+1)$ 次元行列

$$B = \begin{pmatrix} \boldsymbol{b}(\boldsymbol{x}_1)^T \\ \vdots \\ \boldsymbol{b}(\boldsymbol{x}_n)^T \end{pmatrix} = \begin{pmatrix} 1 & b_1(\boldsymbol{x}_1) & \cdots & b_m(\boldsymbol{x}_1) \\ \vdots & \vdots & \ddots & \vdots \\ 1 & b_1(\boldsymbol{x}_n) & \cdots & b_m(\boldsymbol{x}_n) \end{pmatrix}$$

である.推定結果を利用してある地点 $\boldsymbol{x}$ における y の予測をおこないたい場合,y の予測期待値は以下で与えられる.

$$\hat{y} = \hat{\boldsymbol{w}}_n^T \boldsymbol{b}(\boldsymbol{x}).$$

しかし,この予測結果は,平滑化パラメータ λ,ガウスカーネル関数に含まれるハイパーパラメータ ν,および基底関数の個数 m に依存していることに注意されたい.

説明のために $n = 400$ 個のデータ $\{y_\alpha, (x_{1\alpha}, x_{2\alpha}); \alpha = 1, ..., 400\}$ を以下の真のモデルから発生させた.

$$y_\alpha = \sin(2\pi x_{1\alpha}) + \cos(2\pi x_{2\alpha}) + \varepsilon_\alpha \quad \alpha = 1, ..., 400.$$

ここで,説明変数データは $[0, 2] \times [0, 2]$ の一様乱数から発生させ,誤差項 ε_α は標

準正規分布に従うとした. 図 5.3 (a), (b) は, 真の曲面, および発生させたデータを補間したものである. この観測データに対し, ガウスカーネル展開に基づく非線形回帰モデルを当てはめる. ここでは, 平滑化パラメータ $\lambda = 0.00001$, および基底関数の個数 $m = 28$ とし, ガウスカーネル関数に含まれるハイパーパラメータ ν の選択が予測結果に影響を与えることを示す. 図 5.3 (c), (d) はハイパーパラメータ ν の値を $\nu = 1$, および $\nu = 6.38$ として, 非線形回帰モデルを当てはめた結果である. 図 5.3 (c) はデータへ過適合している. 対照的に, ハイパーパラメータ ν の値を適切に設定すると, 図 5.3 (d) のように真の曲面の極大点や極小点の位置およびその値などの構造を適切に捉えることができる.

このように, 予測期待値 $\hat{y}_n$ を利用して真の構造を捉えるためには, 平滑化パ

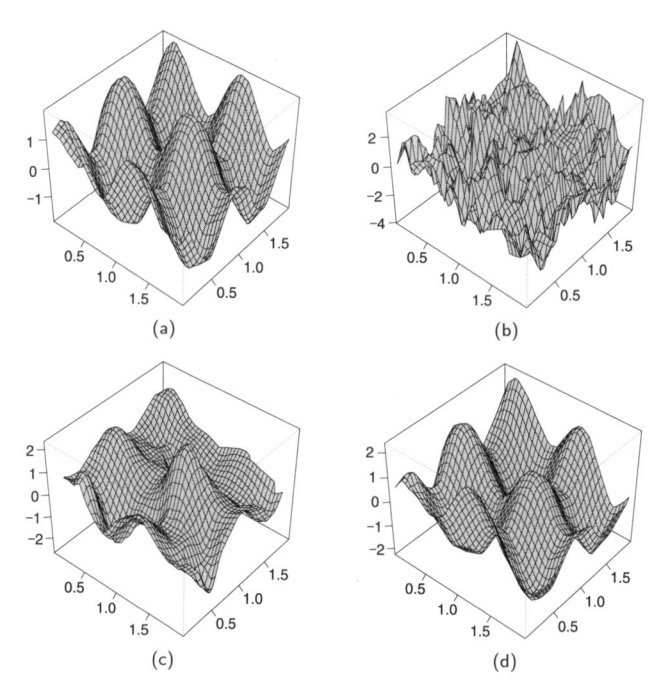

図 5.3 (a) 真の曲面, (b) 発生させたデータを補間した曲面, (c) $\nu = 1$ として非線形回帰モデルを当てはめた結果, および (d) $\nu = 6.3$ として非線形回帰モデルを当てはめた結果. ただし, 平滑化パラメータ $\lambda = 0.00001$, および基底関数の個数 $m = 28$ としている (Ando et al. (2008)).

ラメータ λ, ガウスカーネル関数に含まれるハイパーパラメータ ν, および基底関数の個数 m の値を適切に選択する必要がある. (5.13) 式に尤度関数, 事前分布を代入すると, ベイズ推定により構築された非線形回帰モデルを評価する拡張ベイズ情報量規準 (Konishi et al. (2004)) が導出される.

$$\begin{aligned}&\text{GBIC}(m,\nu,\lambda)\\&= (n+m-1)\log\hat{\sigma}_n^2 + n\lambda \hat{\boldsymbol{w}}_n^T D_2^T D_2 \hat{\boldsymbol{w}}_n + n + (n-3)\log(2\pi)\\&\quad +3\log n + \log\left|S_n(\hat{\boldsymbol{\theta}}_n)\right| - \log\left|D_2^T D_2\right|_+ - (m-1)\log\left(\lambda\hat{\sigma}_n^2\right). \quad (5.20)\end{aligned}$$

ここで $(m+2)\times(m+2)$ 行列 $S_n(\hat{\boldsymbol{\theta}}_n)$ は

$$\begin{aligned}&S_n(\hat{\boldsymbol{\theta}}_n)\\&= -\frac{1}{n}\left(\begin{array}{cc}\dfrac{\partial^2\log\{f(\boldsymbol{y}_n|\boldsymbol{X}_n;\boldsymbol{\theta})\pi(\boldsymbol{\theta})\}}{\partial\boldsymbol{w}\partial\boldsymbol{w}^T} & \dfrac{\partial^2\log\{f(\boldsymbol{y}_n|\boldsymbol{X}_n;\boldsymbol{\theta})\pi(\boldsymbol{\theta})\}}{\partial\boldsymbol{w}\partial\sigma^2}\\[2mm] \dfrac{\partial^2\log\{f(\boldsymbol{y}_n|\boldsymbol{X}_n;\boldsymbol{\theta})\pi(\boldsymbol{\theta})\}}{\partial\boldsymbol{w}^T\partial\sigma^2} & \dfrac{\partial^2\log\{f(\boldsymbol{y}_n|\boldsymbol{X}_n;\boldsymbol{\theta})\pi(\boldsymbol{\theta})\}}{\partial\sigma^2\partial\sigma^2}\end{array}\right)\bigg|_{\boldsymbol{\theta}=\hat{\boldsymbol{\theta}}_n}\\&= \frac{1}{n\hat{\sigma}_n^2}\left(\begin{array}{cc}B^T B + n\lambda\hat{\sigma}_n^2 D_2^T D_2 & B^T\boldsymbol{e}/\hat{\sigma}_n^2\\[2mm] \boldsymbol{e}^T B/\hat{\sigma}_n^2 & n/2\hat{\sigma}_n^2\end{array}\right)\end{aligned}$$

となる. ただし, $\log f(\boldsymbol{y}_n|\boldsymbol{X}_n;\boldsymbol{\theta})$ は対数尤度関数とし,

$$\boldsymbol{e} = \left\{y_1 - \hat{\boldsymbol{w}}_n^T \boldsymbol{b}(\boldsymbol{x}_1),...,y_n - \hat{\boldsymbol{w}}_n^T \boldsymbol{b}(\boldsymbol{x}_n)\right\}$$

とする. 競合モデルのなかで, GBIC を最小とするような統計モデル, すなわち, (m,ν,λ) の組み合わせを選択することとなる.

5.5.2 非線形多項ロジスティックモデリング

ここでは p 次元特徴変数 $\boldsymbol{x}$ と群のラベル $g \in \{1,2,...,G\}$ に関する n 個の観測データ $\{(\boldsymbol{x}_\alpha, g_\alpha); \alpha = 1,...,n\}$ に基づいて G 群非線形判別方式を構成する.

p 次元特徴変数 $\boldsymbol{x}$ が観測されたとき, それが第 k 群からのものである事後確率を

5.5 拡張ベイズ情報量規準

$$\Pr(g = k|\boldsymbol{x}), \quad k = 1, ..., G$$

とする.このとき,線形ロジスティックモデル (Seber (1984), Hosmer and Lemeshow (1989)) は,$G-1$ 個の対数オッズ比によって定式化される.

$$\log\left\{\frac{\Pr(g=k|\boldsymbol{x})}{\Pr(g=G|\boldsymbol{x})}\right\} = w_{k0} + \sum_{j=1}^{p} w_{kj}x_j, \quad k = 1, \ldots, G-1. \quad (5.21)$$

ここで,$\{w_{kj}; j = 0, \ldots, p, k = 1, \ldots, G-1\}$ はモデルのパラメータである.

線形ロジスティックモデルは有用な統計モデルであるが,変数間に線形性を仮定するモデルでは,その性質上,複雑な構造を内在する現象の分析に対して有効に機能せず,より柔軟なモデルが必要とされる (Hastie et al. (1994)).そこで,Ando and Konishi (2009) は,カーネル関数展開

$$\log\left\{\frac{\Pr(g=k|\boldsymbol{x})}{\Pr(g=G|\boldsymbol{x})}\right\} = w_{k0} + \sum_{j=1}^{m} w_{kj}b_j(\boldsymbol{x}) \quad (5.22)$$

を考え,多項ロジスティックモデルの非線形化を試みている.ここで,(5.22) 式のカーネル関数 $\{b_j(\boldsymbol{x}); j = 1, \ldots, m\}$ に対して,Ando and Konishi (2009) は,(5.15) 式のガウスカーネルを利用している.ガウスカーネル関数に含まれる中心ベクトル $\boldsymbol{\mu}_j$ と関数の広がりの程度を表す σ_j^2 は,先ほどと同様に決定され,ハイパーパラメータ ν を与えると m 個の既知のガウスカーネル関数が構成される.

対数オッズ比に非線形性を仮定した (5.22) 式のモデルは

$$\Pr(g = k|\boldsymbol{x}) = \frac{\exp\left\{\boldsymbol{w}_k^T \boldsymbol{b}(\boldsymbol{x})\right\}}{1 + \sum_{j=1}^{G-1} \exp\left\{\boldsymbol{w}_j^T \boldsymbol{b}(\boldsymbol{x})\right\}}, \quad k = 1, \ldots, G-1$$

$$\Pr(g = G|\boldsymbol{x}) = \frac{1}{1 + \sum_{k=1}^{G-1} \exp\left\{\boldsymbol{w}_j^T \boldsymbol{b}(\boldsymbol{x})\right\}} \quad (5.23)$$

と同値であり,明らかに $\sum_{k=1}^{G} \Pr(g = k|\boldsymbol{x}) = 1$ が成り立つ.ここで $\boldsymbol{w}_k = (w_{k0}, \ldots, w_{km})^T$ は $(m+1)$ 次元パラメータ,$\boldsymbol{b}(\boldsymbol{x}) = (1, b_1(\boldsymbol{x}), \ldots, b_m(\boldsymbol{x}))^T$ はカーネル関数により構成される $(m+1)$ 次元のベクトルである.p 次元特徴変数 $\boldsymbol{x}$ が第 k 群より観測されたとする確率 $\Pr(g = k|\boldsymbol{x})$ は,パラメータ $\boldsymbol{w} = (\boldsymbol{w}_1^T, ..., \boldsymbol{w}_{G-1}^T)^T$,および基底関数の個数 m に依存しており,これを

$\Pr(g=k|\boldsymbol{x}) := \pi_k(\boldsymbol{x};\boldsymbol{w})$ と記述する.

ここで,群のラベルを表す G 次元ベクトル $\boldsymbol{y} = (y_1,\ldots,y_G)^T$ を次のように定義する.

$$\boldsymbol{y} = (y_1,\ldots,y_G)^T = (0,\overset{(k-1)}{\ldots},0,\overset{(k)}{1},\overset{(k+1)}{0},\ldots,0)^T \quad \text{if} \quad g=k.$$

すなわち $\boldsymbol{y}$ は,第 k 群に属するデータに対して,第 k 番目の成分のみ 1 でその他の成分がすべて 0 の G 次元ベクトルとする.

このとき,n 個の観測データに基づく対数尤度関数は

$$f(\boldsymbol{Y}_n|\boldsymbol{X}_n,\boldsymbol{w}) = \sum_{\alpha=1}^{n}\sum_{k=1}^{G} y_{k\alpha}\log\pi_k(\boldsymbol{x}_\alpha;\boldsymbol{w})$$

で与えられる.ただし,$\boldsymbol{Y}_n = \{\boldsymbol{y}_1,\ldots,\boldsymbol{y}_n\}$,$\boldsymbol{X}_n = \{\boldsymbol{x}_1,\ldots,\boldsymbol{x}_n\}$,$\boldsymbol{y}_\alpha = (y_{1\alpha},\ldots,y_{G\alpha})^T$ である.

ここでは,$\boldsymbol{w}$ の事前分布に $(G-1)\times(m+1)$ 次元正規分布

$$\pi(\boldsymbol{w}) = \left(\frac{n\lambda}{2\pi}\right)^{\frac{p}{2}}\exp\left\{-n\lambda\frac{\boldsymbol{w}^T\boldsymbol{w}}{2}\right\}$$

を仮定する.つまり,$\boldsymbol{w}$ は平均 $\boldsymbol{0}$,共分散行列 $I/(n\lambda)$ の正規分布に従うと仮定する.ここで,λ は平滑化パラメータである.ただし,$p=(G-1)(m+1)$ である.

罰則付き対数尤度関数

$$\ell(\boldsymbol{w}) = \log\{f(\boldsymbol{Y}_n|\boldsymbol{X}_n,\boldsymbol{w})\pi(\boldsymbol{w})\}$$
$$\propto \sum_{\alpha=1}^{n}\log f(\boldsymbol{y}_\alpha|\boldsymbol{x}_\alpha;\boldsymbol{w}) - \frac{n\lambda}{2}\boldsymbol{w}^T\boldsymbol{w},$$

の最大化により事後モード $\hat{\boldsymbol{w}}_n$ は求められ,罰則付き最尤推定量とも呼ばれている.

事後モードを得るには,非線形最適化の必要がある.例えば,ニュートン-ラフソン (Newton–Raphson) 法を用いるとき,罰則付き対数尤度関数の一階微分,および二階微分

$$\frac{\partial\ell(\boldsymbol{w})}{\partial\boldsymbol{w}_k} = \sum_{\alpha=1}^{n}\{y_{k\alpha}-\pi_k(\boldsymbol{x}_\alpha;\boldsymbol{w})\}\boldsymbol{b}(\boldsymbol{x}_\alpha) - n\lambda\boldsymbol{w}_k, \quad k=1,\ldots,G-1.$$

$$\frac{\partial \ell(\boldsymbol{w})}{\partial \boldsymbol{w}_m \partial \boldsymbol{w}_l^T}$$
$$= \begin{cases} \sum_{\alpha=1}^{n} \pi_m(\boldsymbol{x}_\alpha; \boldsymbol{w})(\pi_m(\boldsymbol{x}_\alpha; \boldsymbol{w}) - 1)\boldsymbol{b}(\boldsymbol{x}_\alpha)\boldsymbol{b}(\boldsymbol{x}_\alpha)^T - n\lambda I_{m+1} & (l = m) \\ \sum_{\alpha=1}^{n} \pi_m(\boldsymbol{x}_\alpha; \boldsymbol{w})\pi_l(\boldsymbol{x}_\alpha; \boldsymbol{w})\boldsymbol{b}(\boldsymbol{x}_\alpha)\boldsymbol{b}(\boldsymbol{x}_\alpha)^T & (l \neq m) \end{cases}$$

を利用して，次式でパラメータを更新すればよい．

$$\boldsymbol{w}^{\text{new}} = \boldsymbol{w}^{\text{old}} - \left\{ \frac{\partial^2 \ell(\boldsymbol{w}^{\text{old}})}{\partial \boldsymbol{w} \partial \boldsymbol{w}^T} \right\}^{-1} \frac{\partial \ell(\boldsymbol{w}^{\text{old}})}{\partial \boldsymbol{w}}.$$

ここで，I_{m+1} は $(m+1) \times (m+1)$ 次元単位行列である．ニュートン-ラフソン法は罰則付き対数尤度関数の一階微分，および二階微分を用いており，最急降下 (gradient) 法と比較して収束速度が速い．

(5.23) 式の事後確率 $\pi_k(\boldsymbol{x}_\alpha; \boldsymbol{w})$ に含まれるパラメータベクトル $\boldsymbol{w}$ を，事後モード $\hat{\boldsymbol{w}}_n$ で置き換えると G 群非線形判別方式が構成される．将来のデータ $\boldsymbol{x}$ はモデルの与える事後確率の推定値 $\pi_k(\boldsymbol{x}; \hat{\boldsymbol{w}}_n)$ が最大となる群に判別される．しかし，先ほどの非線形回帰モデルと同様，この G 群非線形判別方式は平滑化パラメータ λ，ガウスカーネル関数に含まれるハイパーパラメータ ν，および基底関数の個数 m の値に依存している．

(5.13) 式に尤度関数，事前分布を代入すると，ベイズ推定により構築された非線形多項ロジスティックモデルを評価する拡張ベイズ情報量規準が導出される．

$$\text{GBIC}(m, \nu, \lambda) = -2 \sum_{\alpha=1}^{n} \sum_{k=1}^{G} y_{k\alpha} \log \pi_k(\boldsymbol{x}_\alpha; \hat{\boldsymbol{w}}_n) + n\lambda \hat{\boldsymbol{w}}_n^T \hat{\boldsymbol{w}}_n$$
$$+ \log |S_n(\hat{\boldsymbol{w}}_n)| - (G-1)(m+1) \log \lambda. \quad (5.24)$$

ここで $\hat{\boldsymbol{w}}_n$ は事後モードとし，$(G-1)(m+1)$ 次元行列 $S_n(\hat{\boldsymbol{w}}_n)$ は

$$S_n(\hat{\boldsymbol{w}}_n) = -\frac{1}{n} \begin{pmatrix} S_{11} & \cdots & \cdots & \cdots & S_{1,G-1} \\ \vdots & \ddots & & & \vdots \\ \vdots & & S_{ml} & & \vdots \\ \vdots & & & \ddots & \vdots \\ S_{G-1,1} & \cdots & \cdots & \cdots & S_{G-1,G-1} \end{pmatrix}$$

とし，それぞれのブロック行列 S_{ml} は

$$S_{ml} = \left. \frac{\partial^2 \log\{f(\boldsymbol{Y}_n|\boldsymbol{X}_n, \boldsymbol{w})\pi(\boldsymbol{w})\}}{\partial \boldsymbol{w}_m \partial \boldsymbol{w}_l^T} \right|_{\boldsymbol{w}=\hat{\boldsymbol{w}}_n}$$

$$= \begin{cases} B^T \Gamma_m (\Gamma_m - I) B - n\lambda I & (l = m) \\ B^T \Gamma_m \Gamma_l B & (l \neq m) \end{cases}$$

として与えられる．ただし

$$\Gamma_m = \mathrm{diag}\{\pi_m(\boldsymbol{x}_1, \boldsymbol{w}), \ldots, \pi_m(\boldsymbol{x}_n, \boldsymbol{w})\}$$

とする．

Ando and Konishi (2009) は，導出した拡張ベイズ情報量規準を文字認識データ (Alpaydin and Kaynak (1998)) に応用している．識別対象は数字の $0 \sim 9$ であり，図 5.4 はデータベースの一部を図示したものである．それぞれの画像サイズは 32×32 ピクセルの $\{0,1\}$ データで，図 5.5 にあるように，実際の分析においては 32×32 次元の $\{0,1\}$ 情報は，4×4 次元のセルに分割され，各セルについて $\{0,1\}$ 情報を足し上げている．結果的に 8×8 次元の特徴変数 x を用いた 10 群識別問題を考えている．

解析に際しては，3823 個の学習データを用いてモデルのベイズ推定をおこない，1797 個の予測データで予測誤差を推定する．さまざまな平滑化パラメータ λ，ガウスカーネル関数に含まれるハイパーパラメータ ν，および基底関数の個

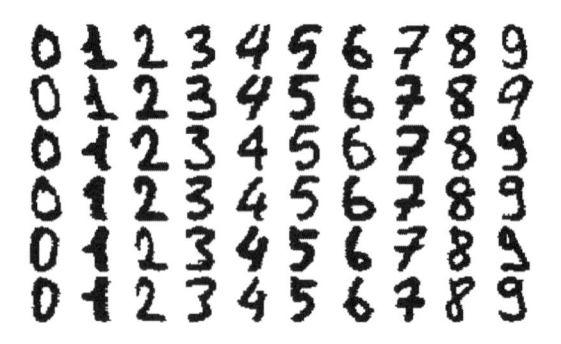

図 5.4 サンプルデータ (Ando and Konishi (2009))

5.6 修正ベイズ情報量規準

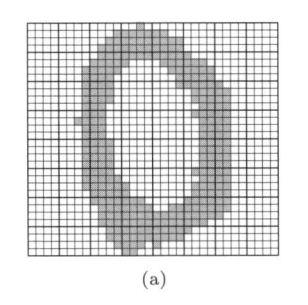

0	0	6	13	10	0	0	0
0	2	14	5	10	12	0	0
0	4	11	0	1	12	7	0
0	5	8	0	0	9	8	0
0	4	12	0	0	8	8	0
0	3	15	2	0	11	8	0
0	0	13	15	10	15	5	0
0	0	5	13	9	1	0	0

(a)　　　　　　　　　　(b)

図 5.5 (a) 変換前の 32×32 次元情報，および (b) 変換後の 8×8 次元情報 (Ando and Konishi (2009))

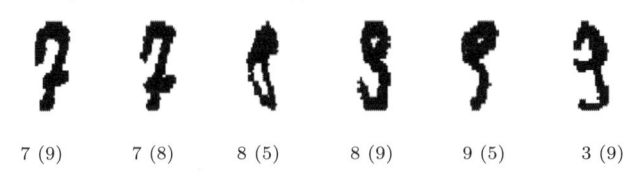

7 (9)　　7 (8)　　8 (5)　　8 (9)　　9 (5)　　3 (9)

図 5.6 誤認識された予測データ．真のラベル（予測ラベル）(Ando and Konishi (2009))

数 m の値を用意して，(5.24) 式の GBIC 計算すると，GBIC を最小とするこれらの組み合わせが求められる．その結果，$(m, \lambda, \nu) = (35, -5.10, 3.16)$ となり，対応する予測誤差は 5.73% であった．図 5.6 は，誤認識された予測データである．文字の下には，真のラベル（予測ラベル）があるが，人間も識別が難しい文字が含まれている．

5.6 修正ベイズ情報量規準

観測データの特性を最もよく表現する統計モデルが，必ずしも真のモデルを近似するとは限らず，最適な統計モデルの選択が必要となることは既述のとおりである．一般に，観測データに対する適合度は対数尤度で評価することができ，(5.11) 式で定義された Schwarz のベイズ情報量規準 $\mathrm{BIC} = -2\log f(\boldsymbol{X}_n|\hat{\boldsymbol{\theta}}) + p\log n$ は，対数尤度とモデルの複雑さのトレードオフをおこなっていた．ここで，$\hat{\boldsymbol{\theta}}$ は最尤推定量である．

例えば，罰則付き最尤法に基づき統計モデルを構成した統計モデルの評価は

どのようにしたらよいのであろうか．この場合には，前節で紹介した拡張ベイズ情報量規準 (Konishi et al. (2004)) を利用することができるものの，計算式が多少複雑である．そのような場合には，Eilers and Marx (1998) の修正ベイズ情報量規準の利用も考えられよう．以下，解説していく．

いま，Schwarz のベイズ情報量規準の第二項目 p はパラメータ数で，それはモデルの自由度と捉えることができる．しかし，罰則付き最尤法に基づき統計モデルを構成した統計モデルの自由度をパラメータ数とすることには違和感があるであろう．なぜなら，たとえモデルに含まれるパラメータ数が同じであったとしても，罰則の程度により，実質的なモデルの自由度が変化するからである．Hastie and Tibshirani (1990) は，実質的なモデルの自由度を平滑化行列の対角和として定義している．一般に，平滑化行列の対角和は実質的パラメータ数 (effective number of parameters) と呼ばれている．例えば，5.5.1 項の回帰モデルにおいて，平滑化行列は

$$H = B(B^T B + n\beta D)^{-1} B^T$$

と定義される．Eilers and Marx (1998) は，ベイズ情報量規準のパラメータ数を平滑化行列の対角和で置き換え，修正ベイズ情報量規準を提案した．この結果を用いると，5.5.1 項の罰則付き対数尤度関数の最大化によって推定された回帰モデルを評価する修正ベイズ情報量規準 (modified Bayesian information criterion; MBIC) は次式で与えられる．

$$\begin{aligned}\text{MBIC} &= \log f(\boldsymbol{X}_n|\hat{\boldsymbol{\theta}}_n) + \log n \times \text{tr}\{H\} \\ &= n + n\log(2\pi\hat{\sigma}_n^2) + \log n \times \text{tr}\{H\}.\end{aligned}$$

ここで，$\hat{\boldsymbol{\theta}}_n$ は事後モードである．

以下のモデルから人工データを発生させ，さらに詳しく解説をおこなう．

$$y_\alpha = \exp\{-x_\alpha \sin(2\pi x_\alpha)\} + 1 + \varepsilon_\alpha \quad \alpha = 1,...,50.$$

ここで，$x_\alpha = (50-\alpha)/49, \alpha = 1,...,50$ とし，独立な誤差項は $\varepsilon_\alpha \sim N(0, 0.3^2)$ から発生させている．このデータに対して，B-スプライン非線形正規回帰モデル

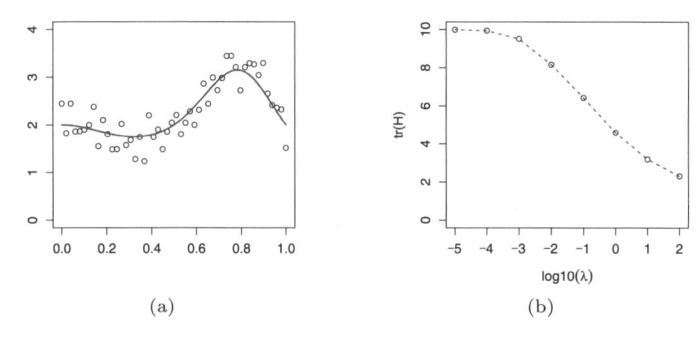

図 5.7 (a) 発生させたデータ (○), および真の曲線 $\exp\{-x_\alpha \sin(2\pi x_\alpha)\} + 1$, (b) さまざまな平滑化パラメータ λ に対して, 平滑化行列の対角和 $\mathrm{tr}\{H\}$ として定義される実質的なモデルの自由度.

$$y_\alpha = \sum_{j=1}^{p} \beta_j \phi_j(x_\alpha) + \varepsilon_\alpha, \quad \varepsilon_\alpha \sim N(0, \sigma^2)$$

を罰則付き対数尤度関数 (5.18) の最大化により当てはめる. ここでは, B-スプライン基底数はあらかじめ $p=10$ と固定した.

図 5.7 (a) は, 発生させたデータ, および真の曲線 $\exp\{-x_\alpha \sin(2\pi x_\alpha)\}+1$, (b) はさまざまな平滑化パラメータ λ に対して, 平滑化行列の対角和 $\mathrm{tr}\{H\}$ として定義される実質的なモデルの自由度である. 図 5.7 (b) から, 平滑化パラメータ λ の値が小さくなるにつれて, 実質的なモデルの自由度が大きくなっている. 図 5.8 は, さまざまな平滑化パラメータ λ に対応する推定された曲線である. 平滑化パラメータ λ の値が過度に大きい場合には, 推定された曲線はほぼ直線となり, また逆に小さすぎる場合には観測ノイズへ過適合している. 以上みたように, 平滑化パラメータ λ の選択が重要となる.

図 5.9 は, さまざまな平滑化パラメータ λ に対する修正情報量規準 MBIC の値である. MBIC の値は $\lambda = 0.1$ において最小となっており, この平滑化パラメータが選択される. 図 5.8 (b) に与えられている $\lambda = 0.1$ に対応する推定曲線は, 真の曲線をよく近似している.

いま, 線形回帰モデル $\boldsymbol{y}_n = \boldsymbol{X}_n \boldsymbol{\beta} + \boldsymbol{\varepsilon}, \boldsymbol{\varepsilon} \sim N(\boldsymbol{0}, \sigma^2 I), \boldsymbol{\beta} \in R^p$ を考える. いま, 最尤推定法によりパラメータを推定した場合, 最尤推定量は $\hat{\boldsymbol{\beta}} = (\boldsymbol{X}_n^T \boldsymbol{X}_n)^{-1} \boldsymbol{X}_n^T \boldsymbol{y}_n$ で与えられ, このとき, 平滑化行列は $H =$

(a) $\lambda = 100$

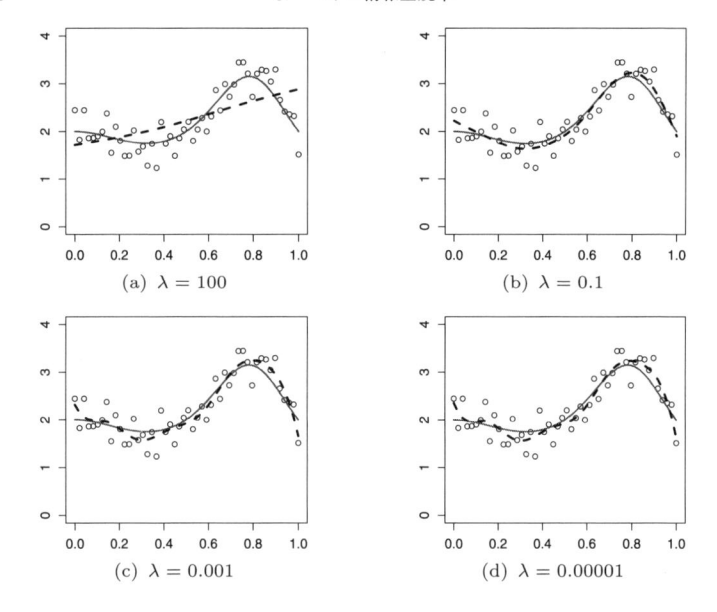

(b) $\lambda = 0.1$

(c) $\lambda = 0.001$

(d) $\lambda = 0.00001$

図 5.8 さまざまな平滑化パラメータ λ に対応する推定された曲線

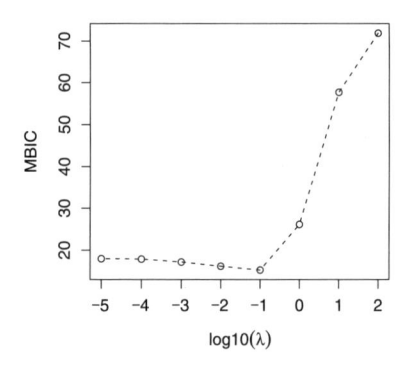

図 5.9 さまざまな平滑化パラメータ λ に対する修正情報量規準 MBIC の値. MBIC の値は $\lambda = 0.1$ において最小となっており,この平滑化パラメータが選択される.

$\boldsymbol{X}_n(\boldsymbol{X}_n^T\boldsymbol{X}_n)^{-1}\boldsymbol{X}_n^T$ で定義される. その対角和を計算すると,

$$\mathrm{tr}\{H\} = \mathrm{tr}\{\boldsymbol{X}_n(\boldsymbol{X}_n^T\boldsymbol{X}_n)^{-1}\boldsymbol{X}_n^T\} = \mathrm{tr}\{\boldsymbol{X}_n^T\boldsymbol{X}_n(\boldsymbol{X}_n^T\boldsymbol{X}_n)^{-1}\} = p.$$

すなわち,平滑化行列で定義されるモデルの自由度はモデルに含まれるパラメー

タ数となる.この理由,およびその計算の容易さから,それ以降広く利用されることとなった (Hurvich et al. (1998)).また,Eilers and Marx (1996) は修正 AIC を提案している.しかし,その理論的側面には不明瞭な点もあり,さらなる研究が望まれている.

5.7 ベイズファクターの改良

前節までみてきたように,伝統的ベイズアプローチに基づいたモデル選択の枠組みでは,周辺尤度が非常に重要な役割を果たしていることを紹介した.しかし,ある事前分布の下では周辺尤度の評価が理論的にも不可能な場合がある.

いま,非正則事前分布を利用したい場合を考える.繰り返しになるが,非正則事前分布とは以下で定義される事前分布

$$\pi(\boldsymbol{\theta}) \propto h(\boldsymbol{\theta})$$

であり,$h(\boldsymbol{\theta})$ を確率密度関数とするための規格化定数 $\int h(\boldsymbol{\theta})d\boldsymbol{\theta} = \infty$ が発散している事前分布である.すなわち,任意の定数 C を掛けた $q(\boldsymbol{\theta}) = C\pi(\boldsymbol{\theta})$ も同様に事前分布となる.事後分布は

$$\pi(\boldsymbol{\theta}|\boldsymbol{X}_n) = \frac{f(\boldsymbol{X}_n|\boldsymbol{\theta})q(\boldsymbol{\theta})}{\int f(\boldsymbol{X}_n|\boldsymbol{\theta})q(\boldsymbol{\theta})d\boldsymbol{\theta}} = \frac{f(\boldsymbol{X}_n|\boldsymbol{\theta})\pi(\boldsymbol{\theta})}{\int f(\boldsymbol{X}_n|\boldsymbol{\theta})\pi(\boldsymbol{\theta})d\boldsymbol{\theta}}$$

となる.事前分布の規格化定数が発散していても,事後分布の規格化定数 $\int f(\boldsymbol{X}_n|\boldsymbol{\theta})\pi(\boldsymbol{\theta})d\boldsymbol{\theta}$ が発散しない場合,ベイズ推定は実行可能である.しかし,ベイズファクターは

$$\text{Bayes factor}(M_k, M_j) = \frac{\int f_k(\boldsymbol{X}_n|\boldsymbol{\theta}_k)\pi_k(\boldsymbol{\theta}_k)d\boldsymbol{\theta}_k}{\int f_j(\boldsymbol{X}_n|\boldsymbol{\theta}_j)\pi_j(\boldsymbol{\theta}_j)d\boldsymbol{\theta}_j} \times \frac{C_k}{C_j}$$

となる.仮に正則事前分布が利用されていると $C_k < \infty$,$C_j < \infty$ であるため,規格化定数の比 C_k/C_j は一意に定まり,結果的にベイズファクターが一意に定義される.しかし,非正則事前分布の場合定数 C_k/C_j は一意に定まらな

いために，ベイズファクターが一意に定義されないという問題が起きてしまう．そのため，さまざまな研究 Aitkin (1991), Berger and Pericchi (1996, 1998), Gelfand and Dey (1994), Kass and Wasserman (1995), O'Hagan (1995, 1997), Pauler (1998), Perez and Berger (2002), Santis and Spezzaferri (2001) が提案されている．

この問題を解決する方法の一つとしては，$\log \pi(\boldsymbol{\theta}) = O_p(1)$ として，Schwarz (1978) のベイズ情報量規準を利用することが考えられる．これは，観測データ数が十分に大きい場合には事前分布の影響が小さくなるという意味で理にかなっている．それ以外の方法としては，以降で解説する手法等を利用することである．

5.7.1 本質的ベイズファクター

いま観測データ $\boldsymbol{X}_n$ が N 個のサブサンプル $\{\boldsymbol{x}_{n(j)}\}_{j=1}^N$ に分割されたとする．ただし $\sum_{j=1}^N n(j) = n$, $n(j)$ は j 番目のサブサンプルに含まれるデータ数とする．また，$\boldsymbol{X}_{n(j)}$ を観測データ $\boldsymbol{X}_n$ から j 番目のサブサンプル $\boldsymbol{X}_{-n(j)}$ を取り除いたサンプルとする．

事前分布の規格化定数が発散していても，事後分布の規格化定数は発散しない場合を考える．この場合，モデル M の周辺尤度の自然な置き換えは

$$P_s(\boldsymbol{X}_n|M) = \prod_{j=1}^N f(\boldsymbol{X}_{n(j)}|\boldsymbol{X}_{-n(j)}) \quad (5.25)$$

である．ここで，予測分布 $f(\boldsymbol{X}_{n(j)}|\boldsymbol{X}_{-n(j)})$ は

$$f(\boldsymbol{X}_{n(j)}|\boldsymbol{X}_{-n(j)}) = \int f(\boldsymbol{X}_{n(j)}|\boldsymbol{\theta})\pi(\boldsymbol{\theta}|\boldsymbol{X}_{-n(j)})d\boldsymbol{\theta}$$

で定義される．

(5.25) 式に基づき，Berger and Pericchi (1996, 1998) は本質的ベイズファクター (intrinsic Bayes factor) を提案している．(5.25) 式は観測データの一部分 $\boldsymbol{X}_{-n(j)}$ から事後分布を構成し，残りの観測データ $\boldsymbol{X}_{n(j)}$ でモデルの予測精度を評価している．前述の周辺尤度の問題は回避できるものの，計算負荷が大きい点，観測データの分け方などに注意が必要である．同様に，いくつかの

研究がなされているので次項以降も紹介していく.

5.7.2 部分的ベイズファクター
いま
$$f(\boldsymbol{X}_{n(1)}|\boldsymbol{X}_{-n(1)}) = \int f(\boldsymbol{X}_{n(1)}|\boldsymbol{\theta})\pi(\boldsymbol{\theta}|\boldsymbol{X}_{-n(1)})d\boldsymbol{\theta}$$
を考える. この統計量は部分的ベイズファクター (partial Bayes factor; O'Hagan (1995)) として知られている. 観測データのサブサンプル $\boldsymbol{X}_{-n(1)}$ はベイズ推定に利用され, 正則な事後分布を構築した後, 残りの観測データ $\boldsymbol{X}_{n(1)}$ をモデルの予測精度評価に利用している. Berger and Pericchi (1996) の本質的ベイズファクター $P_s(\boldsymbol{X}_n|M)$ よりは計算負荷が少ないものの予測精度の評価という意味では, 本質的ベイズファクターより劣る. また, どの観測データをベイズ推定用サンプル $\boldsymbol{X}_{n(1)}$ に利用するかという問題などもある. これを解決する方法の一つに分割的ベイズファクター (fractional Bayes factor; O'Hagan (1995)) がある.

5.7.3 分割的ベイズファクター
部分的ベイズファクターの枠組みでは, どの観測データをベイズ推定用サンプル $\boldsymbol{X}_{n(1)}$ に利用するかという問題があった. これを解決するため O'Hagan (1995) は, $b = n(1)/n$ として, 以下の近似を考えた.
$$f(\boldsymbol{X}_{n(1)}|\boldsymbol{\theta}) \approx \{f(\boldsymbol{X}_n|\boldsymbol{\theta})\}^b.$$
つまり, 尤度関数をディスカウントすることにより, 観測データの情報量を調整することを考え, 次の基準
$$P_s(\boldsymbol{X}_n|b) = \int f(\boldsymbol{X}_n|\boldsymbol{\theta})^{1-b}\pi(\boldsymbol{\theta}|\boldsymbol{X}_n,b)d\boldsymbol{\theta}$$
を提案している. これを分割的ベイズファクターと呼び
$$\pi(\boldsymbol{\theta}|\boldsymbol{X}_n,b) = \frac{f(\boldsymbol{X}_n|\boldsymbol{\theta})^b\pi(\boldsymbol{\theta})}{\int f(\boldsymbol{X}_n|\boldsymbol{\theta})^b\pi(\boldsymbol{\theta})d\boldsymbol{\theta}}$$

を分割的事後分布という.

5.7.4 事後ベイズファクター

Aitkin (1991) は,周辺尤度の事前分布を事後分布に置き換えて,事後ベイズファクター (posterior Bayes factor) を提案している.

$$P_s(\boldsymbol{X}_n) = \int f(\boldsymbol{X}_n|\boldsymbol{\theta})\pi(\boldsymbol{\theta}|\boldsymbol{X}_n)d\boldsymbol{\theta}.$$

事後分布からのサンプルが得られている場合には,簡単に計算できる利点がある.しかし,観測データがベイズ推定,および予測精度の両方に使用されており,予測精度の評価には問題がある.

5.7.5 交差検証法によるベイズファクター

モデルの予測精度を評価するために,Gelfand et al. (1992), Gelfand and Day (1994) は交差検証法のアイデアを導入している.

$$P_s(\boldsymbol{X}_n) = \prod_{\alpha=1}^{n} \int f(\boldsymbol{x}_\alpha|\boldsymbol{\theta})\pi(\boldsymbol{\theta}|\boldsymbol{X}_{-\alpha})d\boldsymbol{\theta}.$$

ここで,$\boldsymbol{X}_{-\alpha}$ は $\boldsymbol{x}_\alpha$ 以外の観測データであり,この統計量を交差検証法による予測分布 (cross validated predictive density) と呼ぶ.尤度関数,事前分布さえ設定すれば自動的に計算ができるという利点があるものの,観測データ数が大きい場合や,ベイズ推定に時間がかかる場合,相当量の計算負荷がかかる点に注意が必要である.

5.8 ベイズ情報量規準の導出

本節では,ベイズ情報量規準,および拡張ベイズ情報量規準の導出について解説する.

5.8.1 ベイズ情報量規準の導出

本項では,$\log \pi(\boldsymbol{\theta}) = O_p(1)$ としてベイズ情報量規準を導出する.この場合,観測データ数 n が十分に大きいときに事前分布は $\pi(\boldsymbol{\theta})$ パラメータ推定に

影響しなくなり（しかし，定義域などについて制約は影響する），事後モード $\hat{\boldsymbol{\theta}}_n$ は，定式化した統計モデル $f(\boldsymbol{x}|\boldsymbol{\theta})$ と真のモデル $g(\boldsymbol{x})$ のカルバック-ライブラー情報量距離を最小とするパラメータ値 $\boldsymbol{\theta}_0$ に収束する．以降では，統計モデル $f(\boldsymbol{x}|\boldsymbol{\theta})$ のフィッシャー情報行列は $\boldsymbol{\theta}_0$ において正則であるものとする．

まず，対数尤度関数 $\log f(\boldsymbol{X}_n|\boldsymbol{\theta})$ の一階微分を最尤推定量 $\hat{\boldsymbol{\theta}}_{\mathrm{MLE}}$ で評価した場合には $\mathbf{0}$ であることに注意する．このとき

$$\log f(\boldsymbol{X}_n|\boldsymbol{\theta}) \approx \log f(\boldsymbol{X}_n|\hat{\boldsymbol{\theta}}_{\mathrm{MLE}}) - \frac{n}{2}(\boldsymbol{\theta} - \hat{\boldsymbol{\theta}}_{\mathrm{MLE}})^T J_n(\hat{\boldsymbol{\theta}})(\boldsymbol{\theta} - \hat{\boldsymbol{\theta}}_{\mathrm{MLE}}) \tag{5.26}$$

を得る．ただし，

$$J_n\left(\hat{\boldsymbol{\theta}}_{\mathrm{MLE}}\right) = -\frac{1}{n} \left. \frac{\partial^2 \log f(\boldsymbol{X}_n|\boldsymbol{\theta})}{\partial \boldsymbol{\theta} \partial \boldsymbol{\theta}^T} \right|_{\boldsymbol{\theta}=\hat{\boldsymbol{\theta}}_{\mathrm{MLE}}}.$$

事前分布に関しても同様に，

$$\pi(\boldsymbol{\theta}) \approx \pi(\hat{\boldsymbol{\theta}}_{\mathrm{MLE}}) + (\boldsymbol{\theta} - \hat{\boldsymbol{\theta}}_{\mathrm{MLE}})^T \left. \frac{\partial \pi(\boldsymbol{\theta})}{\partial \boldsymbol{\theta}} \right|_{\boldsymbol{\theta}=\hat{\boldsymbol{\theta}}_{\mathrm{MLE}}}. \tag{5.27}$$

(5.26) 式，および (5.27) 式を (5.3) 式に代入し，

$$\int (\boldsymbol{\theta} - \hat{\boldsymbol{\theta}}_{\mathrm{MLE}}) \exp\left\{-\frac{n}{2}(\boldsymbol{\theta} - \hat{\boldsymbol{\theta}}_{\mathrm{MLE}})^T J_n\left(\hat{\boldsymbol{\theta}}_{\mathrm{MLE}}\right)(\boldsymbol{\theta} - \hat{\boldsymbol{\theta}}_{\mathrm{MLE}})\right\} d\boldsymbol{\theta} = \mathbf{0}$$

に注意すると，周辺尤度 $P(\boldsymbol{X}_n|M)$ は

$$\begin{aligned}
P(&\boldsymbol{X}_n|M) \\
\approx & \int \exp\left\{\log f(\boldsymbol{X}_n|\hat{\boldsymbol{\theta}}_{\mathrm{MLE}}) - \frac{n}{2}(\boldsymbol{\theta} - \hat{\boldsymbol{\theta}}_{\mathrm{MLE}})^T J_n\left(\hat{\boldsymbol{\theta}}_{\mathrm{MLE}}\right)(\boldsymbol{\theta} - \hat{\boldsymbol{\theta}}_{\mathrm{MLE}})\right\} \\
& \times \left\{\pi(\hat{\boldsymbol{\theta}}_{\mathrm{MLE}}) + (\boldsymbol{\theta} - \hat{\boldsymbol{\theta}}_{\mathrm{MLE}})^T \left. \frac{\partial \pi(\boldsymbol{\theta})}{\partial \boldsymbol{\theta}} \right|_{\boldsymbol{\theta}=\hat{\boldsymbol{\theta}}_{\mathrm{MLE}}}\right\} d\boldsymbol{\theta} \\
\approx & f(\boldsymbol{X}_n|\hat{\boldsymbol{\theta}}_{\mathrm{MLE}}) \pi(\hat{\boldsymbol{\theta}}_{\mathrm{MLE}}) \\
& \times \int \exp\left\{-\frac{n}{2}(\boldsymbol{\theta} - \hat{\boldsymbol{\theta}}_{\mathrm{MLE}})^T J_n\left(\hat{\boldsymbol{\theta}}_{\mathrm{MLE}}\right)(\boldsymbol{\theta} - \hat{\boldsymbol{\theta}}_{\mathrm{MLE}})\right\} d\boldsymbol{\theta}
\end{aligned}$$

と評価される．最後の式に含まれる積分は，平均 $\hat{\boldsymbol{\theta}}_{\mathrm{MLE}}$，共分散行列 $n^{-1} J_n^{-1}(\hat{\boldsymbol{\theta}}_{\mathrm{MLE}})$ の多変量正規分布に関するものであることに注意すると

$$\int \exp\left\{-\frac{n}{2}(\boldsymbol{\theta}-\hat{\boldsymbol{\theta}}_{\mathrm{MLE}})^T J_n\left(\hat{\boldsymbol{\theta}}_{\mathrm{MLE}}\right)\left(\boldsymbol{\theta}-\hat{\boldsymbol{\theta}}_{\mathrm{MLE}}\right)\right\} d\boldsymbol{\theta} = \frac{(2\pi)^{\frac{p}{2}}}{n^{\frac{p}{2}}|J_n(\hat{\boldsymbol{\theta}}_{\mathrm{MLE}})|^{\frac{1}{2}}}$$

である．以上をまとめると

$$P(\boldsymbol{X}_n) \approx f(\boldsymbol{X}_n|\hat{\boldsymbol{\theta}}_{\mathrm{MLE}})\pi(\hat{\boldsymbol{\theta}}_{\mathrm{MLE}}) \times \frac{(2\pi)^{\frac{p}{2}}}{n^{\frac{p}{2}}|J_n(\hat{\boldsymbol{\theta}}_{\mathrm{MLE}})|^{\frac{1}{2}}}$$

となる．(5.2) 式に代入して，対数をとると

$$\begin{aligned}
&-2\log\left\{P(M)\int f(\boldsymbol{X}_n|\boldsymbol{\theta})\pi(\boldsymbol{\theta})d\boldsymbol{\theta}\right\} \\
&= -2\log\left\{P(M)P(\boldsymbol{X}_n|M)\right\} \\
&\approx -2\log f(\boldsymbol{X}_n|\hat{\boldsymbol{\theta}}_{\mathrm{MLE}}) - 2\log \pi(\hat{\boldsymbol{\theta}}_{\mathrm{MLE}}) + p\log n \\
&\quad + \log|J_n(\hat{\boldsymbol{\theta}}_{\mathrm{MLE}})| - 2\log P(M) - p\log 2\pi
\end{aligned}$$

が導かれる．$O(1)$ および高次の項を無視し，それぞれの統計モデルの事前確率 $P(M_k)$ は等しいと仮定すると，Schwarz (1978) のベイズ情報量規準が導出される．

$$\mathrm{BIC} = -2\log f(\boldsymbol{X}_n|\hat{\boldsymbol{\theta}}_{\mathrm{MLE}}) + p\log n.$$

ベイズ情報量規準の導出はさまざまな文献で紹介されているが，日本語の文献としては小西・北川 (2004) が詳しい．

5.8.2 拡張ベイズ情報量規準の導出

本項では $\log \pi(\boldsymbol{\theta}) = O_p(n)$ の場合を考える．すなわち，観測データ数 n の増加とともに，事前情報も増えていく設定である．この場合，観測データ数 n が十分に大きいときにも事前分布は $\pi(\boldsymbol{\theta})$ パラメータ推定に影響し影響する．

いま，周辺尤度は

$$P(\boldsymbol{X}_n|M) = \int \exp\left\{s(\boldsymbol{\theta}|\boldsymbol{X}_n)\right\} d\boldsymbol{\theta} \quad (5.28)$$

と表すことができることに注意する．ただし，

$$s(\boldsymbol{\theta}|\boldsymbol{X}_n) = \log f(\boldsymbol{X}_n|\boldsymbol{\theta}) + \log \pi(\boldsymbol{\theta})$$

5.8 ベイズ情報量規準の導出

である.

いま，$\hat{\boldsymbol{\theta}}_n$ を関数 $s(\boldsymbol{\theta}|\boldsymbol{X}_n)$ のモードとする．このとき，ラプラス近似法 (Tierney and Kadane (1986), Tierney et al. (1989), Kass et al. (1990), Konishi et al. (2004)) を利用すると (5.28) 式は

$$
\begin{aligned}
P(\boldsymbol{X}_n|M) &= \int \exp\left\{s(\boldsymbol{\theta}|\boldsymbol{X}_n)\right\} d\boldsymbol{\theta} \\
&= \frac{(2\pi)^{\frac{p}{2}}}{n^{\frac{p}{2}}|S_n(\hat{\boldsymbol{\theta}}_n)|^{\frac{1}{2}}} \exp\left\{s(\hat{\boldsymbol{\theta}}_n|\boldsymbol{X}_n)\right\}\left\{1+O_p(n^{-1})\right\} \quad (5.29)
\end{aligned}
$$

と表現できる．ここで

$$
S_n(\hat{\boldsymbol{\theta}}_n) = -\frac{1}{n}\left.\frac{\partial^2 s(\boldsymbol{\theta}|\boldsymbol{X}_n)}{\partial\boldsymbol{\theta}\partial\boldsymbol{\theta}^T}\right|_{\boldsymbol{\theta}=\hat{\boldsymbol{\theta}}_n} = J_n(\hat{\boldsymbol{\theta}}_n) - \frac{1}{n}\left.\frac{\partial^2 \log\pi(\boldsymbol{\theta})}{\partial\boldsymbol{\theta}\partial\boldsymbol{\theta}^T}\right|_{\boldsymbol{\theta}=\hat{\boldsymbol{\theta}}_n}.
$$

(5.2) 式に代入して対数をとると，拡張ベイズ情報量規準 (Konishi et al. (2004)) が導出される.

$$
\begin{aligned}
\mathrm{GBIC} &= -2\log\left\{P(M)P(\boldsymbol{X}_n|M)\right\} \\
&= -2\log f(\boldsymbol{X}_n|\hat{\boldsymbol{\theta}}_n) - 2\log\pi(\hat{\boldsymbol{\theta}}_n) + p\log n \\
&\quad + \log|S_n(\hat{\boldsymbol{\theta}}_n)| - p\log 2\pi - 2\log P(M) + O_p(n^{-1}). \quad (5.30)
\end{aligned}
$$

6

数値計算に基づくベイズ情報量規準の構築

　伝統的ベイズアプローチに基づいたモデル選択の枠組みにおいては，周辺尤度が非常に重要な役割を果たしていることをみてきた．しかし，周辺尤度の解析的評価が困難である場合が頻繁にあり，本章では数値計算に基づいて周辺尤度を評価するための手法を解説する．

　数値計算による周辺尤度の評価のための単純なアイデアとしては，事前分布 $\pi(\boldsymbol{\theta})$ から乱数を発生させて，発生させた乱数 $\{\boldsymbol{\theta}^{(1)},...,\boldsymbol{\theta}^{(L)}\}$ を利用して

$$P(\boldsymbol{X}_n|M) = \frac{1}{L}\sum_{j=1}^{L} f\left(\boldsymbol{X}_n|\boldsymbol{\theta}^{(j)}\right)$$

と近似する方法であろう．特に指定がない限り，本章ではモデル M の表記を省略することとするが，読者は，モデル M が固定された下で周辺尤度評価に関する議論がおこなわれていることに注意されたい．

　しかし，上記の手法は周辺尤度の近似精度がよくない (McCulloch and Rossi (1992)) ため，マルコフ連鎖モンテカルロ法により発生させた事後サンプルを利用して，周辺尤度の評価をおこなうさまざまな研究，例えばラプラス-メトロポリス推定量 (Laplace-Metropolis estimator; Lewis and Raftery (1997))，調和平均推定量 (harmonic mean estimator; Newton and Raftery (1994))，ゲルファンド-デイ推定量 (Gelfand and Dey's estimator; Gelfand and Dey (1994))，ギブスサンプリング法に基づく推定量 (Chib (1995))，メトロポリス-ヘイスティング法に基づく推定量 (Chib and Jeliazkov (2001))，カーネル推定量 (Kernel density approach; Kim et al. (1998))，が報告されている．研究論文として，Carlin and Chib (1995)，DiCiccio et al. (1997)，Gelman and Meng (1998)，Meng and Wong (1996)，Verdinelli and Wasserman (1995)，

および Lopes and West (2004),教科書として, Carlin and Louis (1996), Chen et al. (2000), および Gamerman and Lopes (2006) などが参考になるであろう.

6.1 ラプラス-メトロポリス推定量

前章において,周辺尤度を平均 $\hat{\boldsymbol{\theta}}_n$,共分散行列 $n^{-1}S_n^{-1}(\hat{\boldsymbol{\theta}}_n)$ の多変量正規分布を利用して漸近的に評価する手法を紹介した.

$$P(\boldsymbol{X}_n) \approx f(\boldsymbol{X}_n|\hat{\boldsymbol{\theta}}_n)\pi(\hat{\boldsymbol{\theta}}_n) \times \left(\frac{2\pi}{n}\right)^{\frac{p}{2}} \left|S_n(\hat{\boldsymbol{\theta}}_n)\right|^{-\frac{1}{2}}. \quad (6.1)$$

ここで p は $\boldsymbol{\theta}$ の次元である.(6.1) 式からわかるように,平均 $\hat{\boldsymbol{\theta}}_n$,および共分散行列 $n^{-1}S_n^{-1}(\hat{\boldsymbol{\theta}}_n)$ を求めれば周辺尤度を計算できるため,$\hat{\boldsymbol{\theta}}_n$,および $S_n(\hat{\boldsymbol{\theta}}_n)$ を数値計算によって求めるアイデアが考案されている.

いま L 個の事後サンプル $\{\boldsymbol{\theta}^{(1)},...,\boldsymbol{\theta}^{(L)}\}$ が事後分布から得られたとする.このとき,事後モード $\hat{\boldsymbol{\theta}}_n$ は

$$\hat{\boldsymbol{\theta}} \approx \max_j \pi(\boldsymbol{\theta}^{(j)}|\boldsymbol{X}_n)$$
$$= \max_j f(\boldsymbol{X}_n|\boldsymbol{\theta}^{(j)})\pi(\boldsymbol{\theta}^{(j)})$$

と数値近似できる.また,事後共分散行列も同様に

$$\hat{V}_n \approx \frac{1}{L}\sum_{j=1}^n \left\{(\boldsymbol{\theta}^{(j)}-\bar{\boldsymbol{\theta}})^T(\boldsymbol{\theta}^{(j)}-\bar{\boldsymbol{\theta}})\right\} \quad (6.2)$$

で求められる.ここで $\bar{\boldsymbol{\theta}} = \sum_{j=1}^L \boldsymbol{\theta}^{(j)}/L$ は事後平均とする.

(6.1) 式にこれらを利用すると,

$$P(\boldsymbol{X}_n) \approx f(\boldsymbol{X}_n|\hat{\boldsymbol{\theta}})\pi(\hat{\boldsymbol{\theta}}) \times \frac{(2\pi)^{\frac{p}{2}}}{|\hat{V}_n|^{-\frac{1}{2}}} \quad (6.3)$$

が得られる.これをラプラス-メトロポリス推定量という.この手法の利点としては,L 個の事後サンプル $\{\boldsymbol{\theta}^{(1)},...,\boldsymbol{\theta}^{(L)}\}$ を事後分布から発生させているた

め，容易に平均 $\hat{\boldsymbol{\theta}}_n$，共分散行列 $n^{-1}S_n^{-1}(\hat{\boldsymbol{\theta}}_n)$ を数値計算で評価できることである．

6.2 調和平均推定量，ゲルファンド-デイ推定量

任意の確率密度関数 $h(\boldsymbol{\theta})$ を考え，H をその規格化定数とする．以下の恒等式が成立することに注意する．

$$\int \frac{h(\boldsymbol{\theta})}{f(\boldsymbol{X}_n|\boldsymbol{\theta})\pi(\boldsymbol{\theta})}\pi(\boldsymbol{\theta}|\boldsymbol{X}_n)d\boldsymbol{\theta} = \int \frac{h(\boldsymbol{\theta})}{f(\boldsymbol{X}_n|\boldsymbol{\theta})\pi(\boldsymbol{\theta})}\frac{f(\boldsymbol{X}_n|\boldsymbol{\theta})\pi(\boldsymbol{\theta})}{P(\boldsymbol{X}_n)}d\boldsymbol{\theta}$$
$$= \int h(\boldsymbol{\theta})d\boldsymbol{\theta} \times \frac{1}{P(\boldsymbol{X}_n)}$$
$$= \frac{1}{P(\boldsymbol{X}_n)}.$$

Gelfand and Day (1994) はこの式を利用した周辺尤度の評価法を提案している．例えば確率密度関数 $h(\boldsymbol{\theta})$ に事前分布 $h(\boldsymbol{\theta}) = \pi(\boldsymbol{\theta})$ を利用すると，Newton and Raftery (1994) の近似法が得られる．

$$P(\boldsymbol{X}_n) = \frac{1}{\int \frac{\pi(\boldsymbol{\theta})}{f(\boldsymbol{X}_n|\boldsymbol{\theta})\pi(\boldsymbol{\theta})}\pi(\boldsymbol{\theta}|\boldsymbol{X}_n)d\boldsymbol{\theta}}$$
$$\approx \frac{1}{\frac{1}{L}\sum_{j=1}^{L}\frac{1}{f(\boldsymbol{X}_n|\boldsymbol{\theta}^{(j)})}}.$$

ここで $\{\boldsymbol{\theta}^{(1)},...,\boldsymbol{\theta}^{(L)}\}$ が事後分布から得られた L 個の事後サンプルである．これは，調和平均推定量と呼ばれるが，尤度関数 $f(\boldsymbol{X}_n|\boldsymbol{\theta})$ の逆数の事後平均をとっている．しかし，尤度関数の逆数の分散は有限ではないため (Chib (1995))，小さい尤度関数の値に頑健ではないことには注意されたい．

6.3 ギブスサンプリング法に基づく推定量

Chib (1995) は，ギブスサンプリングにより得た事後サンプル $\{\boldsymbol{\theta}^{(1)},...,\boldsymbol{\theta}^{(L)}\}$ を利用して，周辺尤度の評価法を提案している．いま，事後分布の定義を変形すると

6.3 ギブスサンプリング法に基づく推定量

$$\log P(\boldsymbol{X}_n) = \log f(\boldsymbol{X}_n|\boldsymbol{\theta}) + \log \pi(\boldsymbol{\theta}) - \log \pi(\boldsymbol{\theta}|\boldsymbol{X}_n) \quad (6.4)$$

が，任意の $\boldsymbol{\theta}$ に成り立つ．仮に (6.4) 式の右辺にある三項が解析的に評価できるのであれば，周辺尤度も自動的に解析的な評価ができる．頻繁に利用される (6.4) 式のパラメータ $\boldsymbol{\theta}$ の値は，事後モードである．

しかし，(6.4) 式の右辺にある二項 $f(\boldsymbol{X}_n|\boldsymbol{\theta})$，$\pi(\boldsymbol{\theta})$ は容易に解析的評価ができるものの，事後分布 $\pi(\boldsymbol{\theta}|\boldsymbol{X}_n)$ が解析的に表現できない場合もある．パラメータの同時事後分布 $\pi(\boldsymbol{\theta}|\boldsymbol{X}_n)$ は解析的に表現できないが，ギブスサンプリングを利用した場合，条件付き事後分布は解析的に表現されている．説明のため，パラメータが 2 つのブロック $\boldsymbol{\theta} = (\boldsymbol{\theta}_1^T, \boldsymbol{\theta}_2^T)^T$ に分割され，$\pi(\boldsymbol{\theta}_1|\boldsymbol{X}_n, \boldsymbol{\theta}_2)$，$\pi(\boldsymbol{\theta}_2|\boldsymbol{X}_n, \boldsymbol{\theta}_1)$ の条件付き事後分布は解析的に表現されているとする．

まず，(6.4) 式の同時事後分布 $\pi(\boldsymbol{\theta}|\boldsymbol{X}_n)$ は以下で表現できることに注意する．

$$\pi(\boldsymbol{\theta}|\boldsymbol{X}_n) = \pi(\boldsymbol{\theta}_1|\boldsymbol{X}_n, \boldsymbol{\theta}_2)\pi(\boldsymbol{\theta}_2|\boldsymbol{X}_n). \quad (6.5)$$

いま，パラメータ $\boldsymbol{\theta}_2$ の周辺事後分布 $\pi(\boldsymbol{\theta}_2|\boldsymbol{X}_n)$ を評価できれば，同時事後分布 $\pi(\boldsymbol{\theta}|\boldsymbol{X}_n)$ が得られ，結果的に (6.4) 式の右辺にある三項が評価できることとなる．数値計算を利用すると，

$$\hat{\pi}(\boldsymbol{\theta}_2|\boldsymbol{X}_n) = \frac{1}{L} \sum_{j=1}^{L} \pi(\boldsymbol{\theta}_2|\boldsymbol{X}_n, \boldsymbol{\theta}_1^{(j)})$$

と評価でき，事後分布からのサンプル数 L が十分に大きいとき，エルゴード定理 (Tierney (1994)) から

$$\hat{\pi}(\boldsymbol{\theta}_2|\boldsymbol{X}_n) \to \pi(\boldsymbol{\theta}_2|\boldsymbol{X}_n)$$

となる．すなわち，周辺尤度は

$\log P(\boldsymbol{X}_n)$
$= \log f(\boldsymbol{X}_n|\boldsymbol{\theta}) + \log \pi(\boldsymbol{\theta}) - \log \pi(\boldsymbol{\theta}|\boldsymbol{X}_n)$
$\approx \log f(\boldsymbol{X}_n|\boldsymbol{\theta}_1^*, \boldsymbol{\theta}_2^*) + \log \pi(\boldsymbol{\theta}_1^*, \boldsymbol{\theta}_2^*) - \log \pi(\boldsymbol{\theta}_1^*|\boldsymbol{X}_n, \boldsymbol{\theta}_2^*) - \log \hat{\pi}(\boldsymbol{\theta}_2^*|\boldsymbol{X}_n)$

と評価される．ここで，$\boldsymbol{\theta}^*$ としては，事後モード，事後平均，事後中央値など

を利用することが多い．これをギブスサンプリング法に基づく推定量という．

このアイデアは，パラメータが B 個のブロック $\boldsymbol{\theta} = (\boldsymbol{\theta}_1^T,...,\boldsymbol{\theta}_B^T)^T$ に分割されている場合にも拡張できる．まず，各ブロックに分割されたパラメータの条件付き事後分布は解析的に表現されている．$\pi(\boldsymbol{\theta}_1|\boldsymbol{X}_n,\boldsymbol{\theta}_2,...,\boldsymbol{\theta}_B)$, $\pi(\boldsymbol{\theta}_2|\boldsymbol{X}_n,\boldsymbol{\theta}_1,\boldsymbol{\theta}_3,...,\boldsymbol{\theta}_B)$, $\cdots$, $\pi(\boldsymbol{\theta}_B|\boldsymbol{X}_n,\boldsymbol{\theta}_1,...,\boldsymbol{\theta}_{B-1})$.

いま，同時事後分布 $\pi(\boldsymbol{\theta}|\boldsymbol{X}_n)$ は

$$\pi(\boldsymbol{\theta}|\boldsymbol{X}_n) = \pi(\boldsymbol{\theta}_1|\boldsymbol{X}_n,\boldsymbol{\theta}_2,...,\boldsymbol{\theta}_B)\pi(\boldsymbol{\theta}_2|\boldsymbol{X}_n,\boldsymbol{\theta}_3,...,\boldsymbol{\theta}_B)$$
$$\times \cdots \times \pi(\boldsymbol{\theta}_{B-1}|\boldsymbol{X}_n,\boldsymbol{\theta}_B)\pi(\boldsymbol{\theta}_B|\boldsymbol{X}_n) \qquad (6.6)$$

と表現できる．右辺の $\pi(\boldsymbol{\theta}_1|\boldsymbol{X}_n,\boldsymbol{\theta}_2,...,\boldsymbol{\theta}_B)$ は，パラメータの条件付き事後分布であるので解析的に表現される．残りの $B-1$ 個の部分については

$$\int \pi(\boldsymbol{\theta}_k|\boldsymbol{X}_n,\boldsymbol{\theta}_1,...,\boldsymbol{\theta}_{k-1},\boldsymbol{\theta}_{k+1},...,\boldsymbol{\theta}_B)d\pi(\boldsymbol{\theta}_1,...,\boldsymbol{\theta}_{k-1}|\boldsymbol{X}_n,\boldsymbol{\theta}_{k+1},...,\boldsymbol{\theta}_B)$$

と表現できることに注意すると，

$$\hat{\pi}(\boldsymbol{\theta}_k|\boldsymbol{X}_n,\boldsymbol{\theta}_{k+1},...,\boldsymbol{\theta}_B) = \frac{1}{L}\sum_{j=1}^{L}\pi(\boldsymbol{\theta}_k|\boldsymbol{X}_n,\boldsymbol{\theta}_1^{(j)},...,\boldsymbol{\theta}_{k-1}^{(j)},\boldsymbol{\theta}_{k+1},...,\boldsymbol{\theta}_B)$$

を利用すればよい．ここで，$\{\boldsymbol{\theta}_1^{(j)},...,\boldsymbol{\theta}_{k-1}^{(j)}\}$, $j=1,...,L$ は，条件付き事後分布 $\pi(\boldsymbol{\theta}_1,...,\boldsymbol{\theta}_{k-1}|\boldsymbol{X}_n,\boldsymbol{\theta}_{k+1},...,\boldsymbol{\theta}_B)$ から発生させたサンプルである．結果，パラメータの同時事後分布 $\pi(\boldsymbol{\theta}|\boldsymbol{X}_n)$ は

$$\hat{\pi}(\boldsymbol{\theta}|\boldsymbol{X}_n) = \pi(\boldsymbol{\theta}_1|\boldsymbol{X}_n,\boldsymbol{\theta}_2,...,\boldsymbol{\theta}_B)\hat{\pi}(\boldsymbol{\theta}_2|\boldsymbol{X}_n,\boldsymbol{\theta}_3,...,\boldsymbol{\theta}_B) \times \cdots \times \hat{\pi}(\boldsymbol{\theta}_B|\boldsymbol{X}_n)$$

と数値的に近似される．

いま，$\boldsymbol{\theta}^*$ を事後モード，事後平均，事後中央値など固定された値とすると，(6.4) 式の周辺尤度は

$$\log P(\boldsymbol{X}_n) \approx \log f(\boldsymbol{X}_n|\boldsymbol{\theta}^*) + \log \pi(\boldsymbol{\theta}^*) - \sum_{k=1}^{B}\log \hat{\pi}(\boldsymbol{\theta}_k^*|\boldsymbol{X}_n,\boldsymbol{\theta}_{k+1}^*,...,,\boldsymbol{\theta}_B^*)$$

と数値的に評価される．

この手法では，各ブロックに分割されたパラメータの条件付き事後分布が解析

的に表現されている必要がある．しかし，マルコフ連鎖モンテカルロ法に基づき
ベイズ推定を行うときにギブスサンプリングが実行できない場合には，メトロポ
リス-ヘイスティングサンプリングを利用することが通常である．このような場
合には，いま紹介した手法は利用できない．Chib and Jeliazkov (2001) は，メト
ロポリス-ヘイスティングサンプリングにより得た事後サンプル $\{\boldsymbol{\theta}^{(1)},...,\boldsymbol{\theta}^{(L)}\}$
を利用して，周辺尤度の評価法を提案している．6.5節では，この手法につい
て解説する．

6.4　表面上無関係な回帰モデリングへの応用

表面上無関係な回帰モデルは，$\boldsymbol{y}_n = \boldsymbol{X}_n\boldsymbol{\beta} + \boldsymbol{\varepsilon}$, $\boldsymbol{\varepsilon} \sim N(\boldsymbol{0}, \Sigma \otimes I)$ と表現さ
れるモデルで，尤度関数は

$$f(\boldsymbol{Y}_n|\boldsymbol{X}_n, \boldsymbol{\beta}, \Sigma) = \frac{1}{(2\pi)^{\frac{nm}{2}}|\Sigma|^{\frac{n}{2}}} \exp\left[-\frac{1}{2}(\boldsymbol{y}_n - \boldsymbol{X}_n\boldsymbol{\beta})(\Sigma \otimes I)^{-1}(\boldsymbol{y}_n - \boldsymbol{X}_n\boldsymbol{\beta})\right]$$

で与えられた．共役事前分布を利用できれば，事後分布が解析的に表現でき，
周辺尤度も解析的に評価できるが，表面上無関係な回帰モデルに対する共役事
前分布は存在しない (Richard and Steel (1988))．ここでは，$\boldsymbol{\beta}$，および Σ に
独立性 $\pi_2(\boldsymbol{\beta}, \Sigma) = \pi_2(\boldsymbol{\beta})\pi_2(\Sigma)$ を仮定し，以下の事前分布を利用する．

$$\pi_2(\boldsymbol{\beta}) = N(\boldsymbol{0}, A), \quad \pi_2(\Sigma) = IW(\Lambda_0, \nu_0).$$

パラメータ $\boldsymbol{\beta}$，および Σ の同時事後分布は

$$\pi_1(\boldsymbol{\beta}, \Sigma|\boldsymbol{Y}_n, \boldsymbol{X}_n) \propto |\Sigma|^{-\frac{n+\nu_0+m+1}{2}} \exp\left[-\frac{1}{2}\text{tr}\left\{\Sigma^{-1}\Lambda_0\right\}\right]$$
$$\times \exp\left[-\frac{1}{2}\boldsymbol{\beta}^T A\boldsymbol{\beta} + (\boldsymbol{y}_n - \boldsymbol{X}_n\boldsymbol{\beta})(\Sigma \otimes I)^{-1}(\boldsymbol{y}_n - \boldsymbol{X}_n\boldsymbol{\beta})\right]$$

となる．解析的な同時事後分布は求められないが，$\boldsymbol{\beta}$，および Σ の条件付き事
後分布は解析的に与えられる．$\boldsymbol{\beta}$ の条件付き事後分布は

$$\pi_2(\boldsymbol{\beta}|\boldsymbol{Y}_n, \boldsymbol{X}_n, \Sigma) \propto \exp\left[-\frac{1}{2}\left\{(\boldsymbol{\beta} - \bar{\boldsymbol{\beta}})^T \bar{\Omega}^{-1}(\boldsymbol{\beta} - \bar{\boldsymbol{\beta}}) + b\right\}\right]$$

となり，Σ が共分散行列 $\bar{\Omega}$ の多変量正規分布となる．ここで

$$\bar{\beta} = \left\{X_n^T \left(\Sigma^{-1} \otimes I\right) X_n + A\right\}^{-1} X_n^T \left(\Sigma^{-1} \otimes I\right) y_n,$$
$$\bar{\Omega} = \left(X_n^T \left(\Sigma^{-1} \otimes I\right) X_n + A\right)^{-1},$$
$$\hat{\beta} = \left\{X_n^T \left(\Sigma^{-1} \otimes I\right) X_n\right\}^{-1} X_n^T \left(\Sigma^{-1} \otimes I\right) y_n,$$
$$b = \text{tr}\left\{\Sigma^{-1} \Lambda_0\right\} + y_n^T \left(\Sigma^{-1} \otimes I\right) y_n - \bar{\beta}^T \bar{\Omega}^{-1} \bar{\beta}$$

とする．また，Σ の条件付き事後分布は

$$\pi_2\left(\Sigma | Y_n, X_n, \beta\right) \propto |\Sigma|^{\frac{n+\nu_0+m+1}{2}} \exp\left[-\frac{1}{2}\text{tr}\left\{\Sigma^{-1}(R+\Lambda_0)\right\}\right]$$

となり，ウィシャート分布 $IW(R+\Lambda_0, n+\nu_0)$ である．各ブロックに分割されたパラメータ β，および Σ の条件付き事後分布は解析的に与えられているのでギブスサンプリングにより，ベイズ推定を実行可能である．

ギブスサンプリングに基づき発生させたサンプル $\{(\beta^{(j)}, \Sigma^{(j)}), j=1,...,L\}$ を利用して，(6.3) 式で与えられたラプラス-メトロポリス推定量を計算する．事後モードを

$$\left\{\hat{\beta}_n, \hat{\Sigma}_n\right\} \approx \max_j f\left(Y_n | X_n, \beta^{(j)}, \Sigma^{(j)}\right) \pi_2\left(\beta^{(j)}, \Sigma^{(j)}\right)$$

により，事後共分散行列 $\hat{V}_n$ を (6.2) 式で求める．モデル M を固定すると，(6.3) 式のラプラス-メトロポリス推定量は

$$P(Y_n | X_n) \approx f\left(Y_n | X_n, \hat{\beta}_n, \hat{\Sigma}_n\right) \pi_2\left(\hat{\beta}_n, \hat{\Sigma}_n\right) \times \frac{(2\pi)^{\frac{p}{2}}}{\left|\hat{V}_n\right|^{-\frac{1}{2}}}$$

となる．ここで $p = \sum_{k=1}^{m} \dim\{\beta_k\} + \dim\{\Sigma\}$ とする．

次に調和平均推定量は

$$P(Y_n | X_n) \approx \frac{1}{\frac{1}{L}\sum_{j=1}^{L} \frac{1}{f\left(Y_n | X_n, \beta^{(j)}, \Sigma^{(j)}\right)}}$$

で与えられる．

最後にパラメータ $\boldsymbol{\beta}$, および Σ の条件付き事後分布 $\pi_2(\boldsymbol{\beta}|\boldsymbol{Y}_n, \boldsymbol{X}_n, \Sigma)$, および $\pi_2(\Sigma|\boldsymbol{Y}_n, \boldsymbol{X}_n, \boldsymbol{\beta})$ は解析的に与えられているのでギブスサンプリング法に基づく推定量 (Chib (1995)) も利用できる. いま, 同時事後分布

$$\pi_2(\boldsymbol{\beta}, \Sigma|\boldsymbol{Y}_n, \boldsymbol{X}_n) = \pi_2(\boldsymbol{\beta}|\boldsymbol{Y}_n, \boldsymbol{X}_n, \Sigma) \pi_2(\Sigma|\boldsymbol{Y}_n, \boldsymbol{X}_n)$$

と分解する. ここで周辺事後分布 $\pi_2(\Sigma|\boldsymbol{Y}_n, \boldsymbol{X}_n)$ は以下のように評価できる.

$$\hat{\pi}_2(\Sigma|\boldsymbol{Y}_n, \boldsymbol{X}_n) = \frac{1}{L} \sum_{j=1}^{L} \pi_2\left(\Sigma|\boldsymbol{Y}_n, \boldsymbol{X}_n, \boldsymbol{\beta}^{(j)}\right).$$

以上をまとめると

$$\log P(\boldsymbol{Y}_n|\boldsymbol{X}_n) \approx \log f(\boldsymbol{Y}_n|\boldsymbol{X}_n, \boldsymbol{\beta}^*, \Sigma^*) + \log \pi_2(\boldsymbol{\beta}, \Sigma) \\ + \log \pi_2(\boldsymbol{\beta}^*|\boldsymbol{Y}_n, \boldsymbol{X}_n, \Sigma^*) + \log \hat{\pi}_2(\Sigma^*|\boldsymbol{Y}_n, \boldsymbol{X}_n)$$

が得られる. パラメータ $\boldsymbol{\beta}^*$, および Σ^* の値としては, 事後モード $\hat{\boldsymbol{\beta}}_n, \hat{\Sigma}_n$ を利用すればよい.

いま, 方程式の数を $m = 2$ とした表面上無関係な回帰モデル

$$\begin{pmatrix} \boldsymbol{y}_1 \\ \boldsymbol{y}_2 \end{pmatrix} = \begin{pmatrix} \boldsymbol{X}_{n1} & O \\ O & \boldsymbol{X}_{n2} \end{pmatrix} \begin{pmatrix} \boldsymbol{\beta}_1 \\ \boldsymbol{\beta}_2 \end{pmatrix} + \begin{pmatrix} \boldsymbol{\varepsilon}_1 \\ \boldsymbol{\varepsilon}_2 \end{pmatrix}$$

からデータを発生させる. ここで $\boldsymbol{y}_j$, および $\boldsymbol{\varepsilon}_j$ は $n \times 1$ 次元ベクトル, X_j は $n \times 3$ 次元行列, $\boldsymbol{\beta}_j$ は 3 次元ベクトルとした. また, 分散共分散行列は

$$\Sigma = \begin{pmatrix} \sigma_1^2 & \sigma_{12} \\ \sigma_{21} & \sigma_2^2 \end{pmatrix} = \begin{pmatrix} 0.35 & -0.15 \\ -0.15 & 0.43 \end{pmatrix}$$

とし, $n \times 3$ 次元行列 $\boldsymbol{X}_{nj}$ ($j = 1, 2$) のすべての成分は $[-2, 2]$ の一様分布から発生させ, $\boldsymbol{\beta}_1 = (-2, 0, 1)^T$, $\boldsymbol{\beta}_2 = (0, 3, 1)^T$ とする. すなわち, 目的変数に影響を与える変数は $\boldsymbol{x}_1 = (x_{11}, x_{13})^T$, $\boldsymbol{x}_2 = (x_{22}, x_{23})^T$ ということとなる. ここでは, 観測データ数は $n = 100$ とした.

周辺尤度を変数選択問題に利用し, 特に, 以下の 3 モデルを比較する.

1) M_1: $\boldsymbol{x}_1 = (x_{11}, x_{13})$, $\quad \boldsymbol{x}_2 = (x_{22}, x_{23})$

表 6.1 周辺尤度の計算結果

Model	Predictors	LM	HM	Chib
True	$x_1 = (x_{11}, x_{13})$, $x_2 = (x_{22}, x_{23})$	–	–	–
M_1	$x_1 = (x_{11}, x_{13})$, $x_2 = (x_{22}, x_{23})$	-195.583	-194.285	-189.495
M_2	$x_1 = (x_{12}, x_{13})$, $x_2 = (x_{21}, x_{23})$	-553.981	-550.566	-544.715
M_3	$x_1 = (x_{11}, x_{12}, x_{13})$, $x_2 = (x_{21}, x_{22}, x_{23})$	-202.726	-203.031	-198.714

ラプラス-メトロポリス推定量 (Laplace-Metropolis estimator; LM),調和平均推定量 (harmonic Mean estimator; HM),およびギブスサンプリング法に基づく推定量 (Chib's estimator from Gibbs sampling; Chib).

2) M_2: $x_1 = (x_{12}, x_{13})$, $x_2 = (x_{21}, x_{23})$

3) M_3: $x_1 = (x_{11}, x_{12}, x_{13})$, $x_2 = (x_{21}, x_{22}, x_{23})$

すなわち,モデル M_1 が真のモデルである.ここでは,事後分布の推定において,事前分布の影響を受けにくくするため,事前分布のハイパーパラメータは $\nu_0 = 5$, $\Lambda_0 = I$, $A = 10^5 I$ と設定する.ギブスサンプリングを利用して,計 6,000 個のサンプルを発生させ,最初の 1,000 個を取り除いた計 5,000 個のサンプルを周辺尤度推定に利用する.ここでは,ギブスサンプリングが定常分布,すなわち事後分布,に収束しているかどうかを検証するため,Geweke (1992) の収束診断検定を利用する.その結果,有意水準 5%のレベルですべてのパラメータについて定常分布に収束していることが確かめられた.

表 6.1 は,ラプラス-メトロポリス推定量,調和平均推定量,およびギブスサンプリング法に基づく推定量に基づき周辺尤度を計算した結果である.それぞれの数値には違いがみられるが,すべての基準が,真のモデルに対する周辺尤度を最大化している.

6.5 メトロポリス-ヘイスティング法に基づく推定量

ギブスサンプリング法に基づく推定量 (Chib (1995)) では,各ブロックに分割されたパラメータの条件付き事後分布が解析的に表現されている必要があった.もちろん,マルコフ連鎖モンテカルロ法に基づきベイズ推定をおこなうとき,メトロポリス-ヘイスティングサンプリングを利用することもある.Chib and Jeliazkov (2001) は,ギブスサンプリング法に基づく推定量 (Chib (1995)) に用いられた考え方を拡張し,メトロポリス-ヘイスティングサンプリングによ

6.5 メトロポリス-ヘイスティング法に基づく推定量

り得られた事後サンプル $\{\boldsymbol{\theta}^{(1)}, ..., \boldsymbol{\theta}^{(L)}\}$ に基づく周辺尤度の評価法を提案している.

いまパラメータ $\boldsymbol{\theta}$ に着目し, $\boldsymbol{\theta}$ から $\boldsymbol{\theta}^*$ への推移のための提案分布を $p(\boldsymbol{\theta}, \boldsymbol{\theta}^*)$ とする. このとき, パラメータの推移が採択される確率は

$$\alpha(\boldsymbol{\theta}, \boldsymbol{\theta}^*) = \min\left\{1, \frac{f(\boldsymbol{X}_n|\boldsymbol{\theta}^*)\pi(\boldsymbol{\theta}^*)p(\boldsymbol{\theta}^*, \boldsymbol{\theta})}{f(\boldsymbol{X}_n|\boldsymbol{\theta})\pi(\boldsymbol{\theta})p(\boldsymbol{\theta}, \boldsymbol{\theta}^*)}\right\}$$

である. また $q(\boldsymbol{\theta}, \boldsymbol{\theta}^*) = \alpha(\boldsymbol{\theta}, \boldsymbol{\theta}^*)p(\boldsymbol{\theta}^*, \boldsymbol{\theta})$ をメトロポリス-ヘイスティングサンプリングの部分カーネル (sub-kernel) とする.

マルコフ連鎖モンテカルロ法における部分カーネルの可逆性条件 (reversibility condition) から,

$$q(\boldsymbol{\theta}, \boldsymbol{\theta}^*)\pi(\boldsymbol{\theta}|\boldsymbol{X}_n) = q(\boldsymbol{\theta}^*, \boldsymbol{\theta})\pi(\boldsymbol{\theta}^*|\boldsymbol{X}_n)$$

となる. この式の両辺を $\boldsymbol{\theta}$ で積分すると

$$\pi(\boldsymbol{\theta}^*|\boldsymbol{X}_n) = \frac{\int \alpha(\boldsymbol{\theta}, \boldsymbol{\theta}^*)p(\boldsymbol{\theta}, \boldsymbol{\theta}^*)\pi(\boldsymbol{\theta}|\boldsymbol{X}_n)d\boldsymbol{\theta}}{\int \alpha(\boldsymbol{\theta}^*, \boldsymbol{\theta})p(\boldsymbol{\theta}^*, \boldsymbol{\theta})d\boldsymbol{\theta}}$$

が得られる. ここで, 分子は事後分布 $\pi(\boldsymbol{\theta}|\boldsymbol{X}_n)$ についての積分であり, 分母の積分は提案分布 $p(\boldsymbol{\theta}, \boldsymbol{\theta}^*)$ についてである. $\pi(\boldsymbol{\theta}^*|\boldsymbol{X}_n)$ の自然な推定量は

$$\pi(\boldsymbol{\theta}^*|\boldsymbol{X}_n) \approx \frac{L^{-1}\sum_{j=1}^{L} \alpha(\boldsymbol{\theta}^{(j)}, \boldsymbol{\theta}^*)p(\boldsymbol{\theta}^{(j)}, \boldsymbol{\theta}^*)}{M^{-1}\sum_{j'=1}^{M} \alpha(\boldsymbol{\theta}^*, \boldsymbol{\theta}^{(j')})} \tag{6.7}$$

となる. ここで $\boldsymbol{\theta}^{(j)}, j=1,...,L$ は事後分布 $\pi(\boldsymbol{\theta}|\boldsymbol{X}_n)$ からのサンプル, $\boldsymbol{\theta}^{(j')}$, $j'=1,...,M$ は提案分布 $p(\boldsymbol{\theta}^*, \boldsymbol{\theta})$ からのサンプルである.

いま得られた式を (6.4) 式に代入すると

$$\log P(\boldsymbol{X}_n) \approx \log f(\boldsymbol{X}_n|\boldsymbol{\theta}^*) + \log \pi(\boldsymbol{\theta}^*) - \log \hat{\pi}(\boldsymbol{\theta}^*|\boldsymbol{X}_n)$$

が得られる. ここで右辺の第三項目は (6.7) 式で与えられている. 固定されたパラメータ $\boldsymbol{\theta}^*$ の値は任意であるが, 通常事後モードにすることが多い. これを, メトロポリス-ヘイスティング法に基づく推定量という.

先程のギブスサンプリング法に基づく推定量 (Chib (1995)) の手法と同様に

して，パラメータが B 個のブロック $\boldsymbol{\theta} = (\boldsymbol{\theta}_1^T, ..., \boldsymbol{\theta}_B^T)^T$ に分割されている場合にも拡張できる．詳しくは，Chib and Jeliazkov (2001) を参照のこと．

6.6　カーネル推定量

事後分布の定義から

$$\log P(\boldsymbol{X}_n) = \log f(\boldsymbol{X}_n|\boldsymbol{\theta}^*) + \log \pi(\boldsymbol{\theta}^*) - \log \pi(\boldsymbol{\theta}^*|\boldsymbol{X}_n)$$

が任意の $\boldsymbol{\theta}^*$ について成り立つ．通常，尤度関数，事前分布は解析的に表現できるので，事後分布を $\boldsymbol{\theta}^*$ で評価した数値を得られると，周辺尤度も評価できる．ギブスサンプリング法に基づく推定量 (Chib (1995))，およびメトロポリス-ヘイスティング法に基づく推定量 (Chib and Jeliazkov (2001)) も事後分布の $\boldsymbol{\theta}^*$ での値を評価しようとしている手法である．ここでは，多変量密度推定法を利用して事後分布の $\boldsymbol{\theta}^*$ での値を評価した研究 (Kim et al. (1998), Berg et al. (2004), Ando (2006)) を紹介する．

カーネル密度推定法により事後分布を推定すると

$$\hat{\pi}(\boldsymbol{\theta}|\boldsymbol{X}_n) = \frac{1}{L}\sum_{j=1}^{L} K\left(\frac{||\boldsymbol{\theta} - \boldsymbol{\theta}^{(j)}||^2}{\sigma^2}\right)$$

となる．このとき，周辺尤度は

$$\log \hat{P}(\boldsymbol{X}_n) = \log f(\boldsymbol{X}_n|\boldsymbol{\theta}^*) + \log \pi(\boldsymbol{\theta}^*) - \log \hat{\pi}(\boldsymbol{\theta}^*|\boldsymbol{X}_n)$$

と評価される．ここで $\boldsymbol{\theta}^{(j)}$, $j = 1, ..., L$ は事後サンプル，$||\cdot||^2$ はユークリッド距離，$K(\cdot)$ は規格化されたカーネル $\int K(x)dx = 1$, σ^2 はカーネルの分散を調整するパラメータである．これが，カーネル推定量に基づく周辺尤度の評価法である．

6.7　密度関数比に基づく推定量

本節では，密度関数比に基づく推定量に基づくベイズファクターの評価法 (Dickey (1971)) を紹介する．以下の統計モデル M_1, M_2 の比較を考える．

M_1：尤度関数 $f(\boldsymbol{X}_n|\boldsymbol{\theta},\boldsymbol{\psi})$，事前分布 $\pi(\boldsymbol{\theta},\boldsymbol{\psi})$

M_2: M_1 において $\boldsymbol{\theta}=\boldsymbol{\theta}_0$ と固定したモデル

すなわち，M_2 は統計モデル M_1 に含まれており，その尤度関数，および事前分布は $f(\boldsymbol{X}_n|\boldsymbol{\theta}_0,\boldsymbol{\psi})$，$\pi(\boldsymbol{\theta}_0,\boldsymbol{\psi})$ と定式化される．

この定式化のもとで，Dickey (1971) はベイズファクターが以下で与えられることを示した．

$$B_{21} = \frac{\int f(\boldsymbol{X}_n|\boldsymbol{\theta}_0,\boldsymbol{\psi})\pi(\boldsymbol{\theta}_0,\boldsymbol{\psi})d\boldsymbol{\psi}}{\int f(\boldsymbol{X}_n|\boldsymbol{\theta},\boldsymbol{\psi})\pi(\boldsymbol{\theta},\boldsymbol{\psi})d\boldsymbol{\theta}d\boldsymbol{\psi}}$$

$$= \frac{\int \pi(\boldsymbol{\theta}_0,\boldsymbol{\psi}|\boldsymbol{X}_n)d\boldsymbol{\psi}}{\int \pi(\boldsymbol{\theta}_0,\boldsymbol{\psi})d\boldsymbol{\psi}}.$$

ここで，$\pi(\boldsymbol{\theta}_0,\boldsymbol{\psi}|\boldsymbol{X}_n)$，および $\pi(\boldsymbol{\theta}_0,\boldsymbol{\psi})$ は統計モデル M_1 に関しての事後分布，事前分布である．したがって，ベイズファクターの計算は，周辺事後分布 $\pi(\boldsymbol{\theta}_0|\boldsymbol{X}_n)$ を評価する問題に帰着することとなる．これを，密度関数比に基づく周辺尤度の評価法という．

例 6.1：ベイズ線形回帰分析再考

ここでは，回帰分析モデル $\boldsymbol{y}_n = \boldsymbol{X}_n\boldsymbol{\beta}+\boldsymbol{\varepsilon}_n$, $\boldsymbol{\varepsilon}_n \sim N(0,\sigma^2 I)$ を利用して，Dickey (1971) の理解を深めたい．ここでは

$$\pi(\boldsymbol{\beta},\sigma^2) = \pi(\boldsymbol{\beta})\pi(\sigma^2),$$

$$\pi(\boldsymbol{\beta}) = N\left(\boldsymbol{\beta}_0, A^{-1}\right) = \frac{1}{(2\pi)^{\frac{p}{2}}}|A|^{\frac{1}{2}}\exp\left[-\frac{(\boldsymbol{\beta}-\boldsymbol{\beta}_0)^T A(\boldsymbol{\beta}-\boldsymbol{\beta}_0)}{2}\right],$$

$$\pi(\sigma^2) = IG\left(\frac{\nu_0}{2},\frac{\lambda_0}{2}\right) = \frac{\left(\frac{\lambda_0}{2}\right)^{\frac{\nu_0}{2}}}{\Gamma\left(\frac{\nu_0}{2}\right)}(\sigma^2)^{-\left(\frac{\nu_0}{2}+1\right)}\exp\left[-\frac{\lambda_0}{2\sigma^2}\right].$$

を事前分布とする．このとき，事後分布は

$$\pi\left(\boldsymbol{\beta}, \sigma^2 \middle| \boldsymbol{y}_n, \boldsymbol{X}_n\right) \propto f\left(\boldsymbol{y}_n | \boldsymbol{X}_n, \boldsymbol{\beta}, \sigma^2\right) \pi(\boldsymbol{\beta}, \sigma^2)$$
$$\propto \frac{1}{(\sigma^2)^{\frac{n}{2}}} \exp\left[-\frac{(\boldsymbol{y}_n - \boldsymbol{X}_n\boldsymbol{\beta})^T(\boldsymbol{y}_n - \boldsymbol{X}_n\boldsymbol{\beta})}{2\sigma^2}\right]$$
$$\times \exp\left[-\frac{(\boldsymbol{\beta}-\boldsymbol{\beta}_0)^T A (\boldsymbol{\beta}-\boldsymbol{\beta}_0)}{2}\right]$$
$$\times \frac{1}{(\sigma^2)^{\frac{\nu_0}{2}+1}} \exp\left[-\frac{\lambda_0}{2\sigma^2}\right]$$

である．以下の等式

$$\sigma^{-2}\left(\boldsymbol{y}_n - \boldsymbol{X}_n\boldsymbol{\beta}\right)^T\left(\boldsymbol{y}_n - \boldsymbol{X}_n\boldsymbol{\beta}\right) + (\boldsymbol{\beta}-\boldsymbol{\beta}_0)^T A (\boldsymbol{\beta}-\boldsymbol{\beta}_0)$$
$$= \left(\boldsymbol{\beta} - \hat{\boldsymbol{\beta}}_n\right)^T \hat{A}_n^{-1} \left(\boldsymbol{\beta} - \hat{\boldsymbol{\beta}}_n\right) + R$$

を利用すると

$$\pi\left(\boldsymbol{\beta} \middle| \sigma^2, \boldsymbol{y}_n, \boldsymbol{X}_n\right) \propto \exp\left[-\frac{\left(\boldsymbol{\beta}-\hat{\boldsymbol{\beta}}_n\right)^T \hat{A}_n^{-1} \left(\boldsymbol{\beta}-\hat{\boldsymbol{\beta}}_n\right)}{2}\right]$$

を得る．ただし，

$$\hat{\boldsymbol{\beta}}_n = (\sigma^{-2}\boldsymbol{X}_n^T\boldsymbol{X}_n + A)^{-1}\left(\sigma^{-2}\boldsymbol{X}_n^T\boldsymbol{y}_n + A\boldsymbol{\beta}_0\right),$$
$$\hat{A}_n = (\sigma^{-2}\boldsymbol{X}_n^T\boldsymbol{X}_n + A)^{-1},$$
$$R = \sigma^{-2}\boldsymbol{y}_n^T\boldsymbol{y}_n + \boldsymbol{\beta}_0^T A \boldsymbol{\beta}_0 - \hat{\boldsymbol{\beta}}_n^T \hat{A}_n^{-1} \hat{\boldsymbol{\beta}}_n$$

とし，R は $\boldsymbol{\beta}$ を含まない項である．このとき $\boldsymbol{\beta}$ の条件付き事後分布は

$$\pi\left(\boldsymbol{\beta} \middle| \sigma^2, \boldsymbol{y}_n, \boldsymbol{X}_n\right) = N\left(\hat{\boldsymbol{\beta}}_n, \hat{A}_n\right)$$

で与えられる．

さらに，パラメータの同時事後分布 $\pi\left(\boldsymbol{\beta}, \sigma^2 \middle| \boldsymbol{y}_n, \boldsymbol{X}_n\right)$ を σ^2 について変形すると

$$\pi\left(\sigma^2 \middle| \boldsymbol{\beta}, \boldsymbol{y}_n, \boldsymbol{X}_n\right) \propto \frac{1}{(\sigma^2)^{\frac{n+\nu_0}{2}+1}} \exp\left[-\frac{(\boldsymbol{y}_n - \boldsymbol{X}_n\boldsymbol{\beta})^T(\boldsymbol{y}_n - \boldsymbol{X}_n\boldsymbol{\beta}) + \lambda_0}{2\sigma^2}\right]$$

となり，パラメータ σ^2 の条件付き事後分布は

$$\pi\left(\sigma^2\middle|\boldsymbol{\beta},\boldsymbol{y}_n,\boldsymbol{X}_n\right)=IG\left(\frac{\hat{\nu}_n}{2},\frac{\hat{\lambda}_n}{2}\right)$$

と与えられる．ここで

$$\hat{\nu}_n=\nu_0+n,$$
$$\hat{\lambda}_n=(\boldsymbol{y}_n-\boldsymbol{X}_n\boldsymbol{\beta})^T(\boldsymbol{y}_n-\boldsymbol{X}_n\boldsymbol{\beta})+\lambda_0$$

とする．

パラメータ $\boldsymbol{\beta}$, σ^2 の事前分布に独立性を仮定していたが，事後分布はお互いに依存する結果が得られる．

$$\pi\left(\boldsymbol{\beta}\middle|\sigma^2,\boldsymbol{y}_n,\boldsymbol{X}_n\right)=N\left(\hat{\boldsymbol{\beta}}_n,\hat{A}_n\right),\quad \pi\left(\sigma^2\middle|\boldsymbol{\beta},\boldsymbol{y}_n,\boldsymbol{X}_n\right)=IG\left(\frac{\hat{\nu}_n}{2},\frac{\hat{\lambda}_n}{2}\right).$$

条件付き事後分布が解析的に得られているため，ギブスサンプリングを利用してベイズ推定をおこなうことが可能である．

いま，2つの統計モデルを考える．

M_1：尤度関数 $f(\boldsymbol{X}_n|\boldsymbol{\beta},\sigma^2)$，事前分布 $\pi(\boldsymbol{\beta},\sigma^2)$

M_2：統計モデル M_1 において $\boldsymbol{\beta}$ を $\boldsymbol{\beta}=\boldsymbol{\beta}^*$ と固定した統計モデル

このとき，統計モデル M_2 の尤度関数，および事前分布は $f(\boldsymbol{X}_n|\boldsymbol{\beta}^*,\sigma^2)$, $\pi(\boldsymbol{\beta}^*,\sigma^2)$ である．密度関数比に基づく推定量に基づくベイズファクターの評価法 (Dickey (1971)) を利用すれば，ベイズファクター B_{21} は以下で与えられる．

$$B_{21}=\frac{\int f(\boldsymbol{X}_n|\boldsymbol{\beta}^*,\sigma^2)\pi(\boldsymbol{\beta}^*,\sigma^2)d\sigma^2}{\int f(\boldsymbol{X}_n|\boldsymbol{\beta},\sigma^2)\pi(\boldsymbol{\beta},\sigma^2)d\boldsymbol{\beta}d\sigma^2}$$
$$=\frac{\int \pi(\boldsymbol{\beta}^*,\sigma^2|\boldsymbol{X}_n)d\sigma^2}{\int \pi(\boldsymbol{\beta}^*,\sigma^2)d\sigma^2}.$$

ここで $\pi(\boldsymbol{\beta},\sigma^2|\boldsymbol{X}_n)$, $\pi(\boldsymbol{\theta},\sigma^2)$ は統計モデル M_1 の事後分布，事前分布である．

ベイズファクターを計算するために，分子・分母の計算をおこなう．まず，

$$\int \pi(\boldsymbol{\beta}^*, \sigma^2) d\sigma^2 = \pi(\boldsymbol{\beta}^*) \int \pi(\sigma^2) d\sigma^2$$
$$= \frac{1}{(2\pi)^{\frac{p}{2}}} |A|^{\frac{1}{2}} \exp\left[-\frac{(\boldsymbol{\beta}-\boldsymbol{\beta}^*)^T A (\boldsymbol{\beta}-\boldsymbol{\beta}^*)}{2}\right]$$

である.また,分子については,事後分布からのサンプル $\sigma^{2(j)}$, $j = 1, ..., L$ を利用すると

$$\frac{1}{L} \sum_{j=1}^{L} \pi\left(\boldsymbol{\beta}^* \middle| \sigma^{2(j)}, \boldsymbol{y}_n, \boldsymbol{X}_n\right) \to \int \pi(\boldsymbol{\beta}^*, \sigma^2 | \boldsymbol{X}_n) d\sigma^2$$

と評価される.結果的に,ベイズファクターを数値的に計算できることがわかる.

6.8 リバーシブルジャンプマルコフ連鎖モンテカルロ法

これまでは統計モデルが与えられたもとで,周辺尤度,およびベイズファクターの計算方法を解説してきた.本節では,統計モデルの事後確率 $P(M|\boldsymbol{X}_n)$ を直接推定する手法を解説していく.いま,統計モデルの集合 $\{M_1, ..., M_r\}$ を考える.Green (1995) により提案されたリバーシブルジャンプマルコフ連鎖モンテカルロ法 (reversible jump MCMC) は,統計モデル,および対応するパラメータ $(M_k, \boldsymbol{\theta}_k)$ の事後サンプリングを同時に実行する.

以下に示すアルゴリズムを確認するとわかるように,候補となる統計モデルをサンプリングし,そのモデルにおけるパラメータをサンプリングするという事後サンプリングが繰り返される.現在の状態が $(M_k, \boldsymbol{\theta}_k)$ であるとき,リバーシブルジャンプマルコフ連鎖モンテカルロ法は以下のように事後サンプリングを実行する.

Step 1. 提案分布 $p(k, j) \equiv p(M_k \to M_j)$ を利用して,統計モデル M_j を提案する.

Step 2. $k = j$ ならば,ギブスサンプリング法,またはメトロポリス-ヘイスティング法を利用して新しい $\boldsymbol{\theta}_k$ を発生させる.

Step 3-1. $k \neq j$ ならば,提案分布 $p_{kj}(\boldsymbol{u}_k|\boldsymbol{\theta}_k)$ から確率変数 $\boldsymbol{u}$ を発生させる.

Step 3-2. 発生させた確率変数 $\boldsymbol{u}$ を関数 $(\boldsymbol{\theta}_j, \boldsymbol{u}_j) = g_{kj}(\boldsymbol{\theta}_k, \boldsymbol{u}_k)$ に代入する.

ここで関数 $g_{kj}(\cdot,\cdot)$ は既知の $(\boldsymbol{\theta}_j, \boldsymbol{u}_j)$ から $(\boldsymbol{\theta}_k, \boldsymbol{u}_k)$ への単射である．また，次元の制約 $p_k + \dim(\boldsymbol{u}_k) = p_j + \dim(\boldsymbol{u}_j)$ を満たすものとする．

Step 3-3. 提案されたサンプルを確率

$$\alpha = \min\left\{1, \text{Likelihood ratio} \times \text{Prior ratio} \times \text{Proposal ratio}\right\}$$
$$= \min\left\{1, \frac{f_k(\boldsymbol{X}_n|\boldsymbol{\theta}_k)}{f_j(\boldsymbol{X}_n|\boldsymbol{\theta}_j)} \times \frac{\pi_k(\boldsymbol{\theta}_k)P(M_k)}{\pi_j(\boldsymbol{\theta}_j)P(M_j)} \times \frac{p(k,j)p_{kj}(\boldsymbol{u}_k|\boldsymbol{\theta}_k)}{p(j,k)p_{jk}(\boldsymbol{u}_j|\boldsymbol{\theta}_j)} \left|\frac{\partial g_{jk}(\boldsymbol{\theta}_j, \boldsymbol{u}_j)}{\partial(\boldsymbol{\theta}_j, \boldsymbol{u}_j)}\right|\right\}$$

で採択する．ここで $P(M_k)$ は統計モデル M_k の事前確率である．

以上の事後サンプリングを繰り返すと，リバーシブルジャンプマルコフ連鎖モンテカルロ法から計算される統計モデルの事後確率は

$$P(M_k|\boldsymbol{X}_n) \approx \frac{1}{L}\sum_{j=1}^{L}\mathbf{1}(M^{(j)} = M_k)$$

となる．ここで L は事後サンプル数である．

7
ベイズ予測情報量規準

近年，ベイズ予測情報量規準が Ando (2007) により提案され，ベイズ的統計モデリングの新たな発展期を迎えている．伝統的ベイズアプローチに基づいたモデル選択の枠組みにおいては，モデルの事後確率が最も高い統計モデルを選択するのとは対照的に，ベイズ予測情報量規準は，予測の観点から統計モデルを評価する．情報量規準 (Akaike (1973, 1974), Takeuchi (1976)), GIC (Konishi and Kitagawa (1996)) は，想定した統計モデル $f(x|\theta)$ とデータを生成した真のモデル $g(x)$ との距離を Kullback-Leibler 情報量 (Kullback and Leibler (1951)) で測り，推定したモデルを予測の観点から評価する．それは，期待対数尤度の最大化と同値である．

ベイズ予測情報量規準は，統計モデル $f(x|\theta)$ が真のモデル $g(x)$ を必ずしも含まない状況下において，事後期待対数尤度の最大化に統計モデルを選択する手法を提供する．本章では，ベイズ予測情報量規準の一般的な枠組みについて解説した後，そのさまざまな性質などを紹介する．

7.1 事後期待対数尤度と事後対数尤度

情報量規準は期待対数尤度の最大化を考えているのに対応し，Ando (2007) は，次の事後期待対数尤度の最大化によりベイズ推定により構成された統計モデルを評価することを提案した．

$$\eta(G) = \int \left\{ \int \log f(z|\theta) \pi(\theta|X_n) d\theta \right\} dG(z). \tag{7.1}$$

7.1 事後期待対数尤度と事後対数尤度

事後期待対数尤度は，真のモデル $G(z)$，観測データ $\boldsymbol{X}_n$ に依存する．これは，情報量規準の枠組みにおいて，期待対数尤度が真のモデル $G(z)$，観測データ $\boldsymbol{X}_n$ に依存することと対応している．そのため，事後期待対数尤度を最大化する際の本質的な問題は，事後期待対数尤度の代わりとなる統計量を構築することにある．

事後期待対数尤度 η の自然な推定量は，(7.1) 式において真のモデル $G(z)$ での期待値を経験分布関数で置き換えた事後対数尤度である．

$$\eta(\hat{G}) = \frac{1}{n}\int \log f(\boldsymbol{X}_n|\boldsymbol{\theta})\pi(\boldsymbol{\theta}|\boldsymbol{X}_n)d\boldsymbol{\theta}. \tag{7.2}$$

しかし，観測データ $\boldsymbol{X}_n$ がベイズ推定，および予測精度の両方に使用されており，事後対数尤度 $\eta(\hat{G})$ は，事後期待対数尤度 η 推定量としてはバイアスがある．そのため，そのバイアスを補正する必要がある．

情報量規準の枠組みを利用すると，バイアスは

$$\begin{aligned}b(G) &= \int \left\{\eta(\hat{G}) - \eta(G)\right\} dG(\boldsymbol{X}_n) \\ &= \int \left[\frac{1}{n}\int \log f(\boldsymbol{X}_n|\boldsymbol{\theta})\pi(\boldsymbol{\theta}|\boldsymbol{X}_n)d\boldsymbol{\theta} \right. \\ &\quad \left. - \int \left\{\int \log f(z|\boldsymbol{\theta})\pi(\boldsymbol{\theta}|\boldsymbol{X}_n)d\boldsymbol{\theta}\right\}dG(z)\right]dG(\boldsymbol{X}_n)\end{aligned}$$

と定義される．ここで $G(\boldsymbol{X}_n)$ は観測データ $\boldsymbol{X}_n$ の同時分布である．

もし，バイアス $b(G)$ が適切な方法で与えられれば，事後対数尤度 $\eta(\hat{G})$ のバイアスを補正することで事後期待対数尤度 η 推定量を構築できる．バイアスを補正した事後対数尤度 $\eta(\hat{G})$ は

$$\eta(G) \longleftarrow \frac{1}{n}\int \log f(\boldsymbol{X}_n|\boldsymbol{\theta})\pi(\boldsymbol{\theta}|\boldsymbol{X}_n)d\boldsymbol{\theta} - \hat{b}(G)$$

と与えられる．この式に $(-2n)$ をかけると，一般にみかける以下のような形式が導かれる．

$$\mathrm{IC} = -2\int \log f(\boldsymbol{X}_n|\boldsymbol{\theta})\pi(\boldsymbol{\theta}|\boldsymbol{X}_n)d\boldsymbol{\theta} + 2n\hat{b}(G).$$

ここで $\hat{b}(G)$ はバイアス $b(G)$ の適切な推定量である．Ando (2007) は，統計モデル $f(\boldsymbol{x}|\boldsymbol{\theta})$ が真のモデル $g(\boldsymbol{x})$ を必ずしも含まない状況下において，バイアスの推定量 $\hat{b}(G)$ を導出している．次節では，ベイズ予測情報量規準を紹介する．

7.2 ベイズ予測情報量規準

まず，以下の状況を考える．(a) 統計モデル $f(\boldsymbol{x}|\boldsymbol{\theta})$ がある $\boldsymbol{\theta}_0 \in \Theta$ に対して真のモデル $g(\boldsymbol{x})$ と一致する，もしくは真のモデルが近くにある．(b) 事前分布は $\log \pi(\boldsymbol{\theta}) = O_p(1)$，つまり観測データ数が十分に大きいとき，事前分布の影響は非常に小さくなる．

これら2つの仮定，および緩やかな正則条件[*1)]の下で，Ando (2007) はバイアスが $\hat{b}(G) = p/n$ と近似できることを示した．ここで，p はパラメータ $\boldsymbol{\theta}$ の次元である．事後対数尤度 $\eta(\hat{G})$ のバイアスを補正し，ベイズ予測情報量規準は以下で与えられる．

$$\mathrm{BPIC} = -2\int \log\{f(\boldsymbol{X}_n|\boldsymbol{\theta})\}\pi(\boldsymbol{\theta}|\boldsymbol{X}_n)d\boldsymbol{\theta} + 2p. \qquad (7.3)$$

ベイズ予測情報量規準を最小にする統計モデルを最適なモデルとする．

事後対数尤度が解析的に求められない場合には，事後分布 $\pi(\boldsymbol{\theta}|\boldsymbol{X}_n)$ から発生させたサンプル $\{\boldsymbol{\theta}^{(1)},...,\boldsymbol{\theta}^{(L)}\}$ を利用して

$$\int \log\{f(\boldsymbol{X}_n|\boldsymbol{\theta})\}\pi(\boldsymbol{\theta}|\boldsymbol{X}_n)d\boldsymbol{\theta} \approx \frac{1}{L}\sum_{j=1}^{L}\log f\left(\boldsymbol{X}_n|\boldsymbol{\theta}^{(j)}\right)$$

とすればよいので，(7.3) 式の計算は容易にできる．

しかし，仮定 (a)，(b) が常に成り立つとは限らない．この場合，事後対数尤度 $\eta(\hat{G})$ のバイアスは

$$\hat{b}(G) \approx \frac{1}{n}\int\left[\int \log\{f(\boldsymbol{X}_n|\boldsymbol{\theta})\pi(\boldsymbol{\theta})\}\pi(\boldsymbol{\theta}|\boldsymbol{X}_n)d\boldsymbol{\theta}\right]dG(\boldsymbol{X}_n)$$
$$-\frac{1}{n}\log\{f(\boldsymbol{X}_n|\boldsymbol{\theta}_0)\pi(\boldsymbol{\theta}_0)\} + \frac{1}{n}\mathrm{tr}\left\{S^{-1}(\boldsymbol{\theta}_0)Q(\boldsymbol{\theta}_0)\right\} + \frac{p}{2n}$$

[*1)] 事後分布の単峰性，事後モードの一致性，および漸近正規性である．

と評価される．ここで $\boldsymbol{\theta}_0$ は以下の罰則付き期待対数尤度を最大にするパラメータである．

$$\int \{\log f(x|\boldsymbol{\theta}) + \log \pi_0(\boldsymbol{\theta})\} g(x) dx.$$

ここで $\log \pi_0(\boldsymbol{\theta}) = \lim_{n \to \infty} n^{-1} \log \pi(\boldsymbol{\theta})$ とする．行列 $Q_n(\hat{\boldsymbol{\theta}}_n)$, $S_n(\hat{\boldsymbol{\theta}}_n)$ は

$$Q(\boldsymbol{\theta}) = \int \left[\frac{\partial \log\{f(x|\boldsymbol{\theta})\pi_0(\boldsymbol{\theta})\}}{\partial \boldsymbol{\theta}} \frac{\partial \log\{f(x|\boldsymbol{\theta})\pi_0(\boldsymbol{\theta})\}}{\partial \boldsymbol{\theta}^T} \right] dG(x),$$

$$S(\boldsymbol{\theta}) = -\int \left[\frac{\partial^2 \log\{f(x|\boldsymbol{\theta})\pi_0(\boldsymbol{\theta})\}}{\partial \boldsymbol{\theta} \partial \boldsymbol{\theta}^T} \right] dG(x),$$

で定義される．

実際にバイアスを計算する際には，バイアス $\hat{b}(G)$ に含まれている真の分布 G を経験分布関数 $\hat{G}$ に置き換え，$\boldsymbol{\theta}_0$ を事後モード $\hat{\boldsymbol{\theta}}_n$ で推定し，行列 $S(\boldsymbol{\theta}_0)$, $Q(\boldsymbol{\theta}_0)$ に対し，それぞれ行列 $S_n(\hat{\boldsymbol{\theta}}_n)$, $Q_n(\hat{\boldsymbol{\theta}}_n)$ を利用する．

$$Q_n(\hat{\boldsymbol{\theta}}_n) = \frac{1}{n} \sum_{\alpha=1}^{n} \left[\frac{\partial \{\log f(x_\alpha|\boldsymbol{\theta}) + \log \pi(\boldsymbol{\theta})/n\}}{\partial \boldsymbol{\theta}} \right.$$
$$\left. \cdot \frac{\partial \{\log f(x_\alpha|\boldsymbol{\theta}) + \log \pi(\boldsymbol{\theta})/n\}}{\partial \boldsymbol{\theta}^T} \bigg|_{\boldsymbol{\theta}=\hat{\boldsymbol{\theta}}_n} \right],$$

$$S_n(\hat{\boldsymbol{\theta}}_n) = -\frac{1}{n} \sum_{\alpha=1}^{n} \left[\frac{\partial^2 \{\log f(x_\alpha|\boldsymbol{\theta}) + \log \pi(\boldsymbol{\theta})/n\}}{\partial \boldsymbol{\theta} \partial \boldsymbol{\theta}^T} \bigg|_{\boldsymbol{\theta}=\hat{\boldsymbol{\theta}}_n} \right].$$

事後対数尤度 $\eta(\hat{G})$ のバイアスを補正し，ベイズ予測情報量規準 (Ando (2007)) は以下で与えられる．

$$\text{BPIC} = -2 \int \log\{f(\boldsymbol{X}_n|\boldsymbol{\theta})\} \pi(\boldsymbol{\theta}|\boldsymbol{X}_n) d\boldsymbol{\theta} + 2n\hat{b}(\hat{G}). \qquad (7.4)$$

ここでバイアス項 $\hat{b}(\hat{G})$ は

$$\hat{b}(\hat{G}) = \frac{1}{n} \int \log\{f(\boldsymbol{X}_n|\boldsymbol{\theta}) \pi(\boldsymbol{\theta})\} \pi(\boldsymbol{\theta}|\boldsymbol{X}_n) d\boldsymbol{\theta}$$
$$-\frac{1}{n} \log \left\{ f\left(\boldsymbol{X}_n|\hat{\boldsymbol{\theta}}_n\right) \pi\left(\hat{\boldsymbol{\theta}}_n\right) \right\} + \frac{1}{n} \text{tr} \left\{ S_n^{-1}\left(\hat{\boldsymbol{\theta}}_n\right) Q_n\left(\hat{\boldsymbol{\theta}}_n\right) \right\} + \frac{p}{2n}$$

で与えられる．このベイズ予測情報量規準は，統計モデル $f(\boldsymbol{x}|\boldsymbol{\theta})$ が真のモデル $g(\boldsymbol{x})$ を必ずしも含まない状況下や，事前分布は $\log \pi(\boldsymbol{\theta}) = O_p(n)$，つまり

観測データ数が十分に大きいときも事前分布の影響は無視できない場合に利用される．もし，仮定 (a)，(b) が満たされる場合には，(7.4) 式は (7.3) 式に帰着する．

7.3 正規分布への応用

ここでは，BPIC の性質について解説する．いま，n 個の観測データ $\boldsymbol{X}_n = \{x_1, ..., x_n\}$ が真の分布から発生されたとする．ここでは，真の分布を平均 μ_t，分散 σ^2 の正規分布，$g(z|\mu_t) = N(\mu_t, \sigma^2)$ とする．ここでは説明のために，分散は既知とする．観測データ $\boldsymbol{X}_n$ に対して，正規分布 $f(z|\mu) = N(\mu, \sigma^2)$ を仮定する．すなわち，統計モデル $f(z|\mu)$ は真のモデル $g(\boldsymbol{x})$ を含む状況である．

平均パラメータ μ の事前分布として正規分布 $\mu \sim N(\mu_0, \tau_0^2)$ を利用すると，μ の事後分布も正規分布となり，その平均は

$$\hat{\mu}_n = \frac{\mu_0/\tau_0^2 + \sum_{\alpha=1}^n x_\alpha/\sigma^2}{1/\tau_0^2 + n/\sigma^2}$$

分散は

$$\sigma_n^2 = \frac{1}{1/\tau_0^2 + n/\sigma^2}$$

となる．いまから，事後期待対数尤度，事後対数尤度，バイアス項を実際に計算する．

事後期待対数尤度の計算

まず，将来のデータ z に関する確率密度関数の対数の事後期待値を計算すると以下のようになる．

$$\begin{aligned}
&\int \log f(z|\mu) \pi(\mu|\boldsymbol{X}_n) d\mu \\
&= \int \left[-\frac{1}{2} \log\{2\pi\sigma^2\} - \frac{(z-\mu)^2}{2\sigma^2} \right] \pi(\mu|\boldsymbol{X}_n) d\mu \\
&= -\frac{1}{2} \log\{2\pi\sigma^2\} - \int \left[\frac{(z - \hat{\mu}_n + \hat{\mu}_n - \mu)^2}{2\sigma^2} \right] \pi(\mu|\boldsymbol{X}_n) d\mu
\end{aligned}$$

7.3 正規分布への応用

$$= -\frac{1}{2}\log\{2\pi\sigma^2\}$$
$$- \int \left[\frac{(z-\hat{\mu}_n)^2 + 2(z-\hat{\mu}_n)(\hat{\mu}_n - \mu) + (\hat{\mu}_n - \mu)^2}{2\sigma^2}\right]\pi(\mu|\boldsymbol{X}_n)d\mu$$
$$= -\frac{1}{2}\log\{2\pi\sigma^2\} - \frac{(z-\mu_n)^2 + \sigma_n^2}{2\sigma^2}.$$

この結果から,事後期待対数尤度は以下のように計算される.

$$\eta(G)$$
$$= \int \left\{\int \log f(z|\mu)\pi(\mu|\boldsymbol{X}_n)d\mu\right\}dG(z)$$
$$= -\frac{1}{2}\log\{2\pi\sigma^2\} - \int \left[\frac{(z-\hat{\mu}_n)^2 + \sigma_n^2}{2\sigma^2}\right]dG(z)$$
$$= -\frac{1}{2}\log\{2\pi\sigma^2\} - \int \left[\frac{(z-\mu_t+\mu_t-\hat{\mu}_n)^2 + \sigma_n^2}{2\sigma^2}\right]dG(z)$$
$$= -\frac{1}{2}\log\{2\pi\sigma^2\}$$
$$- \int \left[\frac{(z-\mu_t)^2 + 2(z-\mu_t)(\mu_t-\hat{\mu}_n) + (\mu_t-\hat{\mu}_n)^2 + \sigma_n^2}{2\sigma^2}\right]dG(z)$$
$$= -\frac{1}{2}\log\{2\pi\sigma^2\} - \frac{\sigma^2 + (\mu_t-\hat{\mu}_n)^2 + \sigma_n^2}{2\sigma^2}.$$

事後対数尤度の計算

事後期待対数尤度の計算で利用した結果から,事後対数尤度の計算は以下のようになる.

$$\eta(\hat{G}) = \frac{1}{n}\int \log f(\boldsymbol{X}_n|\mu)\pi(\mu|\boldsymbol{X}_n)d\mu$$
$$= \frac{1}{n}\sum_{\alpha=1}^{n}\int \log f(y_\alpha|\mu)\pi(\mu|\boldsymbol{X}_n)d\mu$$
$$= -\frac{1}{2}\log(2\pi\sigma^2) - \frac{1}{n}\sum_{\alpha=1}^{n}\frac{(x_\alpha - \hat{\mu}_n)^2 + \sigma_n^2}{2\sigma^2}.$$

真のバイアス,および漸近バイアスの計算

事後期待対数尤度,および事後対数尤度の計算結果からバイアスは

$$n \times b(G) = \int \left[\eta(G) - \eta(\hat{G})\right] dG(\boldsymbol{X}_n)$$
$$= \int \left\{\frac{1}{2} + \frac{(\mu_t - \hat{\mu}_n)^2}{2\sigma^2} - \frac{1}{n}\sum_{\alpha=1}^{n}\frac{(x_\alpha - \hat{\mu}_n)^2}{2\sigma^2}\right\} dG(\boldsymbol{X}_n)$$

となる．また

$$\frac{1}{n}\int \log f(\boldsymbol{X}_n|\mu)\pi(\mu|\boldsymbol{X}_n)d\mu = -\frac{1}{2}\log(2\pi\sigma^2) - \frac{1}{n}\sum_{\alpha=1}^{n}\frac{(x_\alpha - \hat{\mu}_n)^2 + \sigma_n^2}{2\sigma^2},$$
$$\frac{1}{n}\log f(\boldsymbol{X}_n|\hat{\mu}_n) = -\frac{1}{2}\log\{2\pi\sigma^2\} - \frac{1}{n}\sum_{\alpha=1}^{n}\frac{(x_\alpha - \hat{\mu}_n)^2}{2\sigma^2}$$

および

$$\frac{1}{n}\int \log \pi(\mu)\pi(\mu|\boldsymbol{X}_n)d\mu$$
$$= \frac{1}{n}\int \left[-\frac{1}{2}\log\{2\pi\tau_0^2\} - \frac{(\mu - \mu_0)^2}{2\tau_0^2}\right]\pi(\mu|\boldsymbol{X}_n)d\mu$$
$$= -\frac{1}{2n}\log\{2\pi\tau_0^2\} - \frac{1}{n}\int \left[\frac{(\mu - \hat{\mu}_n + \hat{\mu}_n - \mu_0)^2}{2\tau_0^2}\right]\pi(\mu|\boldsymbol{X}_n)d\mu$$
$$= -\frac{1}{2n}\log\{2\pi\tau_0^2\}$$
$$\quad -\frac{1}{n}\int \left[\frac{(\mu - \hat{\mu}_n)^2 + 2(\mu - \hat{\mu}_n)(\hat{\mu}_n - \mu_0) + (\hat{\mu}_n - \mu_0)^2}{2\tau_0^2}\right]\pi(\mu|\boldsymbol{X}_n)d\mu$$
$$= -\frac{1}{2n}\log\{2\pi\tau_0^2\} - \frac{\sigma_n^2 + (\hat{\mu}_n - \mu_0)^2}{2n\tau_0^2},$$
$$\frac{1}{n}\log\{\pi(\hat{\mu}_n)\} = -\frac{1}{2n}\log\{2\pi\tau_0^2\} - \frac{(\hat{\mu}_n - \mu_0)^2}{2n\tau_0^2}$$

から，以下が得られる．

$$\frac{1}{n}\log f(\boldsymbol{X}_n|\hat{\mu}_n) - \frac{1}{n}\int \log f(\boldsymbol{X}_n|\mu)\pi(\mu|\boldsymbol{X}_n)d\mu = \frac{\sigma_n^2}{2\sigma^2},$$
$$\frac{1}{n}\log\{\pi(\hat{\mu}_n)\} - \frac{1}{n}\int \log \pi(\mu)\pi(\mu|\boldsymbol{X}_n)d\mu = \frac{\sigma_n^2}{2n\tau_0^2}.$$

また，$S_n(\hat{\mu}_n)$，および $Q_n(\hat{\mu}_n)$ を得るために，データに仮定した確率密度関数と事前分布に関する一階微分，二階微分を計算する．

$$\frac{\partial \log f(x|\mu)}{\partial \mu} = \frac{\partial}{\partial \mu}\left[-\frac{1}{2}\log(2\pi\sigma^2) - \frac{(x-\mu)^2}{2\sigma^2}\right] = \frac{(x-\mu)}{\sigma^2},$$

$$\frac{\partial^2 \log f(x|\mu)}{\partial \mu^2} = \frac{\partial}{\partial \mu}\left[\frac{\partial \log f(x|\mu)}{\partial \mu}\right] = \frac{\partial}{\partial \mu}\left[\frac{(x-\mu)}{\sigma^2}\right] = -\frac{1}{\sigma^2},$$

$$\frac{\partial \log \pi(\mu)}{\partial \mu} = \frac{\partial}{\partial \mu}\left[-\frac{1}{2}\log\{2\pi\tau_0^2\} - \frac{(\mu-\mu_0)^2}{2\tau_0^2}\right] = \frac{(\mu_0 - \mu)}{\tau_0^2},$$

$$\frac{\partial^2 \log \pi(\mu)}{\partial \mu^2} = \frac{\partial}{\partial \mu}\left[\frac{\partial \log \pi(\mu)}{\partial \mu}\right] = \frac{\partial}{\partial \mu}\left[\frac{(\mu_0 - \mu)}{\tau_0^2}\right] = -\frac{1}{\tau_0^2}.$$

したがって

$$Q_n(\hat{\mu}_n) = \frac{1}{n}\sum_{\alpha=1}^{n}\left[\frac{\partial\{\log f(x_\alpha|\mu) + \log \pi(\mu)/n\}}{\partial \mu}\right.$$
$$\left.\cdot\frac{\partial\{\log f(x_\alpha|\mu) + \log \pi(\mu)/n\}}{\partial \mu}\bigg|_{\mu=\hat{\mu}_n}\right]$$
$$= \frac{1}{n}\sum_{\alpha=1}^{n}\left(\frac{(x_\alpha - \mu)}{\sigma^2} + \frac{(\mu_0 - \mu)}{n\tau_0^2}\right)^2\bigg|_{\mu=\hat{\mu}_n},$$

$$S_n(\hat{\mu}_n) = -\frac{1}{n}\sum_{\alpha=1}^{n}\left[\frac{\partial^2\{\log f(x_\alpha|\mu) + \log \pi(\mu)/n\}}{\partial \mu^2}\bigg|_{\mu=\hat{\mu}_n}\right]$$
$$= \frac{1}{\sigma^2} + \frac{1}{n\tau_0^2} = \frac{1}{n\sigma_n^2}$$

となる. 以上の結果をまとめると, BPIC の漸近バイアスは,

$$n\hat{b}(\hat{G}) = -\left(\frac{n\sigma_n^2}{2\sigma^2} + \frac{\sigma_n^2}{2\tau_0^2}\right) + S_n^{-1}(\hat{\mu}_n)Q_n(\hat{\mu}_n) + \frac{1}{2}$$

で与えられる.

(a) 統計モデルは真のモデル $g(\boldsymbol{x})$ を含み, (b) 事前分布は $\log \pi(\boldsymbol{\theta}) = O_p(1)$ なので, 観測データ数 n が十分大きいとき $\hat{b}(\hat{G}) \to 1$ が期待される. これを数式で示すことができる. まず, $\sigma_n^2 = (1/\tau_0^2 + n/\sigma^2)^{-1}$ に注意すると,

$$\frac{n\sigma_n^2}{2\sigma^2} + \frac{\sigma_n^2}{2\tau_0^2} = \frac{n}{2\sigma^2\left[\frac{1}{\tau_0^2} + \frac{n}{\sigma^2}\right]} + \frac{1}{2\tau_0^2\left[\frac{1}{\tau_0^2} + \frac{n}{\sigma^2}\right]}$$
$$= \frac{n}{2n\left[\frac{\sigma^2}{n\tau_0^2} + 1\right]} + \frac{1}{2n\left[\frac{1}{n} + \frac{\tau_0^2}{\sigma^2}\right]}$$
$$\to \frac{1}{2} + 0 = \frac{1}{2} \quad \text{as} \quad n \to \infty$$

が得られる.また,

$$S_n^{-1}(\hat{\mu}_n)Q_n(\hat{\mu}_n) \simeq S_n^{-1}(\hat{\mu}_n)S_n(\hat{\mu}_n) = 1$$

であるため,BPIC の漸近バイアスはパラメータ数,つまり,1 で近似される.

図 7.1 は,さまざまな観測データ数 n における真のバイアス $b(G)$,および BPIC の漸近バイアスを図示したものである.これは,100 万回のモンテカルロ数値実験により得られている.真の平均,分散として $\mu_t = 0$,$\sigma^2 = 0.5$,事前分布の平均として $\mu_0 = 0$ としている.図 7.1 (a), (b) はそれぞれ事前分布の分散を $\tau_0 = 0.1$,$\tau_0 = 1,000$ としている.事前分布の分散が比較的小さい場合,つまり $\tau_0 = 0.1$ の場合,事前分布の情報はある程度無視できないのに対して,事前分布の分散が大きい場合,$\tau_0 = 1,000$ の場合事前分布の情報は皆無に等しくなる.図 7.1 から,事後対数尤度は事後期待対数尤度に対して正のバイアスをもっており,BPIC の漸近バイアスは真のバイアスを精度よく近似している.統計モデルは真のモデル $g(x)$ を含んでいるので,図 7.1 (a) では,事前分布の情報が観測データと比較して無視できるくらい観測データ数 n が十分大きくなるとバイアスは 1 に近づいている.また,図 7.1 (b) では,もともと事前分布の情報が観測データと比較して無視できるくらい小さいので,観測データ数 n が小さい場合からバイアスは 1 と非常に近い.

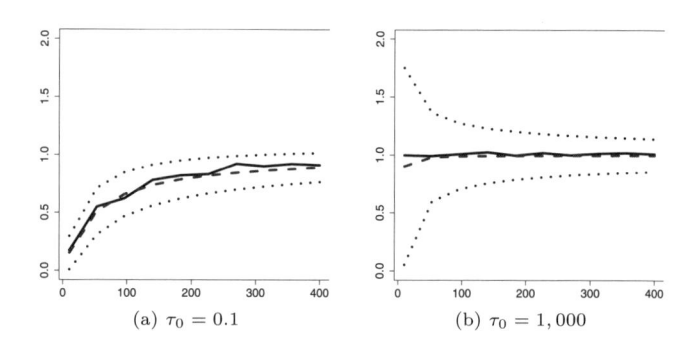

(a) $\tau_0 = 0.1$

(b) $\tau_0 = 1,000$

図 7.1 真のバイアス $n \times b(G)$ (—),および BPIC の漸近バイアス (- - -). (a), (b) はそれぞれ事前分布の分散を $\tau_0 = 0.1$,$\tau_0 = 1,000$ としている.また,点線 ($\cdots$) は BPIC の漸近バイアス ±2×BPIC の漸近バイアスの標準偏差である.

7.4 一般化状態空間モデリング

一般化状態空間モデル (Kitagawa (1987), Kitagawa and Gersch (1996)) はさまざまな多変量時系列データの解析に有用な道具である．いま，n 個の p 次元多変量時系列データ $Y_t = \{y_1, ..., y_n\}$ が観測されているとする．一般化状態空間モデルの枠組みにおいては，観測モデル，およびシステムモデルを定式化して解析を行う．

観測方程式

$$y_t \sim f(y_t | F_t, \theta)$$

システム方程式

$$h_t \sim f(h_t | F_{t-1}, \theta)$$

ここで，h_t は時点 t における状態変数と呼ばれ，観測できない変数である．また，F_t は時点 t までに観測されるすべての情報集合であり，外生変数 $X_t = \{x_1, ..., x_t\}$，時系列データ $Y_t = \{y_1, ..., y_t\}$，状態変数 $H_t = \{h_1, ..., h_t\}$ などである．しかし，観測モデルの F_t については例外的に y_t の情報は含まないものとする．

確率密度関数 $f(y_t|F_t, \theta)$，$f(h_t|F_{t-1}, \theta)$ は F_t で条件づけられた y_t の確率密度関数，および F_{t-1} で条件づけられた h_t の確率密度関数である．一般に利用されるモデルとして挙げられるものは，これらの確率密度関数に正規分布を仮定したものであろう．しかし，必ずしも正規分布の仮定は必要でなく，さまざまな分布でモデルを定式化できる．

一般化状態空間モデルの推定によく利用される手法の一つとして最尤法が挙げられる．一般に，尤度関数は以下で与えられるが，多次元の多重積分を含んでいる．

$$f(Y_n|\theta) = \prod_{t=1}^{n} f(y_t|F_{t-1}, \theta) = \prod_{t=1}^{n} \left[\int f(y_t|F_t, \theta) f(h_t|F_{t-1}, \theta) dh_t \right]. \tag{7.5}$$

例外的に，F_t で条件づけられた y_t の確率密度関数，および F_{t-1} で条件づけ

られた h_t の確率密度関数に正規分布を仮定した場合には尤度関数の評価が容易になる (Kitagawa (1987), Kitagawa and Gersch (1996))．しかし，一般には多重積分をなんらかの方法で計算する必要があり，モンテカルロフィルター (Kitagawa (1996), Pitt and Shephard (1999)) などを利用して評価することとなる．

一般化状態空間モデルをベイズ推定する場合，多重積分をおこなう必要はなく，状態変数 H_t もパラメータ θ と同時に推定する．いま，$\pi(\theta)$ をパラメータの事前分布とすると，状態変数 H_t およびパラメータ θ と同時事後分布は

$$\pi(\theta, H_n | Y_n) \propto \prod_{t=1}^{n} [f(y_t | F_t, \theta) f(h_t | F_{t-1}, \theta)] \pi(\theta)$$

と与えられるので，マルコフ連鎖モンテカルロ法等を利用してベイズ推定をおこなえばよい．

一般化状態空間モデルにおいて本質的となるのは，y_t，および h_t の確率密度関数を適切に選択することや，パラメータ θ の事前分布の設定，どの外生変数 $X_t = \{x_1, ..., x_t\}$ をモデルに取り込むかなどである．いま，(a) 統計モデルが真のモデル $g(x)$ と一致する，もしくは真のモデルが近くにあり，(b) 事前分布は観測データ数が十分に大きいとき，事前分布の影響は非常に小さくなるとする．この場合，(7.3) 式のベイズ予測情報量規準

$$\mathrm{BPIC} = -2 \int \log f(Y_n | \theta) \pi(\theta | Y_n) d\theta + 2\mathrm{dim}\{\theta\} \qquad (7.6)$$

が利用できる．ここで尤度関数 $f(Y_n | \theta)$ は (7.5) 式で与えられる．ベイズ予測情報量規準を最小とするように上記の問題を解決すればよい．以下は，ベイズ予測情報量規準を利用した一般化状態空間モデリングの例である．

線香の売上予測

本節では，Ando (2008a) による線香の売上予測を解説する．

観測データについて

図 7.2 (a), (b) はある百貨店系列 2 店舗における線香の売上（千円）y_{1t}, y_{2t} である．

7.4 一般化状態空間モデリング

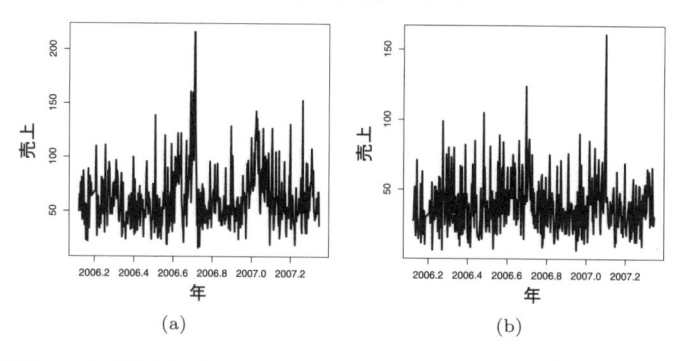

(a)

(b)

図 7.2 Ando (2008a). January, 2006 〜 March, 2007 におけるある百貨店系列 2 店舗における線香の売上 (a) 店舗 1 と (b) 店舗 2.

また，線香の売上のほかに天気 x_{j1t} (晴れ (fine; F)，曇り (cloudy; C)，雨 (rain; R))，休日・祭日 x_{j2t} (土曜，日曜，祝日 (holiday; H)，その他 (otherwise; O))，非価格売上プロモーション x_{j3t} (実行 (execution; E)，非実行 (non-execution; NE))，百貨店全体で模様されるイベント x_{j4t} (あり (execution; E)，無し (non-execution; NE)) が外生変数として観測されている．

$$x_{j1t} = \begin{cases} 1 & (F) \\ 0 & (C) \\ -1 & (R) \end{cases}, \quad j = 1, 2,$$

$$x_{j2t} = \begin{cases} 1 & (H) \\ 0 & (O) \end{cases}, \quad j = 1, 2,$$

$$x_{j3t} = \begin{cases} 1 & (E) \\ 0 & (NE) \end{cases}, \quad j = 1, 2,$$

$$x_{j4t} = \begin{cases} 1 & (E) \\ 0 & (NE) \end{cases}, \quad j = 1, 2.$$

観測モデルの定式化

ここでは，売上 y_{jt} の平均構造 $\mu_{jt} = E[y_{jt}|\boldsymbol{F}_t]$ を，ベースライン売上 h_{jt}，およびその他の要因を利用して以下のように定式化する．

$$\mu_{jt}(h_{jt}, \boldsymbol{\beta}_j, \boldsymbol{x}_{jt}) = h_{jt} + \sum_{a=1}^{4} \beta_{ja} x_{jat} = h_{jt} + \boldsymbol{\beta}_j^T \boldsymbol{x}_{jt}, \quad j = 1, 2. \tag{7.7}$$

ここで $\boldsymbol{\beta}_j = (\beta_{j1}, ..., \beta_{j4})^T$ は 4 次元のパラメータ，$\boldsymbol{x}_{jt} = (x_{j1t}, ..., x_{j4t})^T$ は 4 次元外生変数である．売上 y_{jt} の平均構造に基づき，売上は正の値のみをとるという情報を利用して，$\boldsymbol{y}_t$ の確率密度関数を定式化する．ここでは，競合するモデルとして

打ち切り正規分布

$$f_N(y_{jt}|\mu_{jt}, \sigma_j^2) = I(y_{jt} > 0) \cdot \frac{1}{2\sqrt{2\pi\sigma_j^2}} \exp\left\{-\frac{(y_{jt} - \mu_{jt})^2}{2\sigma_j^2}\right\}$$

打ち切りステューデント t 分布

$$f_{St}(y_{jt}|\mu_{jt}, \sigma_j^2, \nu_j)$$
$$= I(y_{jt} > 0) \cdot \frac{\Gamma(\frac{\nu_j+1}{2})}{2\Gamma(\frac{1}{2})\Gamma(\frac{\nu_j}{2})\sqrt{\nu_j \sigma_j^2}} \left\{1 + \frac{(y_{jt}-\mu_{jt})^2}{\sigma_j^2 \nu_j}\right\}^{-\frac{\nu_j+1}{2}} \tag{7.8}$$

打ち切りコーシー分布

$$f_C(y_{jt}|\mu_{jt}, \sigma_j^2) = I(y_{jt} > 0) \cdot \frac{1}{2\pi\sigma_j} \left\{1 + \frac{(y_{jt}-\mu_{jt})^2}{\sigma_j^2}\right\}^{-1}$$

ポアソン分布

$$f_P(y_{jt}|\mu_{jt}) = \frac{\exp\{-\mu_{jt}\}\mu_{jt}^{y_{jt}}}{y_{jt}!}$$

を考える．ここで μ_{jt} は (7.7) 式で与えられており，s_j^2 は分散パラメータ，ν_j は打ち切りステューデント t 分布の自由度パラメータ，$I(y_{jt} > 0)$ は $y_{jt} > 0$ ならば 1，それ以外は 0 となる定義関数である．以降，とくに断りがない限り，これらの確率密度関数を統一的に $f(y_{jt}|\boldsymbol{x}_j, h_{jt}, \boldsymbol{\gamma}_j)$ と表現する．ここで $\boldsymbol{\gamma}_j$ は各確率密度関数に含まれるパラメータである．

システムモデルの定式化

状態変数 h_{jt} は，店舗 j におけるベースライン売上 h_{jt} である．一般に，

7.4 一般化状態空間モデリング

ベースライン売上は何もイベントがない状態での基礎的な売上であり，トレンドはあるものの急激な変化が起こるとは考えにくい．そこで，状態変数 h_{jt} は r 次のトレンドモデル

$$\Delta^r h_{jt} = \varepsilon_{jt}, \quad j = 1, 2 \tag{7.9}$$

に従うとする (Kitagawa and Gersch (1996))．ここで $\varepsilon_{jt} \sim N(0, \sigma_{jj})$ は正規分布に従う独立な誤差とし，Δ ($\Delta h_{jt} = h_{jt} - h_{j,t-1}$) は差分作用素である．例えば，$r = 1$ とすると

$$h_{jt} = h_{j,t-1} + \varepsilon_{jt}.$$

また，$r = 2$ の場合には

$$h_{jt} = 2h_{j,t-1} - h_{j,t-1} + \varepsilon_{jt}$$

となる．また，誤差 ε_{1t} と ε_{2t} には相関性を仮定する．

$$\text{Cov}(\varepsilon_{jt}, \varepsilon_{kt}) = \sigma_{jk}.$$

以上をまとまると，システムモデルは

$$\boldsymbol{h}_t \sim f(\boldsymbol{h}_t | \boldsymbol{h}_{t-1}, ..., \boldsymbol{h}_{t-r}; \Sigma), \quad \Sigma = (\sigma_{ij}) \tag{7.10}$$

と定式化される．ここで $f(\boldsymbol{h}_t | \boldsymbol{h}_{t-1}, ..., \boldsymbol{h}_{t-r}; \Sigma)$ は平均は (7.9) 式で与えられ分散共分散行列は Σ の $p = 2$ 次元正規分布である．

ベイズ推定，およびモデル評価

いま，モデルを定式化したので，あとはパラメータ $\boldsymbol{\theta} = (\boldsymbol{\gamma}^T, \text{vech}(\Sigma)^T)^T$，$\boldsymbol{\gamma} = (\boldsymbol{\gamma}_1^T, \boldsymbol{\gamma}_2^T)^T$ の事前分布を定式化する．ここでは，

$$\pi(\boldsymbol{\theta}) = \pi(\Sigma)\pi(\boldsymbol{\gamma}), \quad \pi(\boldsymbol{\gamma}) = \prod_{j=1}^{2} \pi(\boldsymbol{\gamma}_j)$$

を設定して，マルコフ連鎖モンテカルロ法によりパラメータと状態変数をベイズ推定すればよい．さまざまなマルコフ連鎖モンテカルロの実行方法があるが，

ここでは Ando (2008a) を参照した.

モデル,および事前分布を定式化するとベイズ推定が実行されるが,適切な y_{jt} の確率密度関数 f,状態変数 h_t のトレンドの次数 r,などを選択する必要がある.ベイズ予測情報量基準

$$\mathrm{BPIC}(f,r) = -2\int \log f(\boldsymbol{Y}_n|\boldsymbol{X}_n,\boldsymbol{\theta})\pi(\boldsymbol{\theta}|\boldsymbol{X}_n,\boldsymbol{Y}_n)d\boldsymbol{\theta} + 2\mathrm{dim}\{\boldsymbol{\theta}\}$$

を利用すればよい.ここで,$f(\boldsymbol{Y}_n|\boldsymbol{X}_n,\boldsymbol{\theta})$ は尤度関数

$$f(\boldsymbol{Y}_n|\boldsymbol{X}_n,\boldsymbol{\theta}) = \prod_{t=1}^{n}\left[\int \prod_{j=1}^{2} f(y_{jt}|h_{jt};\boldsymbol{x}_{jt},\boldsymbol{\gamma}_j)f(\boldsymbol{h}_t|\boldsymbol{h}_{t-1},...,\boldsymbol{h}_{t-r},\Sigma)d\boldsymbol{h}_t\right]$$

であり,モンテカルロフィルター (Kitagawa (1996), Pitt and Shephard (1999)) などを利用して評価する.また,外生変数の選択にも BPIC は利用できるがここでは考えていない.

解析結果

適切な外生変数の選択も可能であるが,ここでは,状態変数 h_t のトレンドの次数 r の候補を $r = \{1,2,3\}$ とし,y_{jt} の確率密度関数の選択を考える.その結果,適切な y_{jt} の確率密度関数として打ち切りステューデント t 分布,適切なトレンドの次数として $r = 2$ が選択された.

表 7.1 は,パラメータの事後平均 (mean),事後標準偏差 (SD),95% 等裾事後信頼区間 (95% CIs),Geweke (1992) の収束診断検定統計量 (CD; convergence diagnostic test statistic),非効率性因子 (IF; inefficiency factor) を与えている.表 7.1 から以下のことが推察される.パラメータ β_{21} をみると,店舗 2 の売上は明らかに天気に影響を受けている.また,パラメータ β_{12},β_{22} の解析結果から,休日・祝日も売り上げに影響を与えている.顕著な違いは,非価格プロモーションに対する係数であろう.パラメータ β_{23} の事後平均をみると,店舗 2 の非価格プロモーションは売上に影響を与えているのに対し.店舗 1 の非価格プロモーションの効果を計測する β_{13} の事後平均は 0 に近い.また,百貨店全体で模様されるイベントも非常に重要であることもわかるように,さまざまな解析結果の情報を経営効率化に利用できる.

7.4 一般化状態空間モデリング

表 7.1 推定結果 (Ando (2008a))

	Mean	SDs	95% CIs		IF	CD
β_{11}	-1.883	0.944	[-3.740	0.053]	2.385	-0.584
β_{21}	10.028	0.845	[8.398	11.810]	2.692	-0.839
β_{12}	2.223	0.893	[0.596	3.742]	2.452	-0.335
β_{22}	3.127	0.763	[1.739	4.624]	2.547	-1.332
β_{13}	-0.596	0.831	[-2.243	1.126]	2.193	0.550
β_{23}	10.099	0.742	[8.573	11.604]	2.849	1.032
β_{14}	24.396	0.966	[22.592	26.105]	2.309	-0.697
β_{24}	11.670	0.864	[9.841	13.421]	2.325	-1.725
s_1^2	25.472	0.080	[25.216	25.762]	2.604	-1.814
s_2^2	17.061	0.049	[16.964	17.155]	2.270	-1.745
σ_{11}	25.472	0.063	[25.243	25.653]	5.857	-0.995
σ_{22}	17.006	0.046	[16.960	17.155]	5.935	0.056
σ_{12}	0.185	0.010	[0.169	0.201]	2.783	0.967
ν_1	26.106	0.602	[24.998	27.042]	25.092	0.653
ν_2	5.001	0.483	[4.049	6.012]	24.330	0.976

パラメータの事後平均 (Mean),事後標準偏差 (SD),95%等裾事後信頼区間 (95% CIs),Geweke (1992) の収束診断検定統計量 (CD; convergence diagnostic test statistic),非効率性因子 (IF; inefficiency factor).

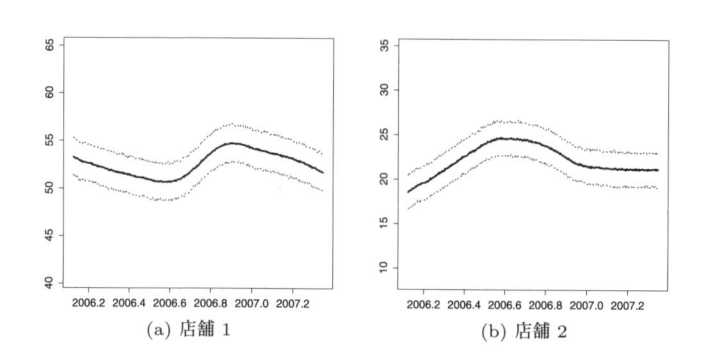

(a) 店舗 1

(b) 店舗 2

図 7.3 ベースライン売上 h_{jt} の事後平均,および 95%信頼区間を図示している (Ando (2008a)).

また,図 7.3 はベースライン売上 h_{jt} の事後平均,および 95%信頼区間を図示している.各店舗は違ったトレンドをもっており,客層が違うようである.

7.5 生存時間解析モデリング

生存時間解析 (Cox (1972)) は，医学，工学，保険数理などさまざまな分野で活発に研究されている．その主な目的は，死亡や故障などの事象のハザード率をモデル化し，事象が発生するまでの時間間隔を分析することや，それに影響を与える要因を探索することが挙げられる．

いま，T を生存時間を表す非負の確率変数，その密度関数を $f(t)$ とする．このとき，生存確率 $S(t)$，および累積非生存確率 $F(t)$ はそれぞれ

$$S(t) = \Pr(T > t) = \int_t^\infty f(x)dx, \quad F(t) = \Pr(t < T) = \int_0^t f(x)dx$$

で与えられ，ある時点以上生存するという条件の下で，次の瞬間に事象が発生するハザード率 $h(t)$ は

$$h(t) = \lim_{\Delta t \to 0} \frac{1}{\Delta t} \Pr(t < T \leq t + \Delta t) = \frac{f(t)}{S(t)}$$

で定義される．

p 個の説明変数 $\boldsymbol{x}$ に基づき，事象が発生するまでの時間を説明しようとする場合，ハザード率 $h(t)$ を次のように仮定することが多い．

$$h(t, \boldsymbol{x}; \boldsymbol{\beta}) = h_0(t) \exp\{\beta_1 x_1 + \cdots + \beta_p x_p\}. \tag{7.11}$$

ここで $\boldsymbol{\beta} = (\beta_1, ..., \beta_p)^T$ は各説明変数に対する係数で，$h_0(t)$ はベースラインハザード関数と呼ばれ，時間 t にのみ依存する部分で，さまざまな定式化がある．

ここでは，生存時間モデルのうち生存時間 T がワイブル分布に従うとする．このとき，ベースラインハザード関数は $h_0(t; \alpha) = \alpha t^{\alpha-1}$ となり，ハザード関数，生存確率関数，確率密度関数はそれぞれ次式で定式化される．

7.5 生存時間解析モデリング

$$\begin{cases} h(t|\boldsymbol{x},\boldsymbol{\theta}) = \alpha t^{\alpha-1} \exp\left(\boldsymbol{\beta}^T \boldsymbol{x}\right), \\ \\ S(t|\boldsymbol{x},\boldsymbol{\theta}) = \exp\left\{-t^\alpha \exp\left(\boldsymbol{\beta}^T \boldsymbol{x}\right)\right\}, \\ \\ f(t|\boldsymbol{x},\boldsymbol{\theta}) = \alpha t^{\alpha-1} \exp\left(\boldsymbol{\beta}^T \boldsymbol{x}\right) \exp\left\{-t^\alpha \exp\left(\boldsymbol{\beta}^T \boldsymbol{x}\right)\right\}. \end{cases} \quad (7.12)$$

ただし，$\boldsymbol{\theta} = (\alpha, \boldsymbol{\beta}^T)^T$ とする．

ベイズ推定

いま，n 個の観測データ $\{(t_\alpha, u_\alpha, \boldsymbol{x}_\alpha); \alpha = 1, \ldots, n\}$ が与えられたとする．ここで，$\boldsymbol{x}_\alpha = (x_{1\alpha}, \ldots, x_{p\alpha})^T$ は p 次元説明変数，t_α は生存時間，u_α は打ち切り関数で，観測データ α について，観測期間内にイベントが発生する場合 $u_\alpha = 1$ とし，イベントは観測されないが，観測終了時点での生存が確認される場合に $u_\alpha = 0$ とする．

(7.12) 式のワイブル分布モデルの尤度関数は

$$\log f(\boldsymbol{T}_n|\boldsymbol{X}_n, \boldsymbol{U}_n, \boldsymbol{\theta})$$
$$\sum_{\alpha=1}^n \left[u_\alpha \log f(t_\alpha|\boldsymbol{x}_\alpha, \boldsymbol{\theta}) + (1-u_\alpha) \log S(t_\alpha|\boldsymbol{x}_\alpha, \boldsymbol{\theta})\right]$$
$$\sum_{\alpha=1}^n \left[u_\alpha \left\{\log \alpha + (\alpha-1) \log t_\alpha + \boldsymbol{\beta}^T \boldsymbol{x}_\alpha\right\} + t_\alpha^\alpha \exp\left(\boldsymbol{\beta}^T \boldsymbol{x}_\alpha\right)\right] \quad (7.13)$$

で与えられる．ただし $\boldsymbol{T}_n = \{t_\alpha; \alpha = 1, \ldots, n\}$，$\boldsymbol{X}_n = \{\boldsymbol{x}_\alpha; \alpha = 1, \ldots, n\}$，$\boldsymbol{U}_n = \{u_\alpha; \alpha = 1, \ldots, n\}$ とする．

パラメータ $\boldsymbol{\theta}$ の事前分布には，退化した正規分布などを利用できる．

$$\pi(\boldsymbol{\theta}) = \left(\frac{n\lambda}{2\pi}\right)^{\frac{p}{2}} |R|_+^{\frac{1}{2}} \exp\left\{-\frac{n\lambda}{2} \boldsymbol{\beta}^T K \boldsymbol{\beta}\right\}, \quad R = \begin{pmatrix} 0 & \boldsymbol{0}^T \\ \boldsymbol{0} & K \end{pmatrix}.$$

ここで $|R|_+$ は行列 R の 0 以外の固有値の積で，行列 K はここでは単位行列とし，平滑化パラメータ λ は事前分布の分散を調節する．パラメータの事後分布は

$$\pi(\boldsymbol{\theta}|\boldsymbol{T}_n, \boldsymbol{X}_n, \boldsymbol{U}_n) \propto f(\boldsymbol{T}_n|\boldsymbol{X}_n, \boldsymbol{U}_n, \boldsymbol{\theta}) \pi(\boldsymbol{\theta}) \quad (7.14)$$

となり，マルコフ連鎖モンテカルロ法などでベイズ推定をおこなえばよい．例えば，以下のステップを繰り返しおこなうことで事後分布からのサンプルが得られる．

マルコフ連鎖モンテカルロ法による事後サンプリング
Step 1. パラメータ $\boldsymbol{\theta}$ の初期値を設定する．
Step 2. マルコフ連鎖モンテカルロ法において j 番目のパラメータ $\boldsymbol{\theta}^{(j)}$ を事後分布 $\pi(\boldsymbol{\theta}|\boldsymbol{T}_n, \boldsymbol{X}_n, \boldsymbol{U}_n)$ から発生させる．
Step 3. Step 2 を繰り返す．

Step 1 の初期値としては，例えば事後モード
$$\hat{\boldsymbol{\theta}}_n = \mathrm{argmax}_\theta \left[f(\boldsymbol{T}_n|\boldsymbol{X}_n, \boldsymbol{U}_n, \boldsymbol{\theta}) \pi(\boldsymbol{\theta}) \right]$$
を利用すればよい．また，Step 2 における提案分布は，事後分布と形状が似ていれば，マルコフ連鎖モンテカルロ法が効率的になることが経験的に知られている．ここでは，提案分布として多変量ステューデント t 分布を利用する

$$p(\boldsymbol{\theta}|\boldsymbol{\mu}, \Sigma, \nu) = \frac{\Gamma\left(\frac{\nu+p}{2}\right)}{\Gamma\left(\frac{\nu}{2}\right)(\pi\nu)^{\frac{p}{2}}} |\Sigma|^{-\frac{1}{2}} \left\{ 1 + \frac{1}{\nu}(\boldsymbol{\theta} - \boldsymbol{\mu})^T \Sigma^{-1}(\boldsymbol{\theta} - \boldsymbol{\mu}) \right\}^{-\frac{\nu+p}{2}} \times I(\boldsymbol{\theta} \in C).$$

ただし，平均は事後モード $\boldsymbol{\mu} = \hat{\boldsymbol{\theta}}_n$，共分散行列 Σ は罰則付き対数尤度関数に (-1) を掛けた関数の二階微分の逆行列，自由度パラメータ ν は 10 などとすればよい．また，C はパラメータ $\boldsymbol{\theta}$ が理論的にとり得る範囲を制約するためのものである．

いま，j 番目のサンプリングにおいてパラメータは $\boldsymbol{\theta}^{(j)}$ の状態にあるとする．このとき $(j+1)$ 番目のサンプリングにおいてパラメータ $\boldsymbol{\theta}^{(j+1)}$ を提案分布から発生させ，確率

$$\alpha = \min\left\{ 1, \frac{f(\boldsymbol{T}_n|\boldsymbol{X}_n, \boldsymbol{U}_n, \boldsymbol{\theta}^{(j+1)}) \pi(\boldsymbol{\theta}^{(j+1)}) / p(\boldsymbol{\theta}^{(j+1)}|\boldsymbol{\mu}, \Sigma, \nu)}{f(\boldsymbol{T}_n|\boldsymbol{X}_n, \boldsymbol{U}_n, \boldsymbol{\theta}^{(j)}) \pi(\boldsymbol{\theta}^{(j)}) / p(\boldsymbol{\theta}^{(j)}|\boldsymbol{\mu}, \Sigma, \nu)} \right\}.$$

で採択すればよい．

モデリングにおいて本質的となるのは，平滑化パラメータ λ，および適切な

7.5 生存時間解析モデリング

説明変数の組み合わせの選択である．ベイズ予測情報量規準は

$$\mathrm{BPIC}(\boldsymbol{x},\lambda) = -2\int \log f(\boldsymbol{T}_n|\boldsymbol{X}_n,\boldsymbol{U}_n,\boldsymbol{\theta})\pi(\boldsymbol{\theta}|\boldsymbol{T}_n,\boldsymbol{X}_n,\boldsymbol{U}_n)d\boldsymbol{\theta} + 2n\hat{b}(\hat{G})$$

として与えられる．ここでバイアス $\hat{b}(\hat{G})$ は (7.4) 式で与えられる．バイアス $\hat{b}(\hat{G})$ に含まれる行列 $Q_n(\hat{\boldsymbol{\theta}}_n)$，および $S_n(\hat{\boldsymbol{\theta}}_n)$ は解析的に求められるが，ここでは数値微分により求める方法を紹介する．

数値微分による行列 $Q_n(\hat{\boldsymbol{\theta}}_n)$，$S_n(\hat{\boldsymbol{\theta}}_n)$ の計算

行列 $Q_n(\hat{\boldsymbol{\theta}}_n)$，$S_n(\hat{\boldsymbol{\theta}}_n)$ の計算には，関数

$$\ell(\boldsymbol{\theta}) = \log f(x_\alpha|\boldsymbol{\theta}) + \log \pi(\boldsymbol{\theta})/n$$

の一階微分，二階微分が必要となる．これを数値的におこなうことができる．いま，関数 $\ell(\boldsymbol{\theta})$ の一階微分 $\partial\ell(\boldsymbol{\theta})/\partial\boldsymbol{\theta}$ を評価したい場合，

$$\frac{\partial \ell(\boldsymbol{\theta})}{\partial \theta_j} \approx \frac{\ell(\boldsymbol{\theta}+\boldsymbol{\delta}_j) - \ell(\boldsymbol{\theta}-\boldsymbol{\delta}_j)}{(2\delta)}, \quad j=1,\ldots,p$$

を使えばよい．ここで δ は小さい値で $\boldsymbol{\delta}_j$ は p 次元ベクトルで j 番目の成分のみが 1 でその他の成分が 0 のベクトルである．同様に関数 $\ell(\boldsymbol{\theta})$ の二階微分 $\partial\ell(\boldsymbol{\theta})/\partial\boldsymbol{\theta}\partial\boldsymbol{\theta}^T$ を評価したい場合，

$$\frac{\partial^2 \ell(\boldsymbol{\theta})}{\partial \theta_j \partial \theta_k}$$
$$\approx \frac{\ell(\boldsymbol{\theta}+\boldsymbol{\delta}_j+\boldsymbol{\delta}_k) - \ell(\boldsymbol{\theta}+\boldsymbol{\delta}_j-\boldsymbol{\delta}_k) - \ell(\boldsymbol{\theta}-\boldsymbol{\delta}_j+\boldsymbol{\delta}_k) + \ell(\boldsymbol{\theta}-\boldsymbol{\delta}_j-\boldsymbol{\delta}_k)}{4\delta^2}$$

を $j,k=1,\ldots,p$ について計算すればよい Gelman et al. (1995, p.273) によると $\delta = 0.0001$ 程度に設定すれば数値誤差を小さくできるようである．

卵巣癌データの分析

以上解説した手法を利用して，卵巣癌データの分析をおこなう．表 7.2 は，卵巣癌データを与えている．観測データ $\boldsymbol{X}_n$ は，無作為化臨床試験による 2 つの治療法から取得されている．いくつかの症例は調査期間終了時まで生存して

表 7.2 卵巣癌データ

生存（打ち切り）時間	打ち切り	年齢（年）	卵巣癌以外の疾病	治療法	ECOG
59	1	72.3315	2	1	1
115	1	74.4932	2	1	1
156	1	66.4658	2	1	2
421	0	53.3644	2	2	1
431	1	50.3397	2	1	1
448	0	56.4301	1	1	2
464	1	56.937	2	2	2
475	1	59.8548	2	2	2
477	0	64.1753	2	1	1
563	1	55.1781	1	2	2
638	1	56.7562	1	1	2
744	0	50.1096	1	2	1
769	0	59.6301	2	2	2
770	0	57.0521	2	2	1
803	0	39.2712	1	1	1
855	0	43.1233	1	1	2
1040	0	38.8932	2	1	2
1106	0	44.6	1	1	1
1129	0	53.9068	1	2	1
1206	0	44.2055	2	2	1
1227	0	59.589	1	2	2
268	1	74.5041	2	1	2
329	1	43.137	2	1	1
353	1	63.2192	1	2	2
365	1	64.4247	2	2	1
377	0	58.3096	1	2	1

おり，それは打ち切りデータとして扱われる．生存（打ち切り）時間，打ち切り情報以外にも，年齢（年），卵巣癌以外の疾病（0：有り，1：無し），治療法（0：治療法1，1：治療法2），ECOG パフォーマンス状態 (0 が 1 よりよい) も観測されている．

年齢，卵巣癌以外の疾病，治療法，ECOG パフォーマンス状態を説明変数と考えると，計16個の組み合わせがある．ベイズ予測情報量規準を利用して平滑化パラメータの選択も考えることができるが，ここでは，平滑化パラメータを非常に小さい値 $\lambda = 0.000001$，つまり事前分布の情報が弱いとして説明変数の選択を考える．マルコフ連鎖モンテカルロ法による事後サンプリングを3,000回行い，最初の 1,000 回を初期値に依存する期間 (burn-in period) とみなして

残りの 2,000 回を事後分布からのサンプルとして利用する.マルコフ連鎖モンテカルロが定常分布に収束しているかの判定は,Geweke (1992) の収束診断検定を有意水準 5% でおこなっている.

表 7.3 は,説明変数の組み合わせに対するベイズ予測情報量規準の値である.説明変数の数が多い場合,バイアス項が大きくなる傾向があり,同時に事後対数尤度も大きくなっている.つまり,観測データへの適合度とモデルの複雑さのトレードオフが行われている.表 7.3 から,年齢を説明変数とするモデルがベイズ予測情報量規準の最小値を達成しており,このモデルが選択される.

表 7.4 は,パラメータの事後平均,事後モード,標準偏差,95% 信頼区間,Geweke (1992) の収束診断検定統計量,非効率性因子をまとめている.95% 等裾事後信頼区間は,2.5%,および 97.5% のパーセンタイル点を利用して計算できる.また,1,000 個のラグを利用して非効率性因子を計算した.パラメータ β_1 の 95% 信頼区間が正の領域にあり,年齢 x_1 が高くなるに比例して,イベント発生時間が短くなる結果が得られている.また,図 7.4 は,マルコフ連鎖モンテカルロ法により発生させた事後サンプルのパス,推定された周辺事後

表 7.3 説明変数の組み合わせに対するベイズ予測情報量規準の値

(x_1, x_2, x_3, x_4)	BPIC	事後平均対数尤度	バイアス
1 0 0 0	102.0672	-48.4532	2.5806
0 1 0 0	126.7119	-61.1523	2.2039
1 1 0 0	104.2544	-47.7585	4.3686
0 0 1 0	117.3005	-56.5276	2.1232
1 0 1 0	103.8562	-47.9714	3.9567
0 1 1 0	116.7990	-55.6923	2.7071
1 1 1 0	117.3003	-56.2980	2.3521
0 0 0 1	126.6418	-61.0256	2.2952
1 0 0 1	105.4327	-48.6576	4.0587
0 1 0 1	123.9755	-58.7384	3.2493
1 1 0 1	126.6421	-61.3996	1.9214
0 0 1 1	116.0601	-53.8185	4.2115
1 0 1 1	126.6419	-60.8100	2.5108
0 1 1 1	126.6419	-60.7804	2.5405
1 1 1 1	110.1557	-47.5393	7.5385

ここでそれぞれの変数は x_1: 年齢,x_2: 卵巣癌以外の疾病,x_3: 治療法,x_4: ECOG パフォーマンス状態とする.もし,1 であれば対応する変数をモデルに採用していることを示す.

7. ベイズ予測情報量規準

表 7.4 推定結果

	Mean	Mode	SDs	95%CIs		CD	IFs
α	0.773	-0.036	0.124	0.52	1.008	0.775	0.558
β_1	-0.037	-0.036	0.005	-0.049	-0.024	-1.231	0.635

パラメータの事後平均 (Mean),事後モード (Mode),事後標準偏差 (SD),95%等裾事後信頼区間 (95% CIs),Geweke (1992) の収束診断検定統計量 (CD; convergence diagnostic test statistic),非効率性因子 (IF; inefficiency factor).

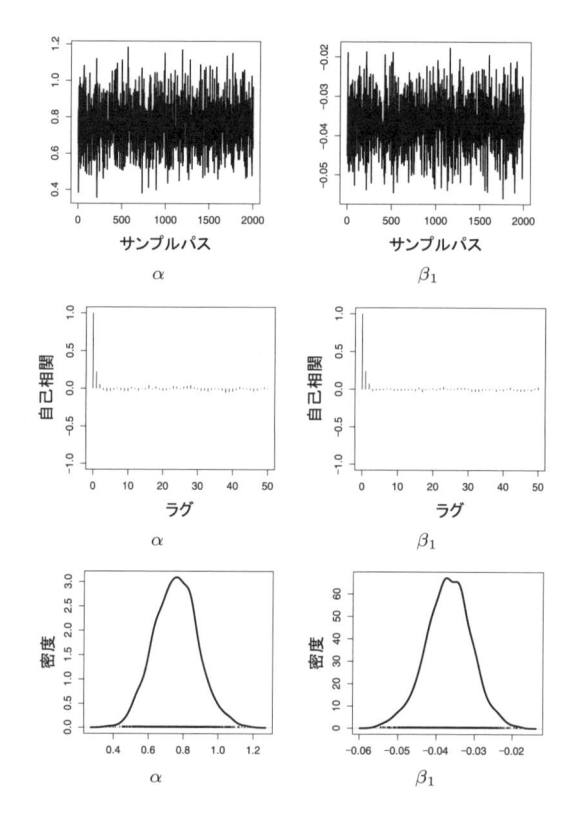

図 7.4 マルコフ連鎖モンテカルロ法により発生させた事後サンプルのトレースプロット,推定された周辺事後確率密度関数,自己相関関数.

確率密度関数,自己相関関数である.ラグ1の自己相関は高いが,それ以降は非常に0に近くなっており,マルコフ連鎖モンテカルロ法によるサンプリングが効率的におこなわれていることがわかる.

表 7.5 さまざまなモデルに対するベイズ予測情報量規準の値

統計モデル	BPIC
ワイブルモデル	102.0672
指数分布モデル	101.9829
極値分布モデル	131.1706
対数ロジットモデル	47.1457

いままでは，ワイブル分布に基づいた解析をおこなってきたが，さまざまな分布を利用できることも指摘したい．例えば，

1) 指数分布モデル

$$h(t|\beta_1) = \exp(\beta_1 x_1)$$

2) 極値分布モデル

$$h(t|\beta_1, \alpha) = \alpha \exp(\alpha t) \exp(\beta_1 x_1)$$

3) 対数ロジットモデル

$$h(t|\beta_1, \alpha) = \frac{\alpha t^{\alpha-1} \exp(\alpha \beta_1 x_1)}{[1 + t^\alpha \exp(\alpha \beta_1 x_1)]}$$

などである．いま，年齢を説明変数とする．これらのモデルをベイズ推定する場合にも，ワイブルモデルのベイズ推定と同様，マルコフ連鎖モンテカルロ法により事後サンプルを発生させることができる．表 7.5 は，ベイズ予測情報量規準の値をまとめたものである．この表から，対数ロジットモデルを最適なモデルとして選択できる．また，自明ではあるが，ベイズ予測情報量規準により，説明変数も同時に最適化することが可能であることを指摘しておく．Ando (2009c) は，関数データ解析 (Ramsay and Silverman (1997)) の枠組みに基づいた生存時間解析モデリングにベイズ予測情報量規準を利用している．

7.6 ベイズ予測情報量規準の導出

本節では，ベイズ予測情報量規準の導出について解説する．

7.6.1 ベイズ予測情報量規準のバイアス項の導出

いま，7.1 節で定義したバイアス $b(G)$ を以下のように分解する．

$$b(G) = \int \left\{\eta(\hat{G}) - \eta(G)\right\} dG(\boldsymbol{X}_n) = D_1 + D_2 + D_3.$$

ここで,

$$D_1 = \int \left[\frac{1}{n} \int \log f(\boldsymbol{X}_n|\boldsymbol{\theta})\pi(\boldsymbol{\theta}|\boldsymbol{X}_n)d\boldsymbol{\theta} - \frac{1}{n}\log\{f(\boldsymbol{X}_n|\boldsymbol{\theta}_0)\pi(\boldsymbol{\theta}_0)\}\right] dG(\boldsymbol{X}_n),$$

$$D_2 = \int \left[\frac{1}{n}\log\{f(\boldsymbol{X}_n|\boldsymbol{\theta}_0)\pi(\boldsymbol{\theta}_0)\} - \int \log\{f(z|\boldsymbol{\theta}_0)\pi_0(\boldsymbol{\theta}_0)\}dG(z)\right] dG(\boldsymbol{X}_n),$$

$$D_3 = \int \left[\int \log\{f(z|\boldsymbol{\theta}_0)\pi_0(\boldsymbol{\theta}_0)\}dG(z) \right.$$
$$\left. - \int \left\{\int \log f(z|\boldsymbol{\theta})\pi(\boldsymbol{\theta}|\boldsymbol{X}_n)d\boldsymbol{\theta}\right\} dG(z)\right] dG(\boldsymbol{X}_n)$$

である.以降では,それぞれの項 D_1, D_2, および D_3 を評価していく.

D_1 の計算

いま,$\partial \log\{f(\boldsymbol{X}_n|\hat{\boldsymbol{\theta}}_n)\pi(\hat{\boldsymbol{\theta}}_n)\}/\partial\boldsymbol{\theta} = \boldsymbol{0}$ に注意すると,罰則付き対数尤度関数 $\log\{f(\boldsymbol{X}_n|\boldsymbol{\theta}_0)\pi(\boldsymbol{\theta}_0)\}$ の事後モード $\hat{\boldsymbol{\theta}}_n$ 周りでのテイラー展開は

$$\log\{f(\boldsymbol{X}_n|\boldsymbol{\theta}_0)\pi(\boldsymbol{\theta}_0)\}$$
$$= \log\{f(\boldsymbol{X}_n|\hat{\boldsymbol{\theta}}_n)\pi(\hat{\boldsymbol{\theta}}_n)\} - \frac{n}{2}(\boldsymbol{\theta}_0 - \hat{\boldsymbol{\theta}}_n)^T S_n(\hat{\boldsymbol{\theta}}_n)(\boldsymbol{\theta}_0 - \hat{\boldsymbol{\theta}}_n) + O_p(n^{-\frac{1}{2}})$$

となる.ここで

$$S_n(\hat{\boldsymbol{\theta}}_n) = -\frac{1}{n} \left.\frac{\partial^2 \log\{f(\boldsymbol{X}_n|\boldsymbol{\theta})\pi(\boldsymbol{\theta})\}}{\partial\boldsymbol{\theta}\partial\boldsymbol{\theta}^T}\right|_{\boldsymbol{\theta}=\hat{\boldsymbol{\theta}}_n}.$$

したがって

$$D_1 = \frac{1}{n}\int \left[\int \log f(\boldsymbol{X}_n|\boldsymbol{\theta})\pi(\boldsymbol{\theta}|\boldsymbol{X}_n)d\boldsymbol{\theta} - \frac{1}{n}\log\{f(\boldsymbol{X}_n|\hat{\boldsymbol{\theta}}_n)\pi(\hat{\boldsymbol{\theta}}_n)\}\right] dG(\boldsymbol{X}_n)$$
$$+ \frac{1}{2n}\mathrm{tr}\left[\int \left\{S_n(\hat{\boldsymbol{\theta}}_n)\sqrt{n}(\boldsymbol{\theta}_0 - \hat{\boldsymbol{\theta}}_n)\sqrt{n}(\boldsymbol{\theta}_0 - \hat{\boldsymbol{\theta}}_n)^T\right\}\right] dG(\boldsymbol{X}_n) + O_p(n^{-\frac{3}{2}})$$

を得る.いま,3 章の結果から $\sqrt{n}(\hat{\boldsymbol{\theta}}_n - \boldsymbol{\theta}_0)$ の漸近共分散行列は $S^{-1}(\boldsymbol{\theta}_0)$ $Q(\boldsymbol{\theta}_0)S^{-1}(\boldsymbol{\theta}_0)$ で与えられる.また $S_n(\hat{\boldsymbol{\theta}}_n) \to S(\boldsymbol{\theta}_0)$,および $\hat{\boldsymbol{\theta}}_n \to \boldsymbol{\theta}_0$ に注意すると,D_1 は

$$D_1 \simeq \frac{1}{n}\int\left[\int \log f(\boldsymbol{X}_n|\boldsymbol{\theta})\pi(\boldsymbol{\theta}|\boldsymbol{X}_n)d\boldsymbol{\theta} - \frac{1}{n}\log\{f(\boldsymbol{X}_n|\boldsymbol{\theta}_0)\pi(\boldsymbol{\theta}_0)\}\right]dG(\boldsymbol{X}_n)$$
$$+\frac{1}{2n}\mathrm{tr}\left\{S^{-1}(\boldsymbol{\theta}_0)Q(\boldsymbol{\theta}_0)\right\}$$

と評価される.

D_2 の計算

結論から述べると D_2 は 0 と評価できる．いま n が十分に大きいとき，$\log \pi_0(\boldsymbol{\theta})$ は $n^{-1}\log\pi(\boldsymbol{\theta})$ で近似されることに注意すると

$$D_2 = \int\left[\frac{1}{n}\log\{f(\boldsymbol{X}_n|\boldsymbol{\theta}_0)\} - \int \log\{f(z|\boldsymbol{\theta}_0)\}dG(z)\right]dG(\boldsymbol{X}_n)$$
$$- \log\pi_0(\boldsymbol{\theta}_0) + \frac{1}{n}\log\pi(\boldsymbol{\theta}_0)$$
$$= \frac{1}{n}\log\pi(\boldsymbol{\theta}_0) - \log\pi_0(\boldsymbol{\theta}_0) \simeq 0$$

となる.

D_3 の計算

D_3 は以下のように変形できる.

$$D_3 = \int\left[\int \log\{f(z|\boldsymbol{\theta}_0)\pi_0(\boldsymbol{\theta}_0)\}dG(z)\right]dG(\boldsymbol{X}_n)$$
$$+ \int\left[\int \log\pi_0(\boldsymbol{\theta})\pi(\boldsymbol{\theta}|\boldsymbol{X}_n)d\boldsymbol{\theta}\right]dG(\boldsymbol{X}_n)$$
$$- \int\left[\int\left\{\int \log\{f(z|\boldsymbol{\theta})\pi_0(\boldsymbol{\theta})\}\pi(\boldsymbol{\theta}|\boldsymbol{X}_n)d\boldsymbol{\theta}\right\}dG(z)\right]dG(\boldsymbol{X}_n).$$

いま，$\log\{f(z|\boldsymbol{\theta})\pi_0(\boldsymbol{\theta})\}$ を $\boldsymbol{\theta}_0$ 周りでテイラー展開して期待値をとると

$$\int\left[\log\{f(z|\boldsymbol{\theta})\pi_0(\boldsymbol{\theta})\}\right]dG(z) = \int\left[\log\{f(z|\boldsymbol{\theta}_0)\pi_0(\boldsymbol{\theta}_0)\}\right]dG(z)$$
$$-\frac{1}{2}\mathrm{tr}\left\{S(\boldsymbol{\theta}_0)(\boldsymbol{\theta}-\boldsymbol{\theta}_0)(\boldsymbol{\theta}-\boldsymbol{\theta}_0)^T\right\}.$$

この結果と $\log\pi_0(\boldsymbol{\theta}) \simeq n^{-1}\log\pi(\boldsymbol{\theta})$ から，D_3 は

$$D_3 \simeq \frac{1}{2n}\mathrm{tr}\left(S(\boldsymbol{\theta}_0)\int\left\{\int n(\boldsymbol{\theta}-\boldsymbol{\theta}_0)(\boldsymbol{\theta}-\boldsymbol{\theta}_0)^T\pi(\boldsymbol{\theta}|\boldsymbol{X}_n)d\boldsymbol{\theta}\right\}dG(\boldsymbol{X}_n)\right)$$
$$+\frac{1}{n}\int\left[\int\log\pi(\boldsymbol{\theta})\pi(\boldsymbol{\theta}|\boldsymbol{X}_n)d\boldsymbol{\theta}\right]dG(\boldsymbol{X}_n)$$

となる.また,$(\boldsymbol{\theta}-\boldsymbol{\theta}_0)$ の事後分散行列は

$$\frac{1}{n}S^{-1}(\boldsymbol{\theta}_0)+\frac{1}{n}S^{-1}(\boldsymbol{\theta}_0)Q(\boldsymbol{\theta}_0)S^{-1}(\boldsymbol{\theta}_0)$$

となることに注意すると

$$D_3 \simeq \frac{1}{2n}\mathrm{tr}\left\{S^{-1}(\boldsymbol{\theta}_0)Q(\boldsymbol{\theta}_0)\right\}+\frac{p}{2n}$$
$$+\frac{1}{n}\int\left[\int\log\pi(\boldsymbol{\theta})\pi(\boldsymbol{\theta}|\boldsymbol{X}_n)d\boldsymbol{\theta}\right]dG(\boldsymbol{X}_n)$$

を得る.ここで p はパラメータ $\boldsymbol{\theta}$ の次元である.

バイアスの評価

以上の結果から,漸近バイアスは

$$b(G)=\int\left\{\eta(\hat{G})-\eta(G)\right\}dG(\boldsymbol{X}_n)$$
$$\simeq \frac{1}{n}\int\left[\int\log\{f(\boldsymbol{X}_n|\boldsymbol{\theta})\pi(\boldsymbol{\theta})\}\pi(\boldsymbol{\theta}|\boldsymbol{X}_n)d\boldsymbol{\theta}\right]dG(\boldsymbol{X}_n)$$
$$-\frac{1}{n}\log\{f(\boldsymbol{X}_n|\boldsymbol{\theta}_0)\pi(\boldsymbol{\theta}_0)\}+\frac{1}{n}\mathrm{tr}\left\{S^{-1}(\boldsymbol{\theta}_0)Q(\boldsymbol{\theta}_0)\right\}+\frac{p}{2n}$$

となる.真の分布 $G(\boldsymbol{X}_n)$ での期待値を経験分布関数での期待値に置き換え,行列 $S(\boldsymbol{\theta}_0)$,$Q(\boldsymbol{\theta}_0)$ を $S_n(\hat{\boldsymbol{\theta}}_n)$,$Q_n(\hat{\boldsymbol{\theta}}_n)$ で評価するとベイズ予測情報量規準のバイアス項が得られる.

7.6.2 ベイズ予測情報量規準の簡単化

統計モデル $f(x|\boldsymbol{\theta})$,$\log\pi(\boldsymbol{\theta})=O_p(1)$ の定式化を考えるとする.また,真のモデルは統計モデル $f(x|\boldsymbol{\theta})$ に含まれているものとする.この場合,ベイズ

7.6 ベイズ予測情報量規準の導出

予測情報量規準のバイアス項は $\boldsymbol{\theta}$ の次元で近似される.

証明の概略

ベイズ予測情報量規準のバイアス項は以下で与えられた.

$$n \times \hat{b}(G) = \int \log f(\boldsymbol{X}_n|\boldsymbol{\theta})\pi(\boldsymbol{\theta}|\boldsymbol{X}_n)d\boldsymbol{\theta} - \log f(\boldsymbol{X}_n|\hat{\boldsymbol{\theta}}_n)$$
$$+ \left[\int \log \pi(\boldsymbol{\theta})\pi(\boldsymbol{\theta}|\boldsymbol{X}_n)d\boldsymbol{\theta} - \log \pi(\hat{\boldsymbol{\theta}}_n)\right.$$
$$\left. + \mathrm{tr}\left\{S_n(\hat{\boldsymbol{\theta}}_n)Q_n(\hat{\boldsymbol{\theta}}_n)\right\} + \frac{p}{2}\right]$$
$$= E_1 + E_2.$$

以降, E_1, E_2 の評価を考える.

E_1 の評価

対数尤度関数 $\log f(\boldsymbol{X}_n|\boldsymbol{\theta})$ を事後モード $\hat{\boldsymbol{\theta}}_n$ でテイラー展開すると

$$\log f(\boldsymbol{X}_n|\boldsymbol{\theta}) = \log f(\boldsymbol{X}_n|\hat{\boldsymbol{\theta}}_n) + (\boldsymbol{\theta} - \hat{\boldsymbol{\theta}}_n)^T \left.\frac{\partial \log f(\boldsymbol{X}_n|\boldsymbol{\theta})}{\partial \boldsymbol{\theta}}\right|_{\boldsymbol{\theta}=\hat{\boldsymbol{\theta}}_n}$$
$$- \frac{n}{2}\mathrm{tr}\left\{S_n(\hat{\boldsymbol{\theta}}_n)(\boldsymbol{\theta} - \hat{\boldsymbol{\theta}}_n)(\boldsymbol{\theta} - \hat{\boldsymbol{\theta}}_n)^T\right\}$$

を得る. 事後分布で期待値をとると

$$\int \log f(\boldsymbol{X}_n|\boldsymbol{\theta})\pi(\boldsymbol{\theta}|\boldsymbol{X}_n)d\boldsymbol{\theta} = \log f(\boldsymbol{X}_n|\hat{\boldsymbol{\theta}}_n) + \frac{n}{2}\mathrm{tr}\left\{S_n(\hat{\boldsymbol{\theta}}_n)V_n(\bar{\boldsymbol{\theta}}_n)\right\}.$$

ただし

$$V_n(\bar{\boldsymbol{\theta}}_n) = \int (\boldsymbol{\theta} - \hat{\boldsymbol{\theta}}_n)(\boldsymbol{\theta} - \hat{\boldsymbol{\theta}}_n)^T \pi(\boldsymbol{\theta}|\boldsymbol{X}_n)d\boldsymbol{\theta}$$

は事後共分散行列である. また, $V_n(\hat{\boldsymbol{\theta}}_n) \simeq n^{-1}S_n^{-1}(\hat{\boldsymbol{\theta}}_n)$ に注意すると, $E_1 \simeq -p/2$ を得る.

E_2 の評価

いま, 真のモデルは統計モデル $f(y|\boldsymbol{\theta})$ に含まれているので $S_n(\hat{\boldsymbol{\theta}}_n) \simeq Q_n(\hat{\boldsymbol{\theta}}_n)$ が成り立つ. したがって

$$\mathrm{tr}\left\{S_n(\hat{\boldsymbol{\theta}}_n)Q_n(\hat{\boldsymbol{\theta}}_n)\right\} \simeq p.$$

また，事前分布に関する項は無視できるので $E_2 \simeq p + p/2 = 3p/2$ となる．

以上の結果をまとめると，ベイズ予測情報量規準のバイアス項は $\boldsymbol{\theta}$ の次元，p で近似される．

7.7 偏差情報量規準

Spiegelhalter et al. (2002) は，ベイズ推定によって構築されたモデルを評価するために偏差情報量規準 (deviance information criterion (DIC)) を提案している．

$$\mathrm{DIC} = -2\int \log\{f(\boldsymbol{X}_n|\boldsymbol{\theta})\}\pi(\boldsymbol{\theta}|\boldsymbol{X}_n)d\boldsymbol{\theta} + P_D. \quad (7.15)$$

ここで，

$$P_D = 2\log\{f(\boldsymbol{X}_n|\hat{\boldsymbol{\theta}}_n)\} - 2\int \log\{f(\boldsymbol{X}_n|\boldsymbol{\theta})\}\pi(\boldsymbol{\theta}|\boldsymbol{X}_n)d\boldsymbol{\theta}$$

は実質的パラメータ数 (effective number of parameters) と呼ばれており，モデルの複雑さを図る指標である．また，$\hat{\boldsymbol{\theta}}_n$ は事後モードであるが，事後平均，事後中央値も利用できる．DIC の利点はその計算の簡便さにある．

いま，尤度関数を事後平均 $\bar{\boldsymbol{\theta}}_n$ でテイラー展開すると

$$\log f(\boldsymbol{X}_n|\boldsymbol{\theta}) \approx \log f\left(\boldsymbol{X}_n|\bar{\boldsymbol{\theta}}_n\right) + \left(\boldsymbol{\theta}-\bar{\boldsymbol{\theta}}_n\right)^T \left.\frac{\partial \log f(\boldsymbol{X}_n|\boldsymbol{\theta})}{\partial \boldsymbol{\theta}}\right|_{\boldsymbol{\theta}=\bar{\boldsymbol{\theta}}_n}$$
$$-\frac{n}{2}\left(\boldsymbol{\theta}-\bar{\boldsymbol{\theta}}_n\right)^T J_n(\hat{\boldsymbol{\theta}}_n)\left(\boldsymbol{\theta}-\bar{\boldsymbol{\theta}}_n\right)$$

が得られる．ここで

$$J_n(\bar{\boldsymbol{\theta}}_n) = -\frac{1}{n}\left.\frac{\partial^2 \log f(\boldsymbol{X}_n|\boldsymbol{\theta})}{\partial \boldsymbol{\theta}\partial \boldsymbol{\theta}^T}\right|_{\boldsymbol{\theta}=\bar{\boldsymbol{\theta}}_n}$$

とする．いま得られた式について，事後分布での期待値をとると

$$\int \log\{f(\boldsymbol{X}_n|\boldsymbol{\theta})\}\pi(\boldsymbol{\theta}|\boldsymbol{X}_n)d\boldsymbol{\theta} \approx \log\{f(\boldsymbol{X}_n|\bar{\boldsymbol{\theta}}_n)\} - \frac{n}{2}\mathrm{tr}\left\{J_n(\bar{\boldsymbol{\theta}}_n)V_n(\boldsymbol{\theta})\right\}$$

が得られる．ここで $V_n(\boldsymbol{\theta})$ は $\boldsymbol{\theta}$ の事後共分散行列である．

事前分布が $\log \pi(\boldsymbol{\theta}) = O_p(1)$ かつ観測データ数が十分に大きいとき，事後分布 $\pi(\boldsymbol{\theta}|\boldsymbol{X}_n)$ を平均が事後モード $\hat{\boldsymbol{\theta}}_n$，共分散行列が $n^{-1}J_n^{-1}(\bar{\boldsymbol{\theta}}_n)$ の多変量正規分布で近似できる．また，観測データ数が十分に大きいときには事後モード $\hat{\boldsymbol{\theta}}_n$ と事後平均 $\bar{\boldsymbol{\theta}}_n$ は同じ値に収束するので結果的に

$$P_D \approx \mathrm{tr}\left\{J_n(\bar{\boldsymbol{\theta}}_n)V_n(\boldsymbol{\theta})\right\} \approx \mathrm{tr}\left\{I\right\} = p$$

が得られる．ここで p はパラメータ $\boldsymbol{\theta}$ の次元である．そのため，P_D はパラメータ $\boldsymbol{\theta}$ の次元に帰着する．Celeux et al. (2006) は，欠損値がある場合における DIC 適用について議論している．van der Linde (2005) は，DIC を変数選択問題に適用している．

最後に，DIC はデータに過適合したモデルを選択してしまう理論的な問題が Robert and Titterington (2002) に指摘されているため，その使用には注意が必要となる．

7.8 予測尤度に基づくモデル選択

伝統的ベイズ評価の枠組みにおいて，ベイズファクター はモデル評価の際に大きな役割を果たしていることは既述のとおりである．また，ベイズファクターは事前分布の設定によっては利用できないこともあるため，さまざまなベイズファクターの改良に関連する研究を 5.7 節で再検討した．

いま観測データ $\boldsymbol{X}_n = \{x_1, ..., x_n\}$ を N 個の観測データ集合 $\{\boldsymbol{X}_{n(k)}\}_{k=1}^N$ に分割するとする．ここで，$\sum_{k=1}^N n(k) = n$ とし，$n(k)$ は k 番目の観測データ集合に含まれるデータ数である．いま，$\boldsymbol{X}_{n(k)}$ を k 番目の観測データ集合，$\boldsymbol{X}_{-n(k)}$ を残りの観測データとする．このとき，統計量

$$\prod_{k=1}^N f(\boldsymbol{X}_{n(k)}|\boldsymbol{X}_{-n(k)}, M) \tag{7.16}$$

は，予測の観点から重要な評価基準である (Mukhopadhyaya et al. (2003), Eklund and Karlsson (2005), Ando and Tsay (2009))．ここで M は統計モ

デルとし,

$$f(\boldsymbol{X}_{n(k)}|\boldsymbol{X}_{-n(k)},M) = \int f(\boldsymbol{X}_{n(k)}|\boldsymbol{\theta},M)\pi(\boldsymbol{\theta}|\boldsymbol{X}_{-n(k)},M)d\boldsymbol{\theta}$$

は統計モデル M の下で得られる予測分布に対応している. 通常, 予測分布は解析的表現が得られないため, 漸近的手法, 計算機を援用した手法により数値近似される. 計算機を援用した場合, (7.16) 式は, マルコフ連鎖モンテカルロ法, 重点サンプリング法, 棄却サンプリング法, 重み付きブートストラップ法, ダイレクトモンテカルロ法等により計算される.

(7.16) 式は予測の観点から重要な評価基準であるものの, その実際の計算には, 部分集合へのデータの分割をどのようにするかという点や, 観測データ数が大きいときにかなりの計算時間が必要となる点などの問題がある. 近年, 情報量規準の枠組みを利用して, Ando and Tsay (2009) は, (7.16) 式の代わりに, 予測分布の期待対数尤度

$$\eta(M) \equiv \int \log f(\boldsymbol{z}_n|\boldsymbol{X}_n,M)g(\boldsymbol{z}_n)d\boldsymbol{z}_n \tag{7.17}$$

の最大化を考え, (7.17) 式は,

$$\eta(M) \approx \log f(\boldsymbol{X}_n|\boldsymbol{X}_n,M) - \frac{1}{2}\mathrm{tr}\left[J_n^{-1}(\hat{\boldsymbol{\theta}}_n)I_n(\hat{\boldsymbol{\theta}}_n)\right] \tag{7.18}$$

で近似できることを示した. ここで $f(\boldsymbol{X}_n|\boldsymbol{X}_n,M)$ は, 統計モデル M の予測分布に

$$f(\boldsymbol{z}_n|\boldsymbol{X}_n,M) = \int f(\boldsymbol{z}_n|\boldsymbol{\theta},M)\pi(\boldsymbol{\theta}|\boldsymbol{X}_n,M)d\boldsymbol{\theta}$$

観測データ $\boldsymbol{z}=\boldsymbol{X}_n$ を代入したもの, $\hat{\boldsymbol{\theta}}_n$ は,

$$\log f(\boldsymbol{X}_n|\boldsymbol{\theta},M) + \frac{1}{2}\log\pi(\boldsymbol{\theta})$$

のモード, $p\times p$ 次元行列 $I_n(\boldsymbol{\theta})$, $J_n(\boldsymbol{\theta})$ は

$$I_n(\boldsymbol{\theta}) = \frac{1}{n}\sum_{\alpha=1}^{n}\left\{\frac{\partial\log\zeta(x_\alpha|\boldsymbol{\theta})}{\partial\boldsymbol{\theta}}\frac{\partial\log\zeta(x_\alpha|\boldsymbol{\theta})}{\partial\boldsymbol{\theta}^T}\right\},$$

$$J_n(\boldsymbol{\theta}) = -\frac{1}{n}\sum_{\alpha=1}^{n}\left\{\frac{\partial^2\log\zeta(x_\alpha|\boldsymbol{\theta})}{\partial\boldsymbol{\theta}\partial\boldsymbol{\theta}^T}\right\}$$

で与えられる．ただし，$\log \zeta(x_\alpha|\boldsymbol{\theta}) = \log f(x_\alpha|\boldsymbol{\theta}, M) + \log \pi(\boldsymbol{\theta})/(2n)$ である．この規準を利用することで，(7.16) 式を計算する際の問題点を回避することができる．(7.18) 式を最大化するようなモデルを適切なモデルとして選択すればよい．この手法を，予測尤度に基づくモデル選択という．

さらに，事前分布が $\log \pi(\boldsymbol{\theta}) = O_p(1)$ を満たし，設定した統計モデル $f(x|\boldsymbol{\theta}, M)$ が真のモデル $g(x)$ を含む場合，予測分布に対する期待対数尤度の推定量 (7.18) 式は，

$$\eta(M) \approx \log f(\boldsymbol{X}_n|\boldsymbol{X}_n, M) - \frac{p}{2} \tag{7.19}$$

となることも示されている．この場合，モデル評価基準の計算が非常に簡単となる．

7.9 さまざまなベイズモデル評価基準

本章で紹介した以外にもさまざまなベイズモデルの評価基準が提案されている．例えば，Konishi and Kitagawa (1996) は一般化情報量規準を，Kitagawa (1997) は予測情報量規準を提案している．Gelfand and Ghosh (1998) は，真のモデルを観測データから構成された予測分布と仮定し，ベイズモデルの評価をおこなっている．

8

モデルアベレージング

 前章までは，モデル評価基準を利用して競合モデル $M_1, ..., M_r$ のなかから一つの統計モデルの選択をおこなってきた．しかしながら，モデル選択にも不確実性が含まれており，この不確実性を取り扱う手法にモデルアベレージングがある．Leamer (1978) 以降，さまざまなモデルアベレージングの理論研究 (Madigan and Raftery (1994), Raftery et al. (1997), Hoeting et al. (1999), Fernandez et al. (2001), Clyde and George (2004)) がなされており，またさまざまな応用研究がある．例えば，為替レート予測 (Wright (2008))，資産運用 (Ando (2009b)) などがある．モデルアベレージングの教科書としては，Claeskens and Hjort (2008) が挙げられる．

8.1 ベイズモデルアベレージング

 いま，r 個の統計モデル $M_1, ..., M_r$ を考える．前章において，統計モデル M_k の事後確率は

$$P(M_k|\boldsymbol{X}_n) = \frac{P(M_k)\int f_k(\boldsymbol{X}_n|\boldsymbol{\theta}_k)\pi_k(\boldsymbol{\theta}_k)d\boldsymbol{\theta}_k}{\sum_{j=1}^{r} P(M_\alpha)\int f_j(\boldsymbol{X}_n|\boldsymbol{\theta}_j)\pi_j(\boldsymbol{\theta}_j)d\boldsymbol{\theta}_j}$$

で与えられた．

 ベイズモデルアベレージング (Raftery et al. (1997), Hoeting et al. (1999)) においては，将来のデータ z に対する予測分布 $f(z|\boldsymbol{X}_n)$ は

$$f(z|\boldsymbol{X}_n) = \sum_{j=1}^{r} P(M_j|\boldsymbol{X}_n) f_j(z|\boldsymbol{X}_n) \tag{8.1}$$

で与えられる．ここで

$$f_j(z|\boldsymbol{X}_n) = \int f_j(z|\boldsymbol{\theta}_j) \pi_j(\boldsymbol{\theta}_j|\boldsymbol{X}_n) d\boldsymbol{\theta}_j, \quad j = 1, ..., r$$

とする．すなわち，予測分布 $f(z|\boldsymbol{X}_n)$ は，それぞれのモデルの予測分布をそのモデルの事後確率で重みつけた加重和で与えられる．

一般に Δ を関心がある量とする．いま，予測分布を構成したように，ベイズモデルアベレージングから導かれる，平均，分散は以下で与えられる．

$$E[\Delta|\boldsymbol{X}_n] = \sum_{j=1}^{r} P(M_j|\boldsymbol{X}_n) \Delta_j,$$
$$\mathrm{Var}[\Delta|\boldsymbol{X}_n] = \sum_{j=1}^{r} \left[\mathrm{Var}[\Delta_j|\boldsymbol{X}_n, M_j] + \Delta_j^2 \right] P(M_j|\boldsymbol{X}_n) - E[\Delta|\boldsymbol{X}_n]^2.$$

ここで，

$$\Delta_j = E[\Delta_j|\boldsymbol{X}_n, M_j], \quad j = 1, ..., r.$$

周辺尤度 $P(\boldsymbol{X}_n|M_k) = \int f_k(\boldsymbol{X}_n|\boldsymbol{\theta}_k) \pi_k(\boldsymbol{\theta}_k) d\boldsymbol{\theta}_k$ が解析的に与えられ，アベレージする統計モデルの数が少ない場合，モデルの事後確率の $P(M_k|\boldsymbol{X}_n)$ は容易に計算される．また，周辺尤度の解析的表現が与えられていない場合にも計算機を援用して計算すればよい．しかし，アベレージする統計モデルの数が非常に多い場合には，事後確率の計算時間が膨大になる．そのような場合にはリバーシブルジャンプマルコフ連鎖モンテカルロ法 (Green (1995)) などでモデルの事後確率を直接計算する必要があるであろう．

8.2 オッカムの剃刀

モデルをアベレージングする場合，いくつかの統計モデルについては以下の理由によりアベレージングから取り除く場合が多い (Madigan and Raftery (1994))．取り除く1つ目としては，予測能力が低い統計モデルである．取り除

く2つ目としては，その統計モデルよりもシンプルな統計モデルのほうが，予測能力が高い場合である．この手法を，オッカムの剃刀と呼ぶ．

いま，アベレージングに取り込む統計モデルのセットを R，取り込まない統計モデルのセットを Q とする．アベレージングに取り込む統計モデルのセットの初期状態は，$R_0 = \{M_1, ..., M_r\}$ で，このセットから上述の理由に基づき余分な統計モデルのセットを除外する．

まず，周辺尤度を最大とするモデル M_k s.t $P(M_k|\boldsymbol{X}_n) = \mathrm{argmax}_j P(M_j|\boldsymbol{X}_n)$ と特定し，ある定数 C に対して，予測能力が低い統計モデル

$$Q_1 = \left\{ M_j; \frac{P(M_k|\boldsymbol{X}_n)}{P(M_j|\boldsymbol{X}_n)} \geq C \right\}$$

を R_0 から取り除く．定数 C の値としては，$C = 20$ などをとる場合が多いようである．また，定数 C の値を予測の観点から最適化することも可能である (Ando (2008b))．予測能力が低い統計モデルを取り除いた後，$R_1 = \{M_j; M_j \notin Q_1\}$ を得る．

次に，それぞれの統計モデル $M_j \in R_1$ に対して，その統計モデルよりもシンプルなモデル $M_l \subset M_j$ でかつ $\pi(M_l|\boldsymbol{X}_n)/\pi(M_j|\boldsymbol{X}_n) \geq 1$ を満たす統計モデル M_l が存在する場合，統計モデル M_j は除外される．その結果 R_1 から

$$Q_2 = \left\{ M_j; M_l \subset M_j, M_j, M_l \in R_1, \frac{P(M_l|\boldsymbol{X}_n)}{P(M_j|\boldsymbol{X}_n)} \geq 1 \right\}$$

を取り除き，$R_2 = \{M_j; M_j \in R_1, M_j \notin Q_2\}$ を得る．その結果，予測分布は

$$f(z|\boldsymbol{X}_n) = \sum_{M_j \in R_2} P(M_j|\boldsymbol{X}_n) f_j(z|\boldsymbol{X}_n)$$

として与えられる．

8.3 線形回帰モデルのアベレージング

線形回帰モデルを考える．

$$\boldsymbol{y}_n = \boldsymbol{X}_{jn} \boldsymbol{\beta}_j + \boldsymbol{\varepsilon}_{jn}.$$

ここで y_n は $n \times 1$ 次元ベクトル X_{jn} は $n \times p_j$ 次元計画行列 β_j は $p_j \times 1$ パラメータベクトルである．また，ε_{jn} は正規分布に従う誤差項である．

Fernandez et al. (2001)，Wright (2008) は，パラメータ β_j に自然共役事前分布，$N(\mathbf{0}, \phi\sigma_j^2(X_{jn}^T X_{jn})^{-1})$ を，分散パラメータ σ_j^2 には $\pi(\sigma_j^2) \propto 1/\sigma_j^2$ を設定した．

いま $\theta_j = (\beta_j^T, \sigma_j)^T$ とすると，Wright (2008) は，統計モデル M_j の周辺尤度は

$$P(y_n|M_j) = \int f_j(y_n|X_{jn},\theta_j)\pi_j(\theta_j)d\theta_j \propto \frac{1}{2}\frac{\Gamma(n/2)}{\pi^{\frac{n}{2}}}(1+\phi)^{-\frac{p_j}{2}}S_j^{-n}$$

と解析的に与えられることを利用して，ベイズモデルのアベレージングをおこなっている．ここで

$$S_j^2 = y_n^T y_n - \frac{\phi}{1+\phi}y_n^T X_{jn}(X_{jn}^T X_{jn})^{-1}X_{jn}^T y_n$$

である．

いま，モデルの事前確率を $P(M_k) = 1/r, k = 1, ..., r$ とすると，統計モデル M_k の事後確率は

$$P(M_k|y_n) = \frac{(1+\phi)^{-p_k}S_k^{-n}}{\sum_{j=1}^{r}(1+\phi)^{-p_j}S_j^{-n}}, \quad k = 1, ..., r$$

で与えられる．オッカムの剃刀を利用する場合，予測に有用な統計モデルの重み付き線形和によりモデルを構築することとなる．

8.4 さまざまなモデルアベレージング法

前節までは，周辺尤度に基づいたモデルアベレージング法を紹介した．既述のとおり，モデルアベレージングにより予測分布を構成する場合には，それぞれの統計モデルに基づく予測分布 $f_j(z|X_n)$ をモデルの事後確率 $P(M_j|X_n)$ で重みづけた線形和 $f(z|X_n) = \sum_{j=1}^{r} P(M_j|X_n)f_j(z|X_n)$ を考えた．ここで $\sum_{j=1}^{r} P(M_j|X_n) = 1$ に注意すると，$P(M_j|X_n)$ はそれぞれの統計モデルに

対する重要度と考えることができ，さまざまな重みの取り方が提案されている．

8.4.1 AIC の 利 用

統計モデル $f(\boldsymbol{X}_n|\boldsymbol{\theta}_j, M_j)$ が最尤法で推定されているとする．このとき，統計モデル M_j に基づく予測分布は，$f(\boldsymbol{z}|\widehat{\boldsymbol{\theta}}_{j,\mathrm{MLE}}, M_j)$ である．ここで $\widehat{\boldsymbol{\theta}}_{j,\mathrm{MLE}}$ は最尤推定量とする．Akaike (1979) は，AIC をそれぞれの統計モデルへの重要度と考え，以下の重みを提案している．

$$w(M_j) = \frac{\exp\left\{-0.5\left(\mathrm{AIC}_j - \mathrm{AIC}_{\min}\right)\right\}}{\sum_{k=1}^{r} \exp\left\{-0.5\left(\mathrm{AIC}_k - \mathrm{AIC}_{\min}\right)\right\}}.$$

ここで $\mathrm{AIC}_{\min}$ は最小 AIC の値である．また，Hansen (2007, 2008) は C_p 基準 (Mallows (1973)) の利用を提案している．

8.4.2 BIC の 利 用

統計モデル $f(\boldsymbol{X}_n|\boldsymbol{\theta}_j, M_j)$ が最尤法で推定されている場合，AIC と同様，BIC をそれぞれの統計モデルの重要度とすることもできる

$$w(M_j) = \frac{\exp\left\{-0.5\left(\mathrm{BIC}_j - \mathrm{BIC}_{\min}\right)\right\}}{\sum_{k=1}^{r} \exp\left\{-0.5\left(\mathrm{BIC}_k - \mathrm{BIC}_{\min}\right)\right\}}.$$

ここで $\mathrm{BIC}_{\min}$ は最小 BIC の値である．AIC, BIC を利用する利点としては，それぞれの重み $w(M_j)$ の計算を容易に実行できる点にある．

8.4.3 予測尤度の利用

Ando and Tsay (2009) は，(7.18) 式，もしくは (7.19) 式で与えられる予測分布の期待対数尤度

$$w(M_j) = \frac{\exp\left\{\eta(M_j) - \eta_{\max}\right\} P(M_j)}{\sum_{k=1}^{r} \exp\left\{\eta(M_k) - \eta_{\max}\right\} P(M_k)}, \quad j = 1, ..., J$$

をモデルアベレージングに提案している．ここで $\eta_{\max}$ は，(7.18) 式，もしくは (7.19) 式を利用して得られる予測分布の期待対数尤度の最大値である．

文 献

Aitkin, M. (1991). Posterior Bayes factor (with discussion). *Journal of the Royal Statistical Society*, **B 53**, 111–142.

Akaike, H. (1973). Information theory and an extension of the maximum likelihood principle. 2nd International Symposium in Information Theory. In *Akademiai Kiado* (eds Petrov, B. N. and Csaki, F), 267–281.

Akaike, H. (1974). A new look at the statistical model identification. *IEEE Transactions on Automatic Control*, **19**, 716–723.

Akaike, H. (1979). A Bayesian extension of the minimum AIC procedure of autoregressive model fitting. *Biometrika*, **66**, 237–242.

Albert, J. (2007). Bayesian Computation with R. Springer.

Albert, J. H. and Chib, S. (1993). Bayesian analysis of binary and polychotomous response data. *Journal of the American Statistical Association*, **88**, 669–679.

Alpaydin, E. and Kaynak, C. (1998). Cascading classifiers. *Kybernetika*, **34**, 369–374.

Ando, T. (2006). Bayesian inference for nonlinear and non-Gaussian stochastic volatility model with leverage effect. *Journal of the Japan Statistical Society*, **36**, 173–197.

Ando, T. (2007). Bayesian predictive information criterion for the evaluation of hierarchical Bayesian and empirical Bayes models. *Biometrika*, **94**, 443–458.

Ando, T. (2008a). Measuring the sales promotion effect and baseline sales for incense products: a Bayesian state space modeling approach. *Annals of the Institute of Statistical Mathematics*, **60**, 763–780.

Ando, T. (2008b). Bayesian model averaging and Bayesian predictive information criterion for model selection. *Journal of the Japan Statistical Society*, **38**, 243–257.

Ando, T., Konishi, S. and Imoto, S. (2008). Nonlinear regression modeling via regularized radial basis function networks. *Journal of Statistical Planning and Inference*, **138**, 3616–3633.

Ando, T. (2009a). Bayesian factor analysis with fat-tailed factors and its exact marginal likelihood. *Journal of Multivariate Analysis*, **100**, 1717–1726.

Ando, T. (2009b). Bayesian portfolio selection using multifactor model. *International Journal of Forecasting*, **25**, 550–566.

Ando, T. (2009c). Bayesian inference for the hazard term structure with functional predictors using Bayesian predictive information criterion. *Computational Statistics and Data Analysis*, **53**, 1925–1939.

文 献

Ando, T. and Konishi, S. (2009). Nonlinear logistic discrimination via regularized radial basis functions for classifying high-dimensional data. *Annals of the Institute of Statistical Mathematics*, **61**, 331–353.

Ando, T. and Tsay, R. (2009). Predictive marginal likelihood for the Bayesian model selection and averaging. *International Journal of Forecasting*, in press.

Barndorff-Nielsen, O. E. and Cox, D. R. (1989). *Asymptotic Techniques for Use in Statistics*. Chapman and Hall.

Bauwens, L., Lubrano M. and Richard, J. F. (1999). *Bayesian Inference in Dynamic Econometric Models*. Oxford University Press.

Berg, A., Meyer, R. and Yu, J. (2004). Deviance information criterion comparing stochastic volatility models. *Journal of Business and Economic Statistics*, **22**, 107–120.

Berger, J. O. (1985). *Statistical Decision Theory and Bayesian Analysis*. Springer.

Berger, J. O. and Pericchi, L. R. (1996). The intrinsic Bayes factor for linear models. In *Bayesian Statistics 5* (eds Bernardo, J. M., Berger, J. O., Dawid, A. P. and Smith, A. F. M.), 25–44, Oxford: Oxford University Press.

Berger, J. O. and Pericchi, L. R. (1998). Accurate and stable Bayesian model selection: The median intrinsic Bayes factor. *Sankhyā*, **B 60**, 1–18.

Bernardo, J. and Smith, A. F. M. (1994). *Bayesian theory*. John Wiley.

Box, G. E. P. (1976). Science and statistics. *Journal of the American Statistical Association*, **71**, 791–799.

Box, G. E. P. and Tiao, G. C. (1973). *Bayesian Inference in Statistical Analysis*. Addison-Wesley.

Brooks, S. P. and Gelman, A. (1997). General methods for monitoring convergence of iterative simulations. *Journal of Computational and Graphical Statistics*, **7**, 434–455.

Candes, E. and Tao, T. (2007). The dantzig selector: Statistical estimation when p is much larger than n. *Annals of Statistics*, **35**, 2313–2351.

Carlin, B. P. and Chib, S. (1995). Bayesian Model choice via Markov chain Monte Carlo methods. *Journal of the Royal Statistical Society*, **B 57**, 473–484.

Carlin, B. and Louis, T. (1996). Bayes and empirical Bayes methods for data analysis. Chapman and Hall.

Celeux, G., Forbes, F., Robert, C. and Titterington, D. M. (2006). Deviance information criteria for missing data models. *Bayesian Analysis*, **1**, 651–674.

Chen, M.-H., Shao, Q.-M. and Ibrahim, J. G. (2000). *Monte Carlo Methods in Bayesian Computation*. Springer-Verlag.

Chib, S. (1995). Marginal Likelihood from the Gibbs output. *Journal of the American Statistical Association*, **90**, 1313–1321.

Chib, S. and Jeliazkov, I. (2001). Marginal likelihood from the Metropolis-Hastings output. *Journal of the American Statistical Association*, **96**, 270–281.

Claeskens, G. and Hjort, N. L. (2008). *Model Selection and Model Averaging*. Cambridge University Press.

Clarke, B. S. and Barron, A. R. (1994). Jeffreys' proir is asmptotically least favorable under entropy risk. *Journal of Statistical Planning and Inference*, **41**, 37–40.

Clyde, M. and George, E. I. (2004). Model uncertainty. *Statistical Science*, **19**, 81–94.
Congdon, P. (2001). *Bayesian Statistical Modeling*. Wiley.
Congdon, P. (2007). *Applied Bayesian Models*. John Wiley & Sons.
Cox, D. R. (1972). Regression models and life-tables. *Journal of the Royal Statistical Society*, **B 34**, 187–220.
Cox, D. R. and Hinkley, D.V. (1974). Theoretical Statistics. Chapman and Hall.
Davison, A. C. (1986). Approximate predictive likelihood. *Biometrika*, **73**, 323–332.
de Boor, C. (1978). *A Practical Guide to Splines*. Springer.
Denison, D. G. T., Holmes, C. C., Mallick, B. K. and Smith, A. F. M. (2002). *Bayesian Methods for Nonlinear Classification and Regression*. Wiley.
DiCiccio, T. J., Kass, R. E., Raftery, A. E. and Wasserman, L. (1997). Computing Bayes factors by combining simulation and asymptotic approximations. *Journal of the American Statistical Association*, **92**, 903–915.
Dickey, J. (1971). The weighted likelihood ratio, linear hypotheses on normal location parameters. *The Annals of Statistics*, **42**, 204–223.
Eilers, P. H. C. and Marx, B. D. (1996). Flexible smoothing with B-splines and penalties (with discussion). *Statistical Science*, **11**, 89–121.
Eilers, P. H. C. and Marx, B. D. (1998). Direct generalized additive modeling with penalized likelihood. *Computational Statistics and Data Analysis*, **28**, 193–209.
Efron, B., Hastie, T., Johnstone, I. and Tibshirani, R. (2004). Least angle regression. *Annals of Statistics*, **32**, 407–499.
Eklund, J. and Karlsson, S. (2005). Forecast combination and model averaging using predictive measures. *Sveriges Riskbank Working Paper*, **191**.
Fama, E. and French, K. (1993). Common risk factors in the returns on stocks and bonds. *Journal of Financial Economics*, **33**, 3–56.
Fernandez, C., Ley, E. and Steel, M. F. J. (2001). Benchmark priors for Bayesian model averaging. *Journal of Econometrics*, **100**, 381–427.
Friedman, J. H. (1991). Multivariate adaptive regression splines (with discussion). *Annals of Statistics*, **19**, 1–141.
Gamerman, D. and Lopes, H. F. (2006). *Markov Chain Monte Carlo: Stochastic Simulation for Bayesian Inference* (2nd edition). Chapman and Hall/CRC.
Gelfand, A. E. and Dey, D. K. (1994). Bayesian model choice: Asymptotics and exact calculations. *Journal of the Royal Statistical Society*, **B 56**, 510–514.
Gelfand, A. E. and Ghosh, S. K. (1998). Model choice: a minimum posterior predictive loss approach. *Biometrika*, **85**, 1–11.
Gelfand, A. E., Dey, D. K. and Chang, H. (1992). Model determination using predictive distributions with implementation via sampling-based methods (with discussion). In *Bayesian Statistics 4* (eds Bernardo, J. M., Berger, J. O., Dawid A. P. and Smith, A. F. M.), 147-167. Oxford University Press.
Gelman, A. and Meng, X. L. (1998). Simulating normalizing constants: From importance sampling to bridge sampling to path sampling. *Statistical Science*, **13**, 163–185.
Gelman, A. and Rubin, D. B. (1992). Inference from iterative simulation using multiple

sequences. *Statistical Science*, **7**, 457–511.

Gelman, A., Carlin, B., Stern, S. and Rubin, B. (1995). *Bayesian Data Analysis*. Chapman and Hall/CRC.

Geman, S. and Geman, D. (1984). Stochastic relaxation, Gibbs distributions, and the Bayesian restoration of images. *IEEE Transactions on Pattern Analysis and Machine Intelligence*, **6**, 721–741.

George, E. I. and McCulloch, R. E. (1993). Variable selection via Gibbs sampling. *Journal of the American Statistical Association*, **88**, 881–889.

Geweke, J. F. (1989). Bayesian inference in econometric models using Monte Carlo integration. *Econometrica*, **57**, 1317–1339.

Geweke, J. F. (1992). Evaluating the accuracy of sampling-based approaches to calculating posterior moments. In *Bayesian Statistics 4*. (eds Bernado, J. M. et al.), 169–193, Clarendon Press.

Geweke, J. F. (2005). Contemporary Bayesian Econometrics and Statistics. Wiley, New York.

Gilks, W. R., Richardson, S. and Spiegelhalter, D. J. (eds) (1996). *Markov Chain Monte Carlo in Practice*. Chapman and Hall.

Green, P. (1995). Reversible jump Markov chain Monte Carlo computation and Bayesian model determination. *Biometrika*, **82**, 711–732.

Green, P. J. and Silverman, B. W. (1994). *Nonparametric Regression and Generalized Liner Models*. Chapman and Hall/CRC.

Green, P. J. and Yandell, B. (1985). Semi-parametric generalized linear models. In *Generalized Linear Models: Lecture Notes in Statistics 32* (eds Gilchrist, R., Francis, B. J. and Whittaker, J.), 44–55, Springer.

Hansen, B. E. (2007). Least Squares Model Averaging. *Econometrica*, **75**, 1175–1189.

Hansen, B. E. (2008). Least Squares Forecast Averaging. *Journal of Econometrics*, **146**, 342–350.

Hastie, T. and Tibshirani, R. (1990). *Generalized Additive Models*. Chapman and Hall/CRC.

Hastie, T., Tibshirani, R. and Buja, A. (1994). Flexible discriminant analysis by optimal scoring. *Journal of the American Statistical Association*, **89**, 1255–1270.

Hastings, W. K. (1970). Monte Carlo sampling methods using Markov chains and their application. *Biometrika*, **57**, 97–100.

Hoeting, J., Madigan, D., Raftery, A. and Volinsky, C. (1999). Bayesian model averaging, *Statistical Science*, **14**, 382–401.

Hosmer, D. W. and Lemeshow, S. (1989). *Applied Logistic Regression*. Wiley-Interscience.

Hurvich, C. M., Simonoff, J. S. and Tsai, C.-L. (1998). Smoothing parameter selection in nonparametric regression using an improved Akaike information criterion. *Journal of the Royal Statistical Society*, **B 60**, 271–293.

Ibrahim, J. G., Chen, M. H. and Sinha, D. (2007). *Bayesian Survival Analysis*. Springer-Verlag.

Jeffreys, H. (1946). An invariant form for the prior probability in estimation problems. *Proceedings of the Royal Society of London*, **A 196**, 453–461.
Jeffreys, H. (1961). *Theory of Probability*. Oxford University Press.
Kadane, J. B. and Lazar, N. A. (2004). Methods and criteria for model selection. *Journal of the American Statistical Association*, **99**, 279–290.
Kass, R. E. and Raftery, A. (1995). Bayes factors. *Journal of the American Statistical Association*, **90**, 773–795.
Kass, R. E. and Wasserman, L. (1995). A reference Bayesian test for nested hypotheses and its relationship to the Schwarz criterion. *Journal of the American Statistical Association*, **90**, 928–934.
Kass, R. E., Tierney, L. and Kadane, J. B. (1990). The validity of posterior expansions based on Laplace's method. In *Essays in Honor of George Barnard* (eds Geisser, S., Hodges, J. S., Press, S. J. and Zellner, A.), 473–488, North-Holland.
Kim, C. J. and Nelson, C. R. (1999). *State-Space Models with Regime Switching: Classical and Gibbs Sampling Approaches with Applications*. The MIT Press.
Kim, S., Shephard, N. and Chib, S. (1998). Stochastic volatility: Likelihood inference comparison with ARCH models. *Review of Economic Studies*, **65**, 361–393.
Kitagawa, G. (1987). Non-Gaussian state-space modeling of nonstationary time series. *Journal of the American Statistical Association*, **82**, 1032–1063.
Kitagawa, G. (1996). Monte Carlo filter and smoother for Gaussian nonlinear state space models. *Journal of Computational and Graphical Statistics*, **5**, 1–25.
Kitagawa, G. (1997). Information criteria for the predictive evaluation of Bayesian models. *Communications in Statistics, Theory and Methods*, **26**, 2223–2246.
Kitagawa, G. and Gersch, W. (1996). *Smoothness Proirs Analysis of Time Series: Lecture Notes in Statistics 116*, Springer.
Konishi, S. and Kitagawa, G. (1996). Generalised information criteria in model selection. *Biometrika*, **83**, 875–890.
Konishi, S. and Kitagawa, G. (2008). *Information Criteria and Statistical Modeling*. Springer.
Konishi, S., Ando, T. and Imoto, S. (2004). Bayesian information criteria and smoothing parameter selection in radial basis function networks. *Biometrika*, **91**, 27-43.
Koop, G. (2003). *Bayesian Econometrics*. Wiley.
Koop, G., Poirier, D. J. and Tobias, J. L. (2007). *Bayesian Econometric Methods*. Cambridge University Press.
Kullback, S. and Leibler, R. A. (1951). On information and sufficiency. *Annals of Mathematical Statistics*, **22**, 79–86.
Lancaster, T. (2004). *An Introduction to Modern Bayesian Econometrics*. Blackwell Publishing.
Leamer, E. E. (1978). *Specification Searches: Ad Hoc Inference with Non-Experimental Data*. Wiley.
Lee, P. M. (2004). *Bayesian Statistics – An Introduction*. Arnold.
Lee, S.-Y. (2007). *Structural Equation Modelling: A Bayesian Approach*. John Wiley

& Sons.

Lewis, S. M. and Raftery, A. E. (1997). Estimating Bayes factors via posterior simulation with the Laplace-Metropolis estimator. *Journal of the American Statistical Association*, **92**, 648–655.

Liu, J. S. (1994). *Monte Carlo Strategies in Scientific Computing*. Springer.

Lopes, H. F. and West, M. (2004). Bayesian model assessment in factor analysis. *Statistica Sinica*, **14**, 41–67.

Madigan, D. and Raftery, A. E. (1994). Model selection and accounting for model uncertainty in graphical models using Occam's window. *The Journal of the American Statistical Association*, **89**, 1535–1546.

Mallows, C. L. (1973). Some comments on C_p. *Technometrics*, **15**, 661–675.

Markowitz, H. (1952). Portfolio selection. *Journal of Finance*, **7**, 77–91.

McCulloch, R. E. and Rossi, P. E. (1992). Bayes factors for nonlinear hypotheses and likelihood distributions. *Biometrika*, **79**, 663–676.

Meng, X. L. and Wong, W. H. (1996). Simulating ratios of normalizing constants via a simple identity: A theoretical exploration. *Statistica Sinica*, **6**, 831–860.

Metropolis, N., Rosenbluth, A. W., Rosenbluth, M. N., Teller, A. H. and Teller, E. (1953). Equations of state calculations by fast computing machine. *Journal of Chemical Physics*, **21**, 1087–1092.

Mukhopadhyaya, N., Ghosh, J. K. and Berger, J. O. (2003). Some Bayesian predictive approaches to model selection. *Statistics and Probability Letters*, **73**, 369–379.

Newton, M. A. and Raftery, A. E. (1994). Approximate Bayesian inference by the weighted likelihood bootstrap (with discussion). *Journal of the Royal Statistical Society*, **B 56**, 3–48.

O'Hagan, A. (1995). Fractional Bayes factors for model comparison (with discussion). *Journal of the Royal Statistical Society*, **B 57**, 99–138.

O'Hagan, A. (1997). Properties of intrinsic and fractional Bayes factors. *Test*, **6**, 101–118.

O'Sullivan, F., Yandell, B. S. and Raynor, W. J. (1986). Automatic smoothing of regression functions in generalized linear models. *Journal of the American Statistical Association*, **81**, 96–103.

Park, T. and Casella, G. (2008). The Bayesian lasso. *Journal of the American Statistical Association*, **103**, 681–686.

Pauler, D. (1998). The Schwarz criterion and related methods for normal linear models. *Biometrika*, **85**, 13–27.

Percy, D. F. (1992). Predictions for seemingly unrelated regressions, *Journal of the Royal Statistical Society*, **B 54**, 243–252.

Perez, J. M. and Berger, J. O. (2002). Expected-posterior prior distributions for model selection. *Biometrika*, **89**, 491–512.

Pitt, M. and Shephard, N. (1999). Filtering via simulation: Auxiliary particle filter. *Journal of the American Statistical Association*, **94**, 590–599.

Pole, A., West, M. and Harrison (2007). *Applied Bayesian Forecasting and Time Series*

Analysis. Chapman and Hall.
Press, S. J. (2003). *Subjective and Objective Bayesian Statistics: Principles, Models, and Applications.* Wiley.
Raftery, A. E. and Lewis, S. M. (1992). One long run with diagnostics: Implementation strategies for Markov chain Monte Carlo. *Statistical Science*, **7**, 493–497.
Raftery, A. E., Madigan, D. and Hoeting, J. A.(1997). Bayesian model averaging for linear regression models. *Journal of the American Statistical Association* **92**, 179–191.
Ramsay, J. O. and Silverman, B. W. (1997). *Functional Data Analysis.* Springer, New York.
Richard, J. F. and Steel, M. F. J. (1988). Bayesian analysis of systems of seemingly unrelated regression equations under a recursive extended natural conjugate prior density. *Journal of Econometrics*, **38**, 7–37.
Ripley, B. D. (1987). *Stochastic Simulation.* Wiley.
Ripley, B. D. (1996). *Pattern Recognition and Neural Networks.* Cambridge University Press.
Robert, C. (2001). *Bayesian Choice* (2nd edition). Springer–Verlag.
Robert, C. P. and Titterington, D. M. (2002). Discussion of a paper by D. J. Spiegelhalter, et al. *Journal of the Royal Statistical Society*, **B 64**, 621–622.
Rossi, P., Allenby, G. and McCulloch, R. (2005). *Bayesian Statistics and Marketing.* John Wiley & Sons.
Santis, F. D. and Spezzaferri, F. (2001). Consistent fractional Bayes factor for nested normal linear models. *Journal of Statistical Planning and Inference*, **97**, 305–321.
Schwarz, G. (1978). Estimating the dimension of a model. *Annals of Statistics*, **6**, 461–464.
Seber, G. A. F. (1984). *Multivariate Observations.* Wiley.
Sharpe, W. F. (1964). Capital asset prices: A theory of market equilibrium under conditions of risk. *Journal of Finance*, **19**, 425–442.
Sivia, D. S. (1996). *Data Analysis: A Bayesian Tutorial.* Oxford University Press.
Smith, M. and Kohn, R. (1996). Nonparametric regression using Bayesian variable selection. *Journal of Econometrics* **75**, 317–343.
Smith, A. F. M. and Gelfand, A. E. (1992). Bayesian statistics without tears: a sampling-resampling perspective. *American Statistician*, **46**, 84–88.
Spiegelhalter, D. J., Best, N. G., Carlin, B. P. and van der Linde, A. (2002). Bayesian measures of model complexity and fit (with discussion and rejoinder), *Journal of the Royal Statistical Society*, **B 64**, 583–639.
Takeuchi, K. (1976). Distribution of information statistics and criteria for adequacy of models (*in Japanese*). *Mathematical Sciences.* **153**, 12–18.
Tibshirani, R. (1996). Regression shrinkage and selection via the lasso. *Journal of the Royal Statistical Society Series*, **B 58**, 267–288.
Tierney, L. (1994). Markov chains for exploring posterior distributions (with discussion). *Annals of Statistics*, **22**, 1701–1762.
Tierney, L. and Kadane, J. B. (1986). Accurate approximations for posterior moments

and marginal densities. *Journal of the American Statistical Association*, **81**, 82–86.

Tierney, L., Kass, R. E. and Kadane, J. B. (1989). Fully exponential Laplace approximations to expectations and variances of nonpositive functions. *Journal of the American Statistical Association*, **84**, 710–716.

van der Linde, A. (2005). DIC in variable selection. *Statistica Neerlandica*, **59**, 45–56.

van Dyk, D. A. and Meng, X. L. (2001). The art of data augmentation. *Journal of Computational and Graphical Statistics*, **10**, 1–50.

Verdinelli, I. and Wasserman, L. (1995). Computing Bayes factor using a generalization of the Savage-Dickey density ratio. *Journal of the American Statistical Association*, **90**, 614–618.

Wasserman, L. (2000). Bayesian model selection and model averaging. *Journal of Mathematical Psychology*, **44**, 92–107.

White, H. (1982). Maximum Likelihood Estimation of Misspecified Models. *Econometrica*, **50**, 1–25.

Wright, J. H. (2008). Bayesian model averaging and exchange rate forecasts. *Journal of Econometrics*, **146**, 329–341.

Zellner, A. (1962). An efficient method of estimating seemingly unrelated regression equations and tests for aggregation bias. *Journal of the American Statistical Association*, **57**, 348–368.

Zellner, A. (1971). *An Introduction to Bayesian Inference and Econometrics*. Wiley.

Zellner, A. and Min, C. K. (1995). Gibbs sampler convergence criteria. *Journal of the American Statistical Association*, **90**, 921–927.

Zou, H. (2006). The adaptive lasso and its oracle properties. *Journal of the American Statistical Association*, **101**, 1418–1429.

阿部　誠・近藤文代 (2005). マーケティングの科学――POS データの解析（予測と発見の科学 3），朝倉書店.

石黒真木夫ほか (2004). 階層ベイズモデルとその周辺――時系列・画像・認知への応用（統計科学のフロンティア 4），岩波書店.

伊庭幸人 (2003). ベイズ統計と統計物理，岩波書店.

伊庭幸人ほか (2005). 計算統計 II――マルコフ連鎖モンテカルロ法とその周辺（統計科学のフロンティア 12），岩波書店.

小西貞則・北川源四郎 (2004). 情報量規準，朝倉書店.

繁桝算男 (1985). ベイズ統計入門，東京大学出版会.

津田博史・中妻照雄・山田雄二編 (2008). ベイズ統計学とファイナンス，朝倉書店.

照井伸彦 (2008). ベイズモデリングによるマーケティング分析，東京電機大学出版局.

豊田秀樹編著 (2008). マルコフ連鎖モンテカルロ法．朝倉書店.

中妻照雄 (2003). ファイナンスのための MCMC 法によるベイズ分析，三菱経済研究所.

中妻照雄 (2007). 入門ベイズ統計学，朝倉書店.

古谷知之 (2008). ベイズ統計データ分析，朝倉書店.

和合　肇編著 (2005). ベイズ計量経済分析――マルコフ連射モンテカルロ法とその応用，東洋経済新報社.

渡部　洋 (1999). ベイズ統計学入門，福村出版.

索　引

ア　行

一様分布　29
一般化状態空間モデル　149

打ち切りコーシー分布　152
打ち切りステューデント t 分布　152
打ち切り正規分布　152

L_1 罰則付き二乗誤差　80

O-リング故障データ　98
オッカムの剃刀　174
重み付きブートストラップ　84

カ　行

階層モデル　79
価格弾力性　22
可逆性条件　133
拡張ベイズ情報量規準　101, 108, 111
過剰適合　41, 43
カーネル推定量に基づく周辺尤度の評価法　134
加法モデル　104
カルバック–ライブラー情報量　7
ガンマ関数　29
ガンマ分布　49, 81

CAPM　23
棄却サンプリング　83
ギブスサンプリング法　63
ギブスサンプリング法に基づく推定量　128
逆ウィシャート分布　93

逆ガンマ分布　37
逆正規分布　81
客観確率　14
行列正規分布　93
極値分布　163

グンベル分布　26

経験分布関数　4

交差検証法による予測分布　120
顧客生涯価値　27
コーシー分布　21
コンジョイント分析　26

サ　行

最高事後密度領域　35
最尤推定値　20
最尤推定法　19
最尤推定量　20

ジェフリーの事前分布　30
事後オッズ　88
事後期待対数尤度　140
自己相関をもつ回帰モデル　74
事後対数尤度　141
事後分布　20
事後平均　34
事後ベイズファクター　120
事後メディアン　34
事後モード　34
指数分布　163

索引

事前オッズ 88
自然共役事前分布 31
事前分布 20
実質的パラメータ数 114, 168
実質的標本数 69
修正ベイズ情報量規準 114
収束診断検定統計量 67
収束判定 66
重点関数 83
重点サンプリング 82
周辺事後分布 35
周辺尤度 35
主観確率 14
条件付き確率 15
条件付き事後分布 35
乗法定理 15
初期値に依存する期間 66
信用リスク 24

数値微分 159
ステューデントの t 分布 21, 39, 94, 158
3 ファクターモデル 23

正規分布 3
生存確率 27
生存時間解析 156
線形回帰分析 36
選択モデル 26

タ 行

大数の強法則 62
対数ロジット分布 163
ダイレクトモンテカルロ法 82
多項ロジスティックモデル 26, 109
多変量目的変数回帰モデル 92

調和平均推定量 126

適合不足 41, 43
データ拡大法 77
デフォルト確率 25

統計的モデリング 4
統計モデル 1
等裾事後信頼区間 35
トレースプロット 66

ナ 行

二重対数変換 99
ニュートン-ラフソン法 110

ハ 行

ハザード率 156
罰則付き最尤推定量 110
罰則付き対数尤度関数 110

B-スプライン 103
非効率性因子 68
非正則事前分布 29
表面上無関係な回帰モデル 69

フィッシャー情報行列 30
部分カーネル 133
部分的ベイズファクター 119
プロビット変換 99
プロビットモデル 77
分割的ベイズファクター 119

平滑化行列 114
平滑化パラメータ 80
ベイズ情報量規準 97
ベイズ中心極限定理 47
ベイズ的統計モデリング 9
ベイズの定理 15
ベイズファクター 88
ベイズ予測情報量規準 142, 143
ベータ分布 29
偏差情報量規準 168

ポアソン分布 48, 152
報知事前分布 33
包絡関数 83
本質的ベイズファクター 118

索　引

マ 行

マルコフ連鎖モンテカルロ法　61, 63

密度関数比に基づく周辺尤度の評価法　135

無情報事前分布　28

メトロポリス-ヘイスティング法　63
メトロポリス-ヘイスティング法に基づく推定量　133

文字認識データ　112
モデルアベレージング　172
モンテカルロ積分　62

ヤ 行

尤度関数　6, 19

予測分布　35
予測尤度に基づくモデル選択　171

ラ 行

ラッソ法　79
ラプラス近似法　50
ラプラス分布　80
ラプラス-メトロポリス推定量　125
卵巣癌データ　159

リバーシブルジャンプマルコフ連鎖モンテカルロ法　138

ロジット変換　99
ロジットモデル　25

ワ 行

ワイブル分布　28, 156

著者略歴

安_{あん} 道_{どう} 知_{とも} 寛_{ひろ}

1977年　熊本県に生まれる
2004年　九州大学大学院数理学府博士課程修了
現　在　慶應義塾大学大学院経営管理研究科准教授
　　　　数理学博士

統計ライブラリー
　　　　ベイズ統計モデリング　　　　　　定価はカバーに表示

2010年2月25日　初版第1刷

著　者	安　道　知　寛
発行者	朝　倉　邦　造
発行所	株式会社 朝倉書店

東京都新宿区新小川町6-29
郵便番号　１６２-８７０７
電　話　03(3260)0141
ＦＡＸ　03(3260)0180
http://www.asakura.co.jp

〈検印省略〉

Ⓒ 2010〈無断複写・転載を禁ず〉

中央印刷・渡辺製本

ISBN 978-4-254-12793-5　C 3341　　　　Printed in Japan

慶大 中妻照雄著
ファイナンス・ライブラリー10
入門ベイズ統計学
29540-5 C3350　　A5判 200頁 本体3600円

ファイナンス分野で特に有効なデータ分析手法の初歩を懇切丁寧に解説。〔内容〕ベイズ分析を学ぼう／ベイズ的視点から世界を見る／成功と失敗のベイズ分析／ベイズ的アプローチによる資産運用／マルコフ連鎖モンテカルロ法／練習問題／他

慶大 古谷知之著
統計ライブラリー
ベイズ統計データ分析
—R & WinBUGS—
12698-3 C3341　　A5判 208頁 本体3800円

統計プログラミング演習を交えながら実際のデータ分析の適用を詳述した教科書〔目次〕ベイズアプローチの基本／ベイズ推論／マルコフ連鎖モンテカルロ法／離散選択モデル／マルチレベルモデル／時系列モデル／R・WinBUGSの基礎

早大 豊田秀樹編著
統計ライブラリー
マルコフ連鎖モンテカルロ法
12697-6 C3341　　A5判 280頁 本体4200円

ベイズ統計の発展で重要性高まるMCMC法を応用例を多数示しつつ徹底解説。Rソース付〔内容〕MCMC法入門／母数推定／収束判定・モデルの妥当性／SEMによるベイズ推定／MCMC法の応用／BRugs／ベイズ推定の古典的枠組み

慶大 小暮厚之著
シリーズ〈統計科学のプラクティス〉1
Rによる統計データ分析入門
12811-6 C3341　　A5判 180頁 本体2900円

データ科学に必要な確率と統計の基本的な考え方をRを用いながら学ぶ教科書。〔内容〕データ／2変数のデータ／確率／確率変数と確率分布／確率分布モデル／ランダムサンプリング／仮説検定／回帰分析／重回帰分析／ロジット回帰モデル

東北大 照井伸彦・目白大 ウィラワン・ドニ・ダハナ・阪大 伴 正隆著
シリーズ〈統計科学のプラクティス〉3
マーケティングの統計分析
12813-0 C3341　　A5判 200頁 本体3200円

実際に使われる統計モデルを包括的に紹介、かつRによる分析例を掲げた教科書。〔内容〕マネジメントと意思決定モデル／市場機会と市場の分析／競争ポジショニング戦略／基本マーケティング戦略／消費者行動モデル／製品の採用と普及／他

同大 津田博史・慶大 中妻照雄・筑波大 山田雄二編
ジャフィー・ジャーナル：金融工学と市場計量分析
ベイズ統計学とファイナンス
29011-0 C3050　　A5判 256頁 本体4200円

日本金融・証券計量・工学学会(JAFEE)編集。〔内容〕ベイズ統計学とファイナンス／社債格付分析／外国債券投資の有効性／ブル相場・ベア相場の日次分析／不動産価格評価モデル／資源開発事業のリスク評価／CDOの価格予測

九大 小西貞則・統数研 北川源四郎著
シリーズ〈予測と発見の科学〉2
情報量規準
12782-9 C3341　　A5判 208頁 本体3600円

「いかにしてよいモデルを求めるか」データから最良の情報を抽出するための数理的判断基準を示す〔内容〕統計的モデリングの考え方／統計的モデル／情報量規準／一般化情報量規準／ブートストラップ／ベイズ型／さまざまなモデル評価基準／他

東大 阿部 誠・筑波大 近藤文代著
シリーズ〈予測と発見の科学〉3
マーケティングの科学
—POSデータの解析—
12783-6 C3341　　A5判 216頁 本体3700円

膨大な量のPOSデータから何が得られるのか？マーケティングのための様々な統計手法を解説。〔内容〕POSデータと市場予測／POSデータの分析(クロスセクショナル／時系列)／スキャンパネルデータの分析(購買モデル／ブランド選択)／他

九大 小西貞則・大分大 越智義道・東大 大森裕浩著
シリーズ〈予測と発見の科学〉5
計算統計学の方法
—ブートストラップ、EMアルゴリズム、MCMC—
12785-0 C3341　　A5判 240頁 本体3800円

ブートストラップ、EMアルゴリズム、マルコフ連鎖モンテカルロ法はいずれも計算機を利用した複雑な統計的推論において広く応用され、きわめて重要性の高い手法である。その基礎から展開までを適用例を示しながら丁寧に解説する。

早大 永田 靖著
シリーズ〈科学のことばとしての数学〉
統計学のための数学入門30講
11633-5 C3341　　A5判 224頁 本体2900円

統計のための「使える」数学のテキスト。必要なエッセンスをまとめ、実際の場面での使い方を解説〔内容〕微積分(基礎事項アラカルト／極値／広義積分他)／線形代数(ランク／固有値他)／多変数の微積分／問題解答／「統計学ではこう使う」／他

上記価格（税別）は2010年1月現在